机电技术问答系列

电工问答320例

胡家富　主编

上海科学技术出版社

图书在版编目(CIP)数据

电工问答320例／胡家富主编．—上海：上海科学技术出版社，2014.11
(机电技术问答系列)
ISBN 978-7-5478-2313-2

Ⅰ．①电… Ⅱ．①胡… Ⅲ．①电工技术—问题解答 Ⅳ．①TM-44

中国版本图书馆CIP数据核字(2014)第149497号

电工问答320例
胡家富　主编

上海世纪出版股份有限公司
上海科学技术出版社　出版
(上海钦州南路71号　邮政编码200235)
上海世纪出版股份有限公司发行中心发行
200001　上海福建中路193号　www.ewen.co
常熟市兴达印刷有限公司印刷
开本889×1194　1/32　印张：10.625
字数：310千字
2014年11月第1版　2014年11月第1次印刷
ISBN 978-7-5478-2313-2/TM·51
定价：36.00元

内 容 提 要

本书按维修电工技能鉴定标准相关内容进行编写，并按照电工岗位的实际需要进行内容编排。内容包括电工基础，低压电器安装使用检修与导线连接、绝缘恢复，动力、照明和控制电路的安装，电动机和变压器的使用与检修，动力照明和控制电路的检修等。可供电工上岗培训和自学使用，适用于初、中级维修电工的技术培训和考核鉴定，对于初学电工的技术工人，是一本可供自学和参考的实用书籍。本书附录备有鉴定考核的知识试卷和技能鉴定试题，知识试卷附有参考答案，可帮助读者进行技能鉴定考核准备。本书也可供电工岗位职业培训和技能鉴定部门参考使用。

前　言

电工是各行业必需和紧缺的技术人才,本书以电工岗位实际操作能力要求为主线,以维修电工职业鉴定标准为依据,将初级电工的知识和技能通过通俗易懂、循序渐进、深入浅出的实例问答叙述,引导读者抓住电工岗位常见的问题,把电工岗位必须掌握的基础知识、操作技能融入各种典型和特殊的问答、实例,使初学者通过问答、实例,了解和熟悉电工岗位的实际作业方法与步骤。在岗人员能通过实例问答,学会和掌握电工作业的具体步骤和方法、解决电工实际维护维修的难题。读者在实际工作中,遇到问题可得到书中相关问答的现场帮助;面临难题可通过书中的问答拓展思路。

本书问答融入了电工岗位的基本知识和技能,解决电工操作实际问题的方法,涵盖了职业鉴定知识和技能考核范围的主要内容,精辟通俗,图文并茂,问题齐全,答题易懂,可供电工岗位的初、中级工实际操作参考选用。本书叙述方法具有重点突出、内容精练、表达通俗、起点较低、循序渐进及可读性强等特点。本书的内容除了基本知识和技能的介绍外,还通过知识试卷和技能鉴定试题介绍了应对等级技能鉴定培训和考核方式。

本书由胡家富主编,朱雨舟、储伯兴、王庆胜、李立均、周其荣等同志参加编写,限于编者的水平,书中难免有疏漏之处,恳请广大读者批评指正。

编　者

目　　录

第一章　电工基础

1-1　电工作业必须遵守哪些安全规程?

答: 电工在进行电工作业和电器操作时必须按规程进行,必须具备有关安全知识,在工作中采取必要的安全措施,确保人身安全和电气设备正常运行。为此必须做到以下几点。

① 电工人员在安装配电设备中,必须把电源引入线装配在该配电设备的总闸刀、总开关或总电源的上桩头,不得倒装。这样在拉下单元配电设备总开关时,即可断开所有保险及用电设备的电源。

② 不要在室内和其他用电场所乱拉电线,乱接电气设备。如因需要必须增加电气线路时,其敷设高度应符合“电气设备安装标准”的有关规定。平时不要乱拉220V的临时灯。

③ 在电气线路中安装合格的漏电保护装置是防止因电气线路或电气设备绝缘损坏造成触电事故的有效措施。

④ 安装电灯时,保证相线(火线)进开关。

⑤ 平时应防止导线和电气设备受潮,不要用湿手去拔插头或扳动电气开关,也不要用湿毛巾去擦拭带电的用电设备。

⑥ 使用移动式电气设备时,应先检查其绝缘是否良好,在使用过程中应采取增加辅助绝缘的措施,如使用手电钻时应戴绝缘手套并站在橡胶垫上进行工作。

⑦ 选用熔丝要与电器设备的容量相适应,不能用金属丝代替熔丝使用。

⑧ 当发现电气设备出现故障时,应请专业电工来修理。

⑨ 合理选择导线截面,必须满足最大负载电流的要求。

⑩ 使用各种电气设备时,应严格遵守“电气安全工作规程”的规定及电气设备使用说明的要求。电气设备使用完毕应立即切断电源。

⑪ 停电维修电气设备时,要按操作规程办事,采取安全措施,严防突然来电。

⑫ 应定期对电气线路和电气设备进行检查和维修，更换绝缘老化的线路，对绝缘破损处进行修复，确保所有绝缘部分完好无损。

⑬ 家用电器在安装使用时，必须按要求将其金属外皮做好接零线或接地线的保护措施，以防止电气设备绝缘损坏时外皮带电造成触电事故。

1-2 什么是安全电压和安全电流？

答：（1）安全电压　一般是指人体较长时间接触而不致发生触电危险的电压。国家标准规定 42V、36V、24V、12V、6V 为安全电压，这是为防止触电而采用的供电电压系列。实际工作中应根据使用环境、人员和使用方式等因素选用电压值。如在有触电危险的场所使用的手持电动工具等可采用 42V；矿井、多粉尘、潮湿、室内高温环境可采用 36V 行灯；特别潮湿、有腐蚀性蒸汽、煤气或游离物的场所及某些人体可能偶然触及的带电设备，可选用 24V、12V、6V 作为安全电压。

（2）安全电流　当工频频率为 50Hz 时，流过人体的电流不得超过 10mA，因此，规定 10mA 为安全电流。如果通过人体的交流电流超过 20mA 或直流电流超过 80mA，就会使人感觉麻痛或剧痛，呼吸困难，自己不能摆脱电源，会有生命危险。随着电流的增大，危险性也增大，当有 100mA 以上的工频电流通过人体时，人在很短的时间里就会窒息，心脏停止跳动，失去知觉，出现生命危险。

1-3 什么是触电？触电有哪些类型？

答：当人体触及带电体，或带电体与人体之间由于距离近电压高产生闪击放电，或电弧烧伤人体表面对人体所造成的伤害都叫触电。

触电分电击、电伤两种。所谓电击是电流通过人体内部造成的伤害；所谓电伤是由于电流的热效应、机械效应、化学效应对人体外部造成伤害，如电弧烧伤、电烙印、皮肤金属化等。最危险的触电是电击，绝大多数触电死亡事故是由电击造成的。触电可分为单相触电、两相触电、跨步电压触电及间接触电等类型。

1-4 什么是单相触电和两相触电？

答：（1）单相触电　当人体直接碰触带电设备或带电导线其中的一相时，电流通过人体流入大地。这种触电称为单相触电。有时对于高压带电体，人体虽未直接接触，但由于电压高超过了安全距离，高压带电体对人体放电，造成单相接地而引起的触电，也属于单相触电。

单相电路中的电源火线与零线(或大地)之间的电压是220V。在室内电路使用中，如果使用者操作有误，导致站在地上的人体直接或间接地与火线接触，则加在人体上的电压约是220V，这远高于36V的安全电压，这时电流就通过人体流入大地而发生单相触电事故。

(2) 两相触电　人体同时接触带电设备或带电导线其中两相时，或在高压系统中人体同时接近不同相的两相带电导体，而发生闪击放电，电流通过人体从某一相流入另一相，此种触电称为两相触电，这类事故多发生在带电检修或安装电气设备时。

1-5　什么是跨步电压触电和间接触电?

答: (1) 跨步电压触电　当电气设备发生接地短路故障时或电力线路断落接地时，电流经大地流走，这时，接地中心附近的地面存在不同的电位。此时人若在接地短路点周围行走，人两脚间(按正常人0.8m跨距考虑)的电位差叫跨步电压。由跨步电压引起的触电叫跨步电压触电。人与接地短路点越近，跨步电压触电越严重，特别是大牲畜，由于前后脚间跨步距离很大，故跨步电压触电更严重。

(2) 间接触电　所谓间接触电是指由于事故使正常情况下不带电的电气设备金属外壳带电，致使人们触电叫间接触电。另外，由于导线漏电触碰金属物(如管道、金属容器等)，使金属物带电而使人们触电也叫间接触电。

1-6　触电有哪些规律性?

答: (1) 低压触电多于高压触电　主要原因是低压设备多、低压电网广;设备简陋、管理不严、思想麻痹、群众缺乏电气安全知识。

(2) 农村触电事故多于城市　统计资料表明，农村触电事故为城市的6倍。主要原因是农村用电设备因陋就简，技术水平低，管理不严，电气安全知识缺乏。

(3) 中青年人触电事故多　一方面中青年多是主要操作者，接触电气设备的机会多;另一方面多数操作不谨慎，经验不足，安全知识比较欠缺。

(4) 单相触电多　统计资料表明，单相触电事故占触电事故的70%以上。防触电的技术措施应着重考虑单相触电的危险。

(5) 事故点多发生在电气连接部位　统计资料表明,电气事故点多数发生在分支线、接户线、地爬线、接线端、压接头、焊接点、电线接头、电缆头、灯头、插头、插座、控制器、开关、接触器、熔断器等处。

(6) 触电事故多发的季节性　统计资料表明,一年之中第二、三季度事故较多,六至九月最集中。主要原因是夏秋天气潮湿、多雨,降低了电气设备绝缘性能;炎热,多不穿工作服和带绝缘护具,正值农忙季节,农村用电量增加,触电事故增多。

(7) 触电事故与生产部门性质有关　冶金、矿业、建筑、机械等行业由于存在潮湿、高温、现场混乱、移动式设备和携带式设备多及现场金属设备多等不利因素,因此触电事故较多。

1-7　怎样预防触电?

答: ① 在没有专业防范技术的情况下,始终与电保持一定距离,如站在地面去接触带电体时,一定要把自身绝缘起来,防止电流经过人体流入大地,造成单相触电。

② 不要同时碰触两相带电线,这样不会使人与导线构成回路,让电流流经人体构成触电。

③ 人体要悬空,只接触一根低压相线(未与电构成回路),就可避免单相电压触电的危险。此外,日常生活中也应注意安全用电(图1-1)。

图1-1　触电预防方法

(a) 用三眼插头;(b) 不用湿手触摸电器;(c) 不私设电网;(d) 不随便架设电路

1-8 怎样进行触电现场急救?

答: 坚持迅速准确地进行现场急救、护理、治疗并且坚持救治是抢救触电者生命的关键。所有电气工作人员,应熟练掌握触电急救的方法。人触电以后,往往会出现神经麻痹、呼吸中断、心脏停止跳动等症状,呈现昏迷不醒的状态。如果没有明显的致命外伤,就不能认为触电人已经死亡,实质上是假死,要分秒必争地进行现场救护。

1) 脱离电源

触电急救首先要使触电者迅速脱离电源。下列脱离电源的方法,可根据具体情况,选择采用。

(1) 脱离低压电源

① 就近拉开电源开关或拔出电源插头。但应注意,拉线开关和搬把开关只能断开一根导线,有时由于安装不符合安全要求,开关安装在零线上,虽然断开了开关,人身触及的导线仍然带电,不能认为已切断电源。

② 如果电源开关或电源插座距离较远,可用有绝缘手柄的电工钳或有干燥木柄的斧头、铁锹等利器切断电源线。切断点应选择在导线电源侧有支持物处,防止带电导线断落触及其他人体。电源线应分相切断,以防短路伤人。

③ 如果导线搭落在触电者身上或压在身下,可用干的木棒、竹竿等挑开导线,或用干燥的绝缘绳索套拉导线或触电者,使其脱离电源。

④ 救护人可一只手戴上手套或垫上干燥的衣服、围巾、帽子等绝缘物品把触电者拉脱电源。如果触电者衣服是干燥的,又没被紧缠在身上,不至于使救护人直接触及触电者的身体时,救护人才可直接用一只手抓住触电者不贴身的衣服,将触电者拉脱电源。

⑤ 救护人可站在干燥的木板、木桌椅或橡胶垫等绝缘物上,用一只手把触电者拉脱电源。

⑥ 如果触电者由于触电痉挛,手指紧握导线或导线缠绕在身上时,可首先用干燥的木板塞进触电者身下使其与地绝缘来隔断电源,然后采取其他办法切断电源。

(2) 脱离高压电源

① 立即通知有关部门停电。

② 戴上绝缘手套、穿上绝缘靴,拉开高压断路器;用相应电压等级的绝缘工具拉开高压跌落保险、切断电源线。

③ 抛掷裸金属软导线,造成线路短路,迫使保护装置动作切断电源。

应保证抛掷的导线不触及人体。

（3）*在抢救触电者脱离电源中应注意的事项*　如图1－2所示，采用上述办法使触电者脱离电源时，应注意以下事项。

图1－2　抢救触电者脱离电源

① 救护人不得采用金属和其他潮湿的物品作为救护工具。

② 未采取任何绝缘措施，救护人不得直接触及触电者的皮肤和潮湿衣服。

③ 在使触电者脱离电源的过程中，救护人最好用一只手操作，以防触电。

④ 当触电者站立或位于高处时，应采取措施防止脱离电源后触电者摔倒。

⑤ 夜间发生触电事故时，应考虑切断电源后的临时照明问题，以利救护。

2）现场救护

触电者脱离电源后，应立即就近移至干燥、通风的位置，按情况迅速进行现场救护，同时拨打120救护中心，通知医务人员到现场并做好送往医院的准备工作。

3）人工呼吸法

人工呼吸法有：口对口（鼻）人工呼吸法、俯卧压背人工呼吸法；仰卧牵臂人工呼吸法等。图1－3所示为口对口（鼻）人工呼吸法，口对口（鼻）人工呼吸法简单易行，效果也最好，不受胸、背部外伤的限制，同时可以和胸外心脏挤压配合进行。

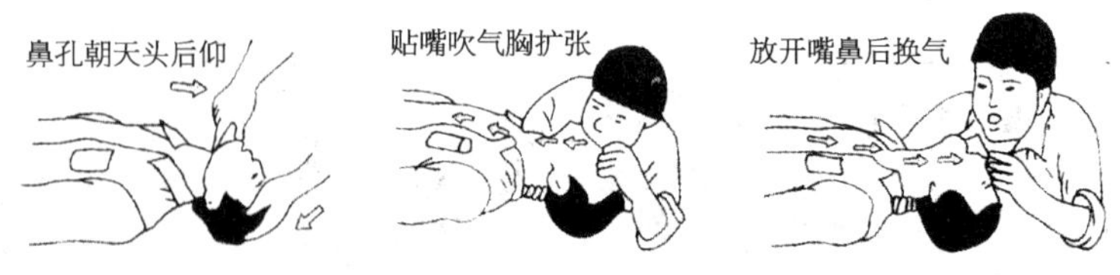

图1－3　对触电者的人工呼吸方法

1－9　电工应掌握哪些钳工基础知识和基本操作技能？

答：在电工作业中，经常会涉及钳工基础知识和基本操作技能，主要包括以下内容。

1）常用工具和量具

金属直尺和钢卷尺、划规和划针、直角尺和角度尺、游标卡尺和千分尺、水平仪等（图1－4）。

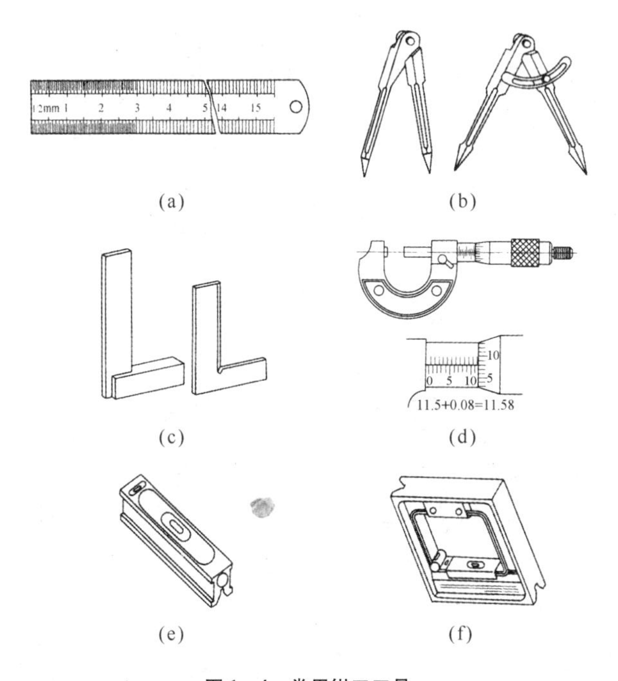

(a)　(b)　(c)　(d)　(e)　(f)

图1－4　常用钳工工具

2）基本操作技能

（1）划线与冲眼　在电工线路安装和维修中，常需要在制作安装电器的各种底板、底座、安装瓷瓶的支架等构件上划线冲眼。划线的工具和操作如图1－5所示。

（2）锯削和锉削　电工作业中涉及电路电器安装构件的切断和修整时，常需要运用锯削和锉削操作技能。锯削与锉削的操作如图1－6所示。

（3）钻孔和攻螺纹　钻孔和攻螺纹的设备主要是台钻和手电钻，钻孔和攻螺纹的方法如图1－7所示。

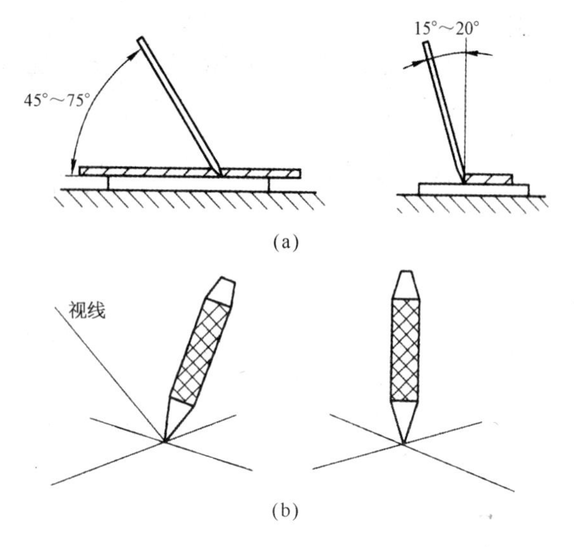

图 1－5　划线操作示意图

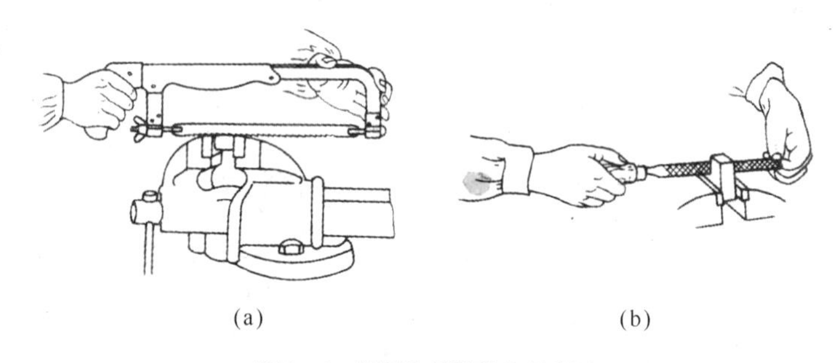

图 1－6　锯削和锉削操作示意图

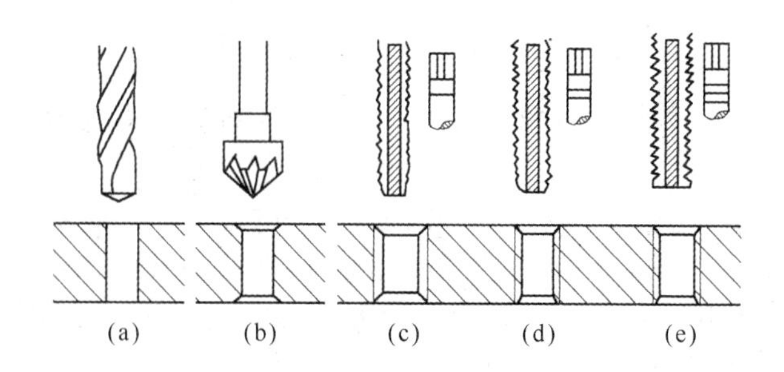

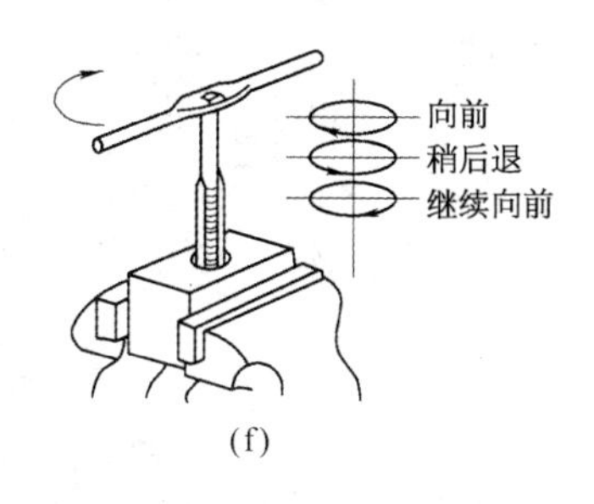

(f)

图1-7　钻孔和攻螺纹操作示意图

1-10　电工应掌握哪些焊接基础知识和基本操作技能?

答: 在电工作业中,经常会涉及焊接基础知识和基本操作技能,主要包括以下内容。

1）焊条电弧焊

（1）*焊条和焊机*　焊条可分为碳钢焊条、合金钢焊条、铸铁焊条等;常用的规格有 ϕ2.5mm、ϕ3.2mm、ϕ4.0mm。焊条的选用应根据被焊金属的材料,例如普通碳素结构钢的焊接常用 J422 结构钢焊条,焊条的直径应略小于焊接件的厚度。焊条电弧焊的电源是电焊机,普通碳素结构钢采用交流电焊机。电焊机的输出电流应随工件的厚度变化及焊接方式不同进行调节。电焊机电源侧的接线桩一般有 220V 和 380V 两种电压等级;负载侧的接线应选用专用的焊接电缆,一端接电焊钳,电焊钳用来夹持焊条并传导焊接电流;另一端接地线(俗称搭铁线),焊接时应将地线与被焊工件进行可靠连接。

（2）*焊接的接头形式和焊接方式*　焊接的接头形式有对接、搭接、角接和 T 形连接等(图 1-8a ~ d)。电工自行操作的焊接通常是角钢和扁钢,一般不开坡口,对缝尺寸是 0 ~ 2mm。焊接方式有平焊、横焊、立焊和仰焊(图 1-8e ~ h)。电工进行焊接操作时应尽量选择平焊方式。

（3）*焊接操作方法和安全常识*　焊接操作方法应掌握工件定位、引弧、运条、焊缝的起头和收尾等主要操作步骤。电弧的引燃方法如图 1-9a、b 所示,焊条运动的方向如图 1-9c 所示。焊接操作应注意所有焊接设备外壳必须接地,绝缘手柄必须完好无损;严禁用厂房的金属结构、管道、轨道或其他金属物的搭接来代替焊接电缆使用。焊接操作必须穿戴防护服、遮光面罩、手套和脚盖等防护用具。

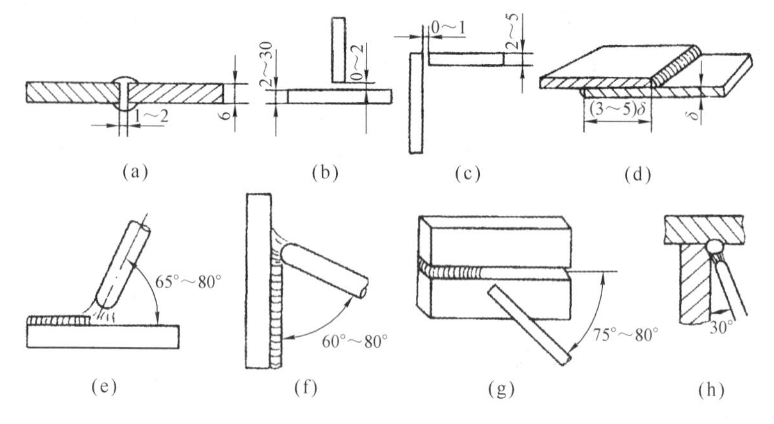

图1-8　焊接接头形式和焊接方式

（a）对接接头；（b）T形接头；（c）角接接头；（d）搭接接头；（e）平焊；（f）立焊；（g）横焊；（h）仰焊

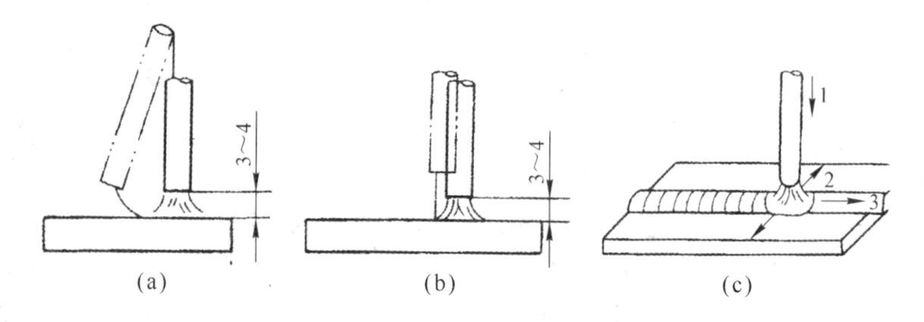

图1-9　焊接引弧和焊条运动方向示意图

（a）划擦法；（b）接触法；（c）焊条运动方向

1-向熔池方向送进；2—横向摆动；3—沿焊接方向移动

2）电烙铁钎焊

（1）烙铁及其选用　电烙铁有外热式、内热式。外热式电烙铁的结构如图1-10所示。焊接集成电路、晶体管及其他受热易损元器件时，应选用20W内热式或25W外热式电烙铁；焊接导线和同轴电缆时，应选用45~75W外热式电烙铁或50W内热式电烙铁；焊接较大的电器元件时，如大电解电容器的引线脚、金属接地焊片等，应选用100W以上的电烙铁。

（2）焊料与焊剂　焊料的作用是将被焊元器件连接在一起，用于电子线路焊接的焊料多为锡铅焊料，也称为焊锡。焊剂的作用是用化学方法清除焊接表面的氧化物和杂质，同时能将热量快速的传递到被焊物上，

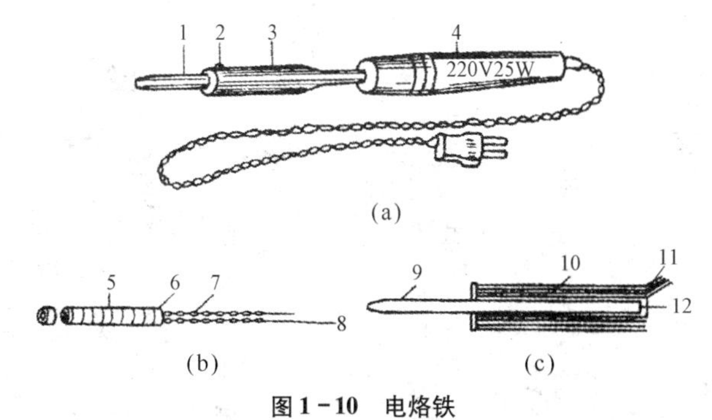

图1-10　电烙铁

（a）电烙铁外形；（b）电烙铁心；（c）电烙铁心的结构

1、9—烙铁头；2—烙铁固定螺钉；3—外壳；4—木柄；5—铁丝；

6、11—云母片；7—瓷管；8—引线；10—电热丝；12—烙铁心骨架

使预热的速度加快。常用的焊剂有松香和焊膏,电子线路的焊接通常采用松香作焊剂,其优点是没有腐蚀性,具有高绝缘性和长期的稳定性及防潮性。焊膏具有较强的腐蚀性,通常用于焊接较大线径的导线线头及焊接表面不易清理的焊件。

（3）焊接工艺　焊接的基本要求是保证焊点的力学强度,保证焊接可靠,具有良好的导电性,焊点表面要光滑、清洁。焊接前应将元器件的引脚按需要弯折成形,并对引脚没有金、银镀层的元器件被焊部位的氧化层进行必要的清理,然后涂助焊剂、搪锡,为焊接做好准备。导线与接线端子的焊接如图1-11所示,包括搭焊、插焊、钩焊和绕焊,其中插焊用于管状接线鼻的焊接。导线的焊接如图1-12所示。集成电路的焊接应注意:引脚用酒精清洗;选用20W内热式电烙铁;连续焊接时间不超过10s。集成电路的安全焊接顺序:接地端→输出端→电源端→输入端。

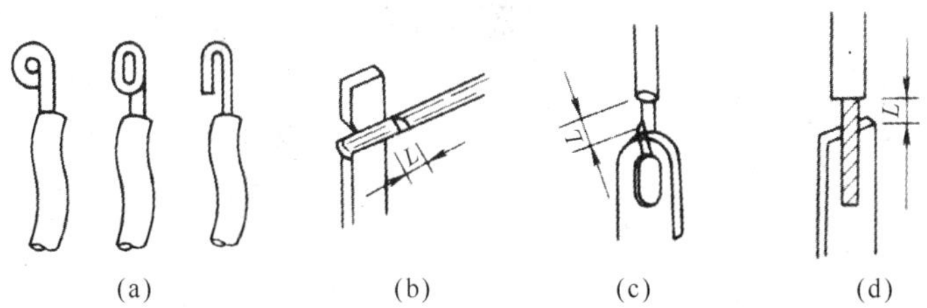

图1-11　导线与接线端子焊接

（a）导线弯曲形状；（b）绕焊；（c）钩焊；（d）搭焊

注：$L=1\sim3$mm

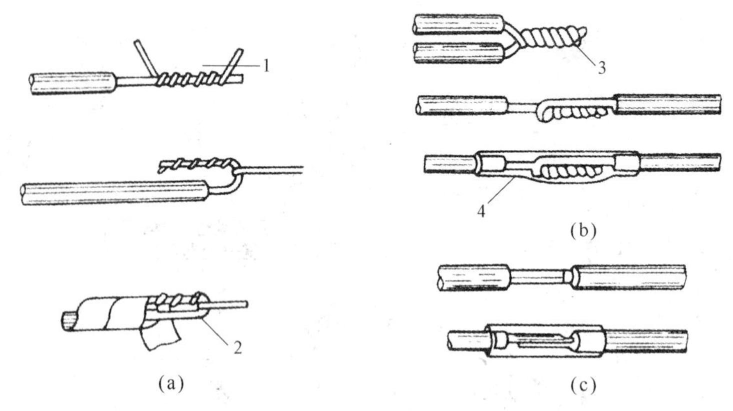

图 1－12　导线焊接

（a）细导线绕到粗导线上；（b）绕上同样粗细的导线；（c）导线搭焊

1—减去多余部分；2—绝缘前焊接；3—扭转并焊接；4—热缩套管

1－11　电工有哪些随身携带的常用工具？常用工具的正确使用应掌握哪些要点？

答: 电工常用工具种类繁多，专业电工随身携带的通用工具及其使用方法如下。

（1）低压验电器　低压验电器又称试电笔、电笔，是检验 500V 以下低压电器或线路是否带电的专用工具，其结构形式有笔式和螺钉旋具式两种（图 1－13）。使用时，以手指或掌心触及笔尾金属体（但不得触及笔尖金属体），让氖管背光朝向自己，当笔尖金属体触及的带电体对地电压超过 60V 时，氖管就会发光。试电笔除能检验导体是否带电之外，使用中还应掌握以下要点。

① 区别相线和零线：正常情况下，氖管发亮则所触带电导线是相线，不亮者是零线。

② 区别电压的高低：氖管发光强则电压高，反之则电压低。

③ 区别交、直流电：氖管两端发亮是交流电，一端发亮是直流电。

④ 区别直流电的正负极：把试电笔连接在直流电的正负极之间，氖管发亮的一端为正极。

⑤ 识别相线碰壳：用试电笔检测用电设备的金属外壳时，若氖管发亮，说明设备漏电而且设备外壳接地有问题。外壳接地良好时，即使设备漏电，氖管也不会发光。

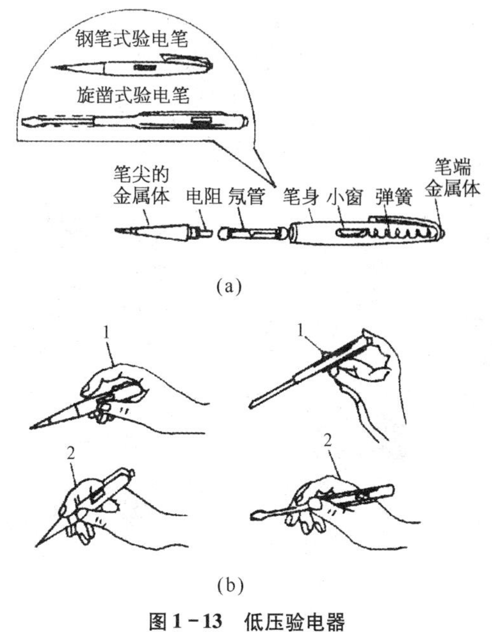

图 1－13　低压验电器

（a）基本结构；（b）使用方法

1—正确握法；2—错误握法

⑥ 识别相线接地：用试电笔触及中性点不接地系统的三相三线交流电路时，三根相线中若一根亮度较暗，表明该相线绝缘强度降低，若不亮，则表明该相线有接地现象。对于中性点接地的三相四线制线路，单相接地时，中性线也会使氖管发亮。

（2）电工刀　电工刀是用来剖削电线线头、切割木台缺口、削制木棒用的切削工具（图 1－14）。使用时刀口向外，不许用手锤敲击，劈削，更不许用电工刀带电作业，用完应将刀鼻折进刀柄内。电工刀按其刀片长短，可分为大、小号两种规格，大号 112mm，小号 88mm。

图 1－14　电工刀

（3）钢丝钳和剥线钳

① 钢丝钳及其使用如图 1－15 所示，钢丝钳主要用来剪切金属导线，钳柄套有绝缘套的是电工专用钢丝钳。钳柄绝缘良好时，可用于带电作

业(但不能同时剪切两根相线或一相一零线,以免发生短路故障)。钢丝钳常用规格按其总长来分,有150mm、175mm和200mm三种。钢丝钳的各种用途:应用钳口齿形部位对合可用于扳旋螺母和螺钉、弯绞电线;应用钳口刀口部位可切割电线和绝缘层;应用钳侧剪口可侧切钢丝。

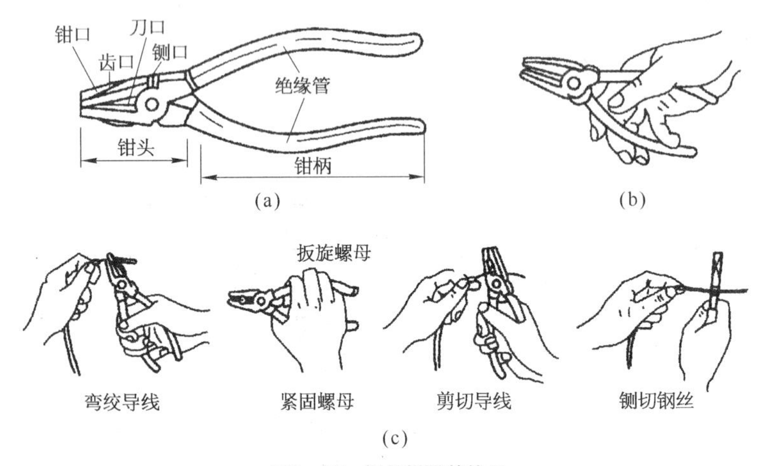

图1-15 钢丝钳及其使用

(a) 基本结构;(b) 握法;(c) 使用方法

② 剥线钳及其使用方法如图1-16所示,是用来剥削小直径导线绝缘层的专用工具,使用剥线钳应按导线铜芯的直径选择相应的刃口位置,手柄的绝缘层必须完好无损,耐压为500V。

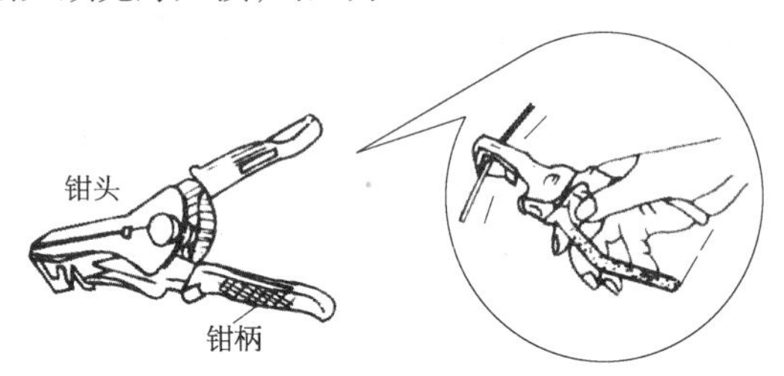

图1-16 剥线钳及其使用

电工常用的还有尖嘴钳和断线钳,尖嘴钳适用于狭小空间的电工操作,如剪断细小的金属丝;夹持较小的螺钉、垫圈、导线;将单股导线弯制成各种所需要的形状。断线钳专供剪断较粗的金属丝、线材及导线电缆。

(4) 活扳手 活扳手是用来紧固和起松螺母的专用工具,旋动蜗杆调节板口的大小可松开或夹紧螺母。按全长计有100~600mm八种规格,电工经常携带的有 150mm、200mm、250mm 三种。活扳手不可反用，以免损坏扳唇，也不可用钢管接长柄部来施加较大的扳拧力矩。使用活扳手应注意蜗杆轴端螺纹的松动而导致蜗杆轴的脱落。

(5) 螺钉旋具　螺钉旋具俗称螺丝刀或旋凿，是一种紧固或拆卸螺钉的工具。按其手柄材料可分为木柄和塑料柄两种；按其刀口的形状来分，有“一”字形和“十”字形两种。“一”字形螺钉旋具常用的规格有 50～300mm 八种杆长，电工必备的有 50mm 和 150mm 两种。“十”字形螺钉旋具用于紧固或拆卸十字槽的螺钉，常用的规格：Ⅰ号适用于直径为 2～2.5mm的螺钉；Ⅱ号适用于 3～5mm 的螺钉；Ⅲ号适用于 6～8mm 的螺钉；Ⅳ号适用于 10～12mm 的螺钉。

为了防止触电事故发生，禁止电工使用柄部另一端有外露的金属旋杆的穿心螺钉旋具。带电作业时，手不得触及其金属旋杆。为避免螺钉旋具的金属旋杆触及皮肤或邻近带电体，应在金属旋杆上套装绝缘套管。

(6) 电工工具套　电工工具套是盛装个人随身携带的通用电工工具的器具，一般用牛皮制成。分有插装 1 件、3 件和 5 件工具等几种(图 1－17)。使用时用皮带系于腰间，置于右侧臀部，以便随手取拿。

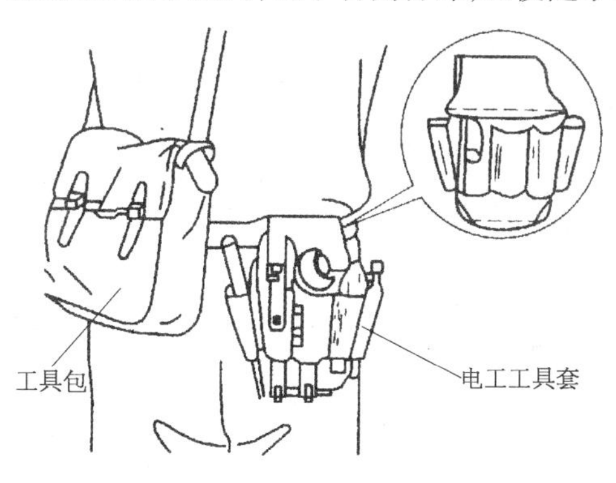

图 1－17　电工工具套

1－12　电工常用哪些电动工具？怎样正确使用电动工具？

答：电工常用的电动工具有手电钻、冲击钻和电锤等。使用电动工具必须使用绝缘手套。

(1) 冲击钻的结构与使用　冲击钻可安装钻头在金属材料上钻孔，也可在砖混结构的墙面或地面等处钻孔。如图 1－18 所示，冲击钻由钻夹头、辅助手柄、冲击块、减速箱、电枢、定子、换向器、开关等组成。调节开关有“旋转”和“冲击”两个标记位置。配用普通麻花钻，冲击钻可作为电钻使用；换用前端镶有硬质合金的冲击钻头，可用来冲打砌块和砖墙等建筑材料的电器安装孔。

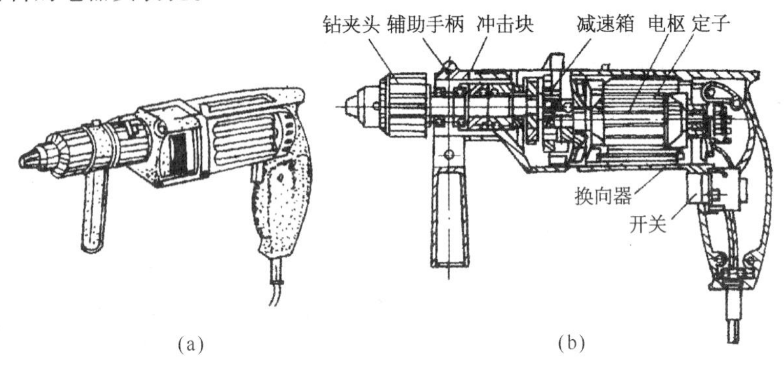

图 1-18　冲击钻的结构

（2）电锤的结构与使用　如图 1-19 所示，电锤由锤头、离合装置、减速箱、传动装置、电动机等构成，其工作原理是通过活塞的往复运动，利用气压来形成冲击。电锤用于大直径的墙孔或是穿墙孔的冲打。使用电锤作业时，要做好防护工作，防止因较大的后坐力等引发意外事故。

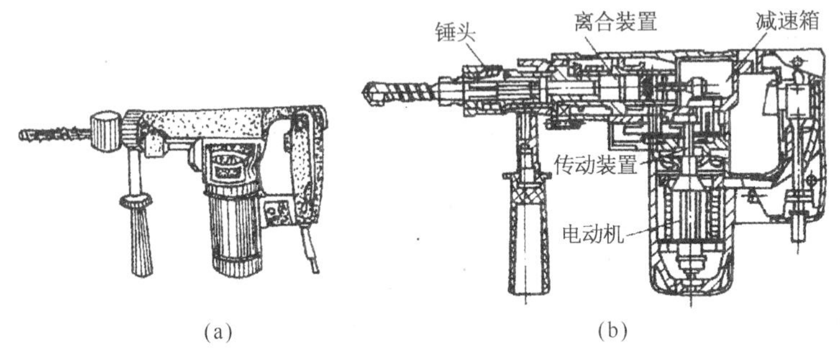

图 1-19　电锤的结构

1-13　什么是电力系统？电工应掌握哪些电力系统的常识？

答：（1）电力系统　电力系统是指电力网以及向其提供电能和获取电能的一切电气设备所构成的一个整体，即由生产、输送、分配、消费电能的发电机、变压器、电力线路以及各种用电设备联系在一起所组成的统一整体。在整个电力系统中，从电能的生产到应用大体上要经过 5 个环节，即发电→变电→输电→配电→用电。如图 1-20 所示的为电力系统简图，构成电力系统的主电气设备有发电机、变压器、架空线路、电缆线路、配电装置及用户的电气设备。

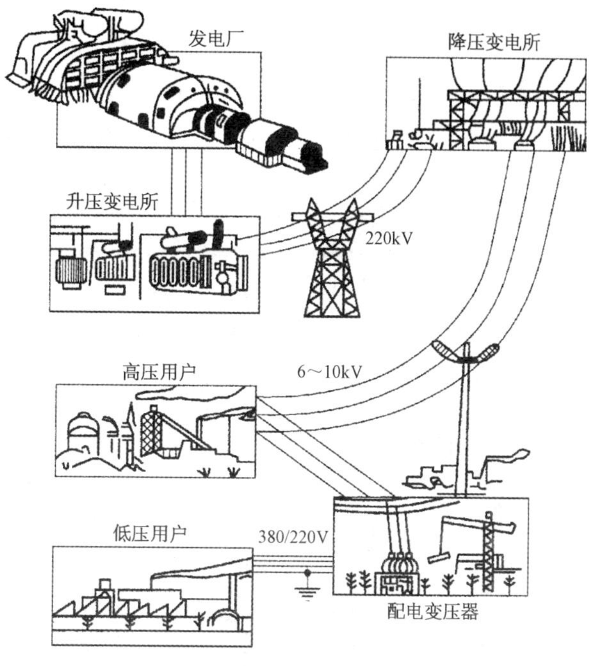

图 1-20　电力系统组成示意图

简而言之，从发电厂到电力用户各个环节和设备构成的系统称为电力系统。

(2) *电力系统常识*　通常包括电能的产生、电能的输送、电能的分配和电力负荷的分级等基本常识。

1-14　电能是怎样产生的?

答: 电能是由煤炭、石油、水力、核能、太阳能和风能等一次能源通过各种转换装置而获得的二次能源。目前电能的生产主要以火力发电、水力发电和原子能发电三种方式为主。

(1) *火力发电*　是指利用煤炭、石油燃烧后产生的热量来加热水，使之成为高温、高压蒸汽，再用蒸汽推动汽轮发电机进行发电。

(2) *水力发电*　是指通过水库或筑坝截流的方式来提高水位，利用水流的落差及流量来推动水轮机旋转，并带动同步发电机发电。

(3) 核能发电　是指利用核燃料在反应堆中的裂变反应所产生的巨大能量来加热水,使之成为高温高压的蒸汽,再用蒸汽推动汽轮机旋转并带动同步发电机发电。

(4) 其他能源发电　是指利用太阳能、风力、地热等能源发电。

火力发电汽轮机组做功流程如图 1-21a 所示,太阳能发电方式的做功流程如图 1-21b 所示。

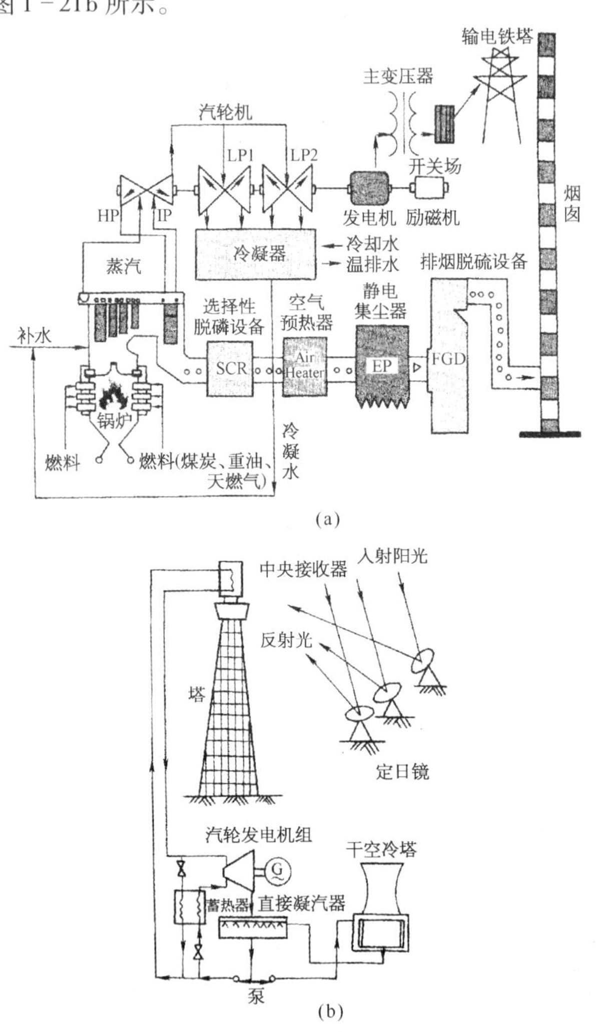

图 1-21　发电机组做功流程图

(a) 火力发电汽轮机组工作流程;(b) 太阳能发电做功流程

1－15　电能是怎样输送和分配的？

答：(1)电能的输送　发电厂发电后通过电力网将电能输送到用电区域。通常输电方式是高压输电，高压输电有 110～220kV 高压、330～750kV 超高压和 750kV 以上的特高压输电三种等级。我国目前高压输电有 110kV、220kV、330kV、500kV、750kV 等多种。由发电机输出的电压需要经过升压变压器将电压升高后进行输送。

(2) 电能的分配　当高压电输送到用电区域(如工厂)后，须由工厂的变、配电站进行变电和配电。变电是指变换电压的等级；配电是指电力的分配。中大型工厂都有自己的变电、配电站。在配电过程中，通常将动力用电和照明用电分别配电，即将动力配电线路和照明配电线路分开，用以缩小局部故障带来的影响。

1－16　电力负荷有哪些类型和等级？

答：1) 电力负荷的分类

连接在电力系统上的一切用电设备所消耗的电能，称为电力系统的负荷。电力负荷的类型如下：

(1) 有功负荷　由电能转换成的其他能量(如机械能、光能、热能等)是用电设备中真实消耗的功率，称为有功负荷。

(2) 无功负荷　完成电磁能量的相互转换，需要消耗无功功率，如电动机工作时，要在转子中产生磁场，这种为产生磁场所消耗的功率，称为无功负荷。

2) 电力负荷的等级

根据用户对电力需求的重要性及中断供电在政治、经济等方面所造成的损失和影响程度，我国将电力负荷分为三级。

(1) 一级负荷　具有下列情况之一者为一级负荷：

① 中断供电将造成人身伤亡者，如医院、煤矿等单位。

② 中断供电将造成重大政治影响者，如重要交通枢纽、重要通信枢纽、广播电台等场所。

③ 中断供电将造成重大经济损失者，如炼钢、化工等部门。

④ 中断供电将造成公共场所秩序严重混乱者。

(2) 二级负荷　具有下列情况之一者为二级负荷：

① 中断供电将造成较大政治影响者。

② 中断供电将造成较大经济损失者。

③ 中断供电将造成公共场所秩序混乱者。

（3） 三级负荷　凡不属一级与二级负荷者均为三级负荷。

1－17　电工应掌握哪些基本电量计量计算常识?

答: 电工设计的基本电量包括电压、电流、电动势、电阻与电阻率、电容、电感、电能、电工和电功率、额定值和实际值、交流电的参数定义、负载等。

1－18　什么是电压、电流和电动势?

答:（1） 电压　电压是电位差,电压是形成电流的原因。在电路中,电压常用 U 表示,电压的单位是伏（V）、毫伏（mV）、微伏（μV）,1V = 1 000mV,1mV = 1 000μV。

（2） 电流　电流是电荷的定向移动。在电路中,电流常用 I 表示。电流的大小和方向不随时间变化的称为直流;电流的大小和方向随时间变化的称为交流。电流的单位是安（A）、毫安（mA）、微安（μA）,1A = 1 000 mA,1 mA = 1 000μA。

（3） 电动势　电动势是反映电把其他形式的能量转换成电能的本领的物理量,电动势使电源两端产生电压。在电路中,电动势常用 E 表示。电动势的单位是 V。

1－19　什么是电阻和电阻率?

答:（1） 电阻　电路中对电流通过产生阻碍作用并且造成能量消耗的器件称为电阻。电阻常用 R 表示。电阻的单位是欧姆（Ω）。当电路两端的电压为 1V,通过的电流为 1A 时,则该电路中的电阻为 1Ω。计量高电阻时,可用千欧（kΩ）或兆欧（MΩ）为单位。1kΩ = 1 000Ω,1MΩ = 1 000kΩ。

（2） 电阻率　电阻率是电工计算中一个重要的物理量,不同材料的电阻率各不相同。电阻率的数值相当于这种材料制成长 1m、截面积为 $1mm^2$ 的导线,在温度为 20℃ 时的电阻值。材料的电阻温度系数越大,材料的导电能力越差。常用导电材料的电阻率和电阻温度系数见表 1－1。

表 1-1 常用导电材料的电阻率和电阻温度系数(20℃)

材料	电阻率 $\rho(\Omega \cdot mm^2/m)$	电阻温度系数 $\alpha(℃^{-1})$
碳	10.0	-0.000 5
铜	0.017 5	0.04
钨	0.055 1	0.04
铁	0.097 8	
钢	0.13	0.006
银		0.003 6
铸铁	0.5	0.01
锰铜	0.065	0.000 005
铝	0.028 3	0.04
康铜	0.44	0.000 005

1-20 什么是电容和电感?

答:(1) 电容 电容是衡量导体储存电荷能力的物理量。电容器储存电荷量的大小与电容器两端的电压成正比,电压用 U 表示,电量用 Q 表示,电容用 C 表示,则电容 $C = Q/U$。电容的单位是法(F)、微法(μF)、皮法(pF)。$1F = 10^6 \mu F$,$1\mu F = 10^6 pF$。电容器的主要参数是电容量和额定工作电压(击穿电压)。电容器按介质分为空气电容器、瓷介电容器、油浸电容器、电解电容器;按结构分有固定电容器、可变电容器和微调电容器。

(2) 电感 电感是衡量线圈产生电磁感应能力的物理量。给一个线圈通入电流,线圈周围就会产生磁场,线圈就有磁通量通过。通过线圈的电流越大,磁场就越强,通过线圈的磁通量就越大。通过线圈的磁通量用 Φ 表示,电流用 I 表示,电感用 L 表示,电感 $L = \Phi/I$。电感的单位是亨(H)、毫亨(mH)、微亨(μH)。1H = 1 000mH,1 mH = 1 000μH。典型的电感元件如图 1-22 所示。

1-21 什么是电能、电功和电功率?

答:(1) 电能 当电流流过电路时,将发生能量转换。在电源内部,外力不断克服电场力驱使正负电荷分别向电源两极移动而做功,把其他形式的能量转换成电能;通过外电路,电荷不断地被送到负载,把电能转换

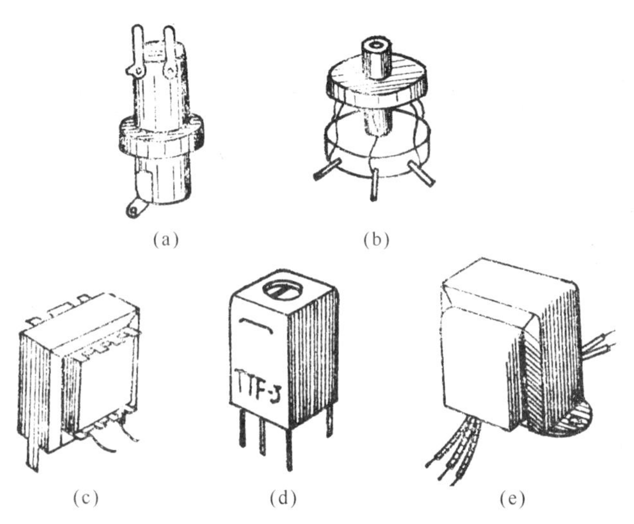

图 1－22　典型电感元件

（a）高频扼流圈；（b）可调高频扼流圈；（c）低频扼流圈或抽头低频扼流圈；（d）高频、中频变压器；（e）电源变压器

为其他形式的能。负载消耗的电能 A 等于端电压 U 与电荷 Q 的乘积，电荷 Q 等于电流 I 与时间 t 的乘积。

（2）电功　电流做功等于电路消耗的电能，电路中消耗的电能等于使电荷在电路中移动所做的功。

（3）电功率　在单位时间内电路产生或消耗的电能，称为电功率，简称功率，用 P 表示，单位为 W。

$$P = A/t = IUt/t = IU$$

$$P = U^2/R$$

$$P = I^2R$$

式中　P——电功率（W），1W = 1J/s；

t——时间（s）。

［例 1］在某电阻上的电压是 10V，流过的电流值是 2A，求该电阻消耗的功率。

解： $P = UI = 10V \times 2A = 20W$。

［例 2］在阻值为 3Ω 的电阻上流过的电流为 3A，求该电阻消耗的功率。

解： $P = UI = IRI = 3A \times 3\Omega \times 3A = 27W$。

［例 3］ 在阻值为 5Ω 的电阻上电压降是 10V，求该电阻所消耗的功率。

解：$P = UI = U\dfrac{U}{R} = \dfrac{U^2}{R} = \dfrac{(10\text{V})^2}{5\Omega} = 20\text{W}$。

［例 4］ 有一蓄电池，电动势为 6V，当输出电流为 8A 时，蓄电池电流产生的功率是多少？

解：$P = UI = 6\text{V} \times 8\text{A} = 48\text{W}$。

［例 5］ 某一电冰箱，功率为 100W，工作了 10h，该电冰箱消耗了多少电能？

解：由 $P = \dfrac{W}{t}$ 可得，$W = Pt = 100\text{W} \times 10\text{h} = 1\text{kW} \cdot \text{h}$。

1-22 什么是负载电路的特点？什么是额定值和实际值？

答：1）负载电路的特点

（1）纯电阻性负载电路的特点

① 电流与电压同相位；

② 电流与电压的数值遵循欧姆定律，$I = U/R$；

③ 电功率为正值，平均功率为 $P = IU$。

（2）纯电感性负载电路的特点

① 电流滞后于电压 90°相位角；

② 电流与电压的数值关系：

$$U_L = I\omega L = IX_{\text{L}}$$

式中 X_{L}——感抗，$X_{\text{L}} = \omega L = 2\pi f$；

L——电感（H）；

ω——角频率（rad/s）。

（3）纯电容性负载电路的特点

① 电流超前于电压 90°相位角；

② 电流与电压的数值关系：

$$I = \frac{U_{\text{c}}}{X_{\text{c}}}$$

式中 X_{c}——容抗，与电流成反比，$X_{\text{c}} = 1/\omega C = 2\pi fC$。

2）额定值和实际值 额定值是电器产品在给定条件下正常工作而规定的允许值，如灯泡上标注 40W、220V，则灯泡不允许接在 380V 电源上。实际值是指在使用过程中的真实值，实际值不一定等于额定值。如电动机的实际功率和电流取决于负载的大小，不一定等于铭牌上的额定数值。

1－23 什么是交流电？交流电有哪些基本参数？

答： 1）交流电和正弦交流电

电流的大小和方向都随时间按一定规律反复交替变化的电流称为交流电。电流的大小和方向都以正弦规律变化的交流电称为正弦交流电。

2）交流电的主要基本参数

（1）交流电的瞬时值　交流电正弦量在任一瞬间的值称为瞬间值，用小写字母表示，如 u、i、e 分别表示电压、电流、电动势的瞬时值。

（2）交流电的最大值　瞬时值中最大的值称为幅值或最大值，如用 U_m、I_m、E_m 表示电压、电流、电动势的幅值。

（3）交流电的有效值　一个周期电流 i 通过负载电阻 R 在这个周期内产生的热量，和另一个直流电流 I 通过同一个电阻 R 在相等的时间内产生的热量相等，则这个周期性变化的电流 i 的有效值在数值上就等于这个直流电的有效值，用大写字母 I 表示。幅值与有效值之间的关系为

$$I_m=\sqrt{2}I$$

同理，

$$U_m=\sqrt{2}U$$

$$E_m=\sqrt{2}E$$

（4）周期　交流电完成一次完整的变化所需要的时间称为周期，常用 T 表示，交流电的周期如图 1－23 所示，周期的单位是秒（s）、毫秒（ms）、微秒（μs）。1s＝1 000ms，1ms＝1 000μs。

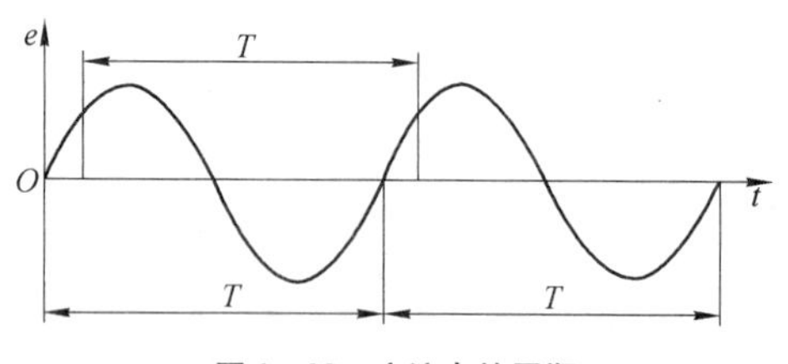

图 1－23　交流电的周期

（5）频率和角频率　交流电在 1s 时间内完成周期性变化的次数称为频率，常用 f 表示，频率单位常用赫兹（Hz）、千赫（kHz）、兆赫（MHz）。交

流电频率 f 是周期 T 的倒数,即

$$f=\frac{1}{T}$$

正弦量在一个周期内经历 2π 弧度称为角频率,即

$$\omega=\frac{2\pi}{T}=2\pi f$$

(6) 相位、初相位、相位差　相位是反映交流电任何时候状态的物理量,在三角函数中,$2\pi ft$ 相当于角度,通常把 $2\pi ft$ 称为相位或相角。初相位如图 1-24 所示,其中 φ 称为初相位。相位差是指两个频率相同的交流电相位的差(图 1-25),如果电路是纯电阻,交流电压和交流电流的相位差等于零;如果电路含有电容和电感,交流电压和交流电流的相位差不等于零。同相是指两个相同频率的交流电的相位差等于零或 180°的偶数倍的相位关系;反相是指两个相同频率的交流电的相位差等于 180°或 180°奇数倍的相位关系(图 1-26)。

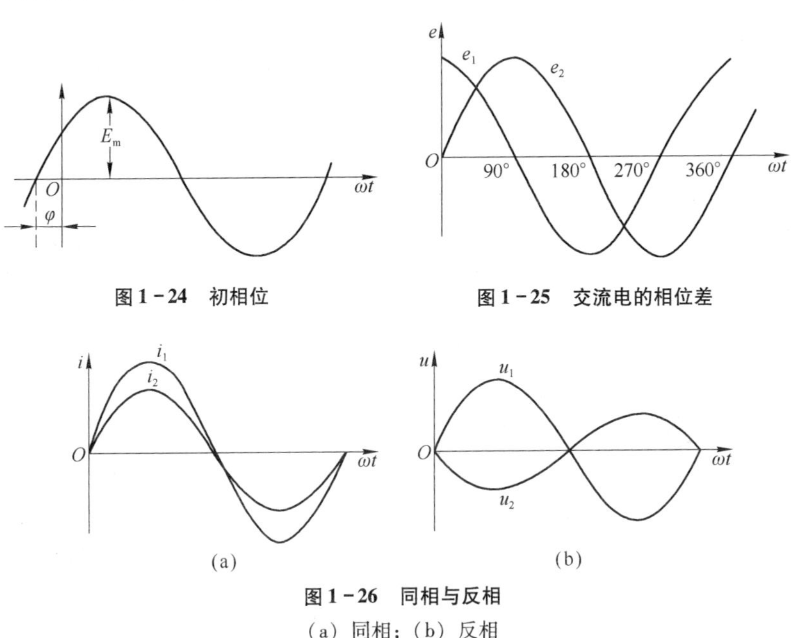

图 1-24　初相位

图 1-25　交流电的相位差

图 1-26　同相与反相

(a) 同相;(b) 反相

1-24　什么是电路?电路有哪些部分组成?电路有几种状态?

答: 电流流过的途径称为电路。电路一般由电源、负载、开关和连接

导线组成。电路有断路、通路、短路三种状态;一般应避免短路状态。

1-25 什么是电流?电流的大小取决于什么?

答: 电荷有规则的运动称为电流。电流的大小取决于在一定的时间内通过导体截面的电荷量的多少,在同一时间内通过导线截面积的电荷量越多,表示导线中的电流越大。

1-26 什么是直流电?电流的方向如何确定?

答: 电流的大小和方向都不随时间变化的电流称为直流电。正电荷运动的方向称为电流的方向。例如手电筒电路,正电荷从电池的正极出发,经导线、电珠、导线,回到电池负极,这一环绕运动方向就是电流方向。

1-27 什么是复杂电路?分析复杂电路有哪些常用术语?

答: 复杂电路是由多个电源和多个电阻经过复杂的连接(串联、并联、混联)而构成的电路。

(1) 支路　若干个元件串联构成的通路。

(2) 节点　三条或更多条支路的连接点。

(3) 回路　由一条或多条支路构成的闭合通路。

(4) 网孔　不含支路的通路。

1-28 什么是电阻的串联、并联、混联?如何计算?

答: (1) 串联　几个电阻逐个顺次连接而成(中间没有分岔)的单一线路。串联电路中通过每个电阻的电流都相同($I_1=I_2=\cdots$);串联电路两端的总电压等于各部分电路两端的电压之和($U=U_1+U_2+\cdots$);串联电路的总电阻,等于各串联电阻之和($R=R_1+R_2+\cdots$)。

(2) 并联　几个电阻并列接在相同的两点之间。并联电路干路中的电流等于各支路中的电流之和($I=I_1+I_2+\cdots$)并联电路中各支路两端的电压相同($U_1=U_2=\cdots$);并联电路的总电阻的倒数,等于各并联电阻的倒数之和($\frac{1}{R}=\frac{1}{R_1}+\frac{1}{R_2}+\cdots$)。

(3) 混联　在一个电路中,既有电阻的串联,又有电阻的并联。

[**例1**] 如图1-27所示,求R_z。

解: $R_z=R_1+R_2=20\Omega+10\Omega=30\Omega$。

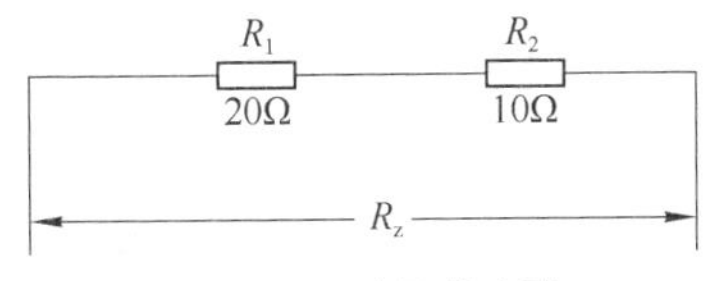

图 1-27　电阻的串联

［例 2］ 如图 1-28 所示，求流经电阻 R_1 上的电流 I。

解：$R_z = R_1 + R_P + R_2 = 100\Omega + 1\ 000\Omega + 100\Omega = 1\ 200\Omega$。

$$I = \frac{U}{R_z} = \frac{12V}{1\ 200\Omega} = 0.01A = 10mA。$$

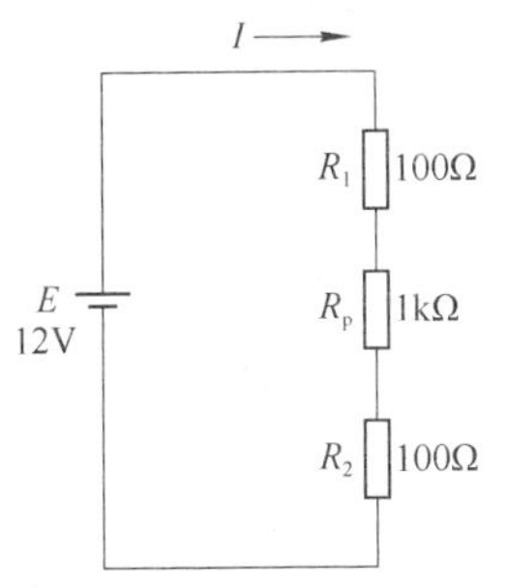

图 1-28　串联电阻上的电流

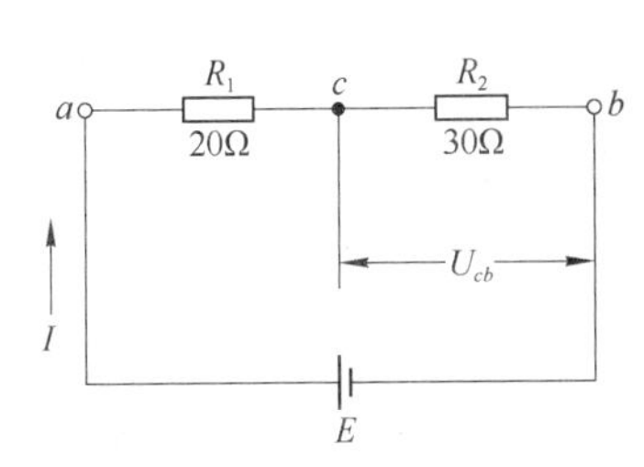

图 1-29　串联电阻上的分压

［例 3］ 如图 1-29 所示，已知 $E = 50V$，求 U_{cb}。

解：$$I = \frac{U}{R_1 + R_2} = \frac{50V}{20\Omega + 30\Omega} = 1A。$$

$$U_{cb} = IR_2 = 1A \times 30\Omega = 30V。$$

［例 4］ 如图 1-30 所示，已知 $R_1 = 60\Omega, R_2 = 40\Omega$，求 a、b 之间的等效电阻。

解：$$\frac{1}{R_{ab}} = \frac{1}{R_1} + \frac{1}{R_2} = \frac{R_1 + R_2}{R_1 R_2}，则$$

$$R_{ab} = \frac{R_1 R_2}{R_1 + R_2} = \frac{40\Omega \times 60\Omega}{40\Omega + 60\Omega} = 24\Omega。$$

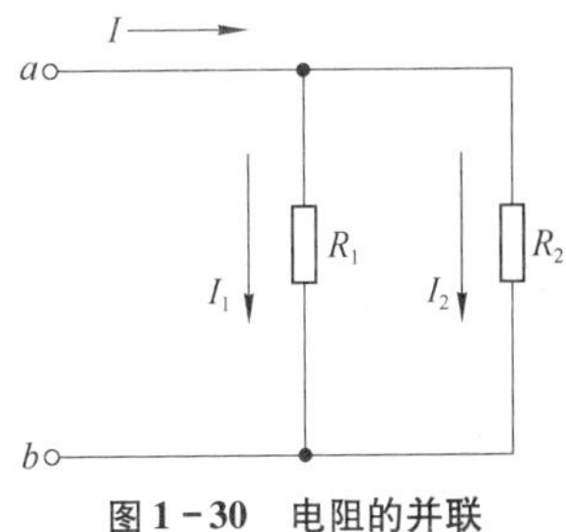

图 1-30　电阻的并联

［例 5］ 如图 1-31 所示，已知 $U_{ab} = 10V, R_1 = 5\Omega, R_2 = 2\Omega$，求 I_1、I_2、I。

解：$$I_1 = \frac{U_{ab}}{R_1} = \frac{10V}{5\Omega} = 2A。$$

$$I_2 = \frac{U_{ab}}{R_2} = \frac{10V}{2\Omega} = 5A。$$

$I=I_1+I_2=2\text{A}+5\text{A}=7\text{A}$。

［例 6］ 如图 1－31 所示，已知 $R_1=10\Omega$，$R_2=20\Omega$，$I_2=1\text{A}$，求 I_1、I。

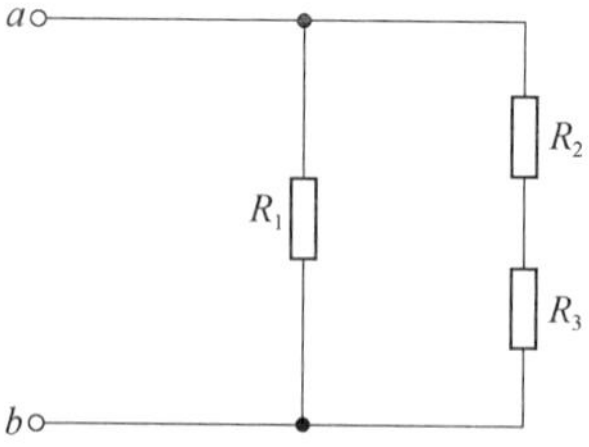

图 1－31 电阻的混联(一)

解：$U_{ab}=I_2R_2=1\text{A}\times20\Omega=20\text{V}$。

$$I_1=\frac{U_{ab}}{R_1}=\frac{20\text{V}}{10\Omega}=2\text{A}。$$

$I=I_1+I_2=2\text{A}+1\text{A}=3\text{A}$。

［例 7］ 如图 1－32 所示，已知 $R_1=100\Omega$，$R_2=20\Omega$，$R_3=30\Omega$，求 R_{ab}。

解：$R_2+R_3=20\Omega+30\Omega=50\Omega$。

$$\frac{1}{R_{ab}}=\frac{1}{R_1}+\frac{1}{R_2+R_3}=\frac{R_1+(R_2+R_3)}{R_1(R_2+R_3)}。$$

$$R_{ab}=\frac{R_1(R_2+R_3)}{R_1+(R_2+R_3)}=\frac{100\Omega\times50\Omega}{100\Omega+50\Omega}=\frac{100}{3}\Omega。$$

［例 8］ 如图 1－32 所示，已知 $R_1=50\Omega$，$R_2=20\Omega$，$R_3=30\Omega$，求 R_{ab}。

解：$$R_{23}=\frac{R_2R_3}{R_2+R_3}=\frac{20\Omega\times30\Omega}{20\Omega+30\Omega}=12\Omega。$$

$R_{ab}=R_1+R_{23}=50\Omega+12\Omega=62\Omega$。

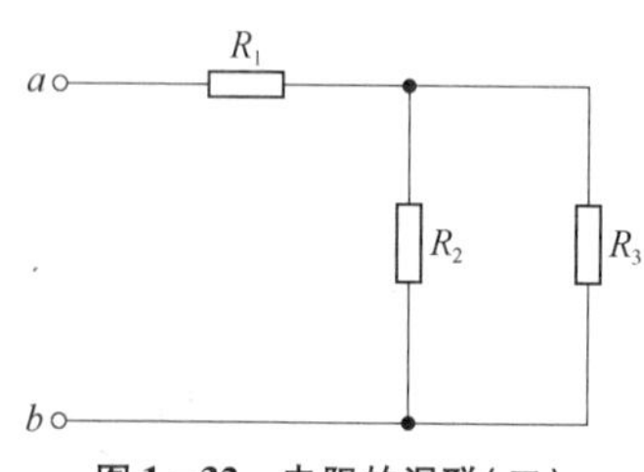

图 1－32 电阻的混联(二)

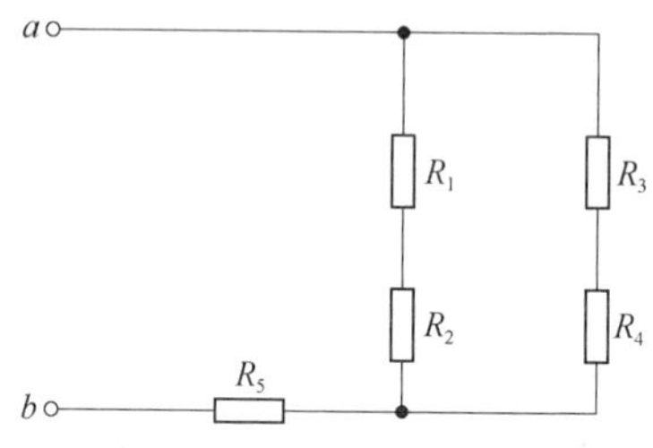

图 1－33 电阻的混联(三)

［例 9］ 如图 1－33 所示，已知 $R_1=50\Omega$，$R_2=30\Omega$，$R_3=100\Omega$，$R_4=20\Omega$，$R_5=22\Omega$，求 R_{ab}。

解：$R_1+R_2=50\Omega+30\Omega=80\Omega$，$R_3+R_4=100\Omega+20\Omega=120\Omega$。

$$R_{1234}=\frac{(R_1+R_2)(R_3+R_4)}{(R_1+R_2)+(R_3+R_4)}=\frac{80\Omega\times120\Omega}{80\Omega+120\Omega}=48\Omega。$$

$R_{ab}=R_{1234}+R_5=48\Omega+22\Omega=70\Omega$。

［例 10］ 如图 1－34a 所示，已知 $R_1=5\Omega$，$R_2=5\Omega$，$R_3=10\Omega$，$R_4=7.5\Omega$，求 R_{ab}。

解：先将图 1－34a 等效成图 1－34b，R_1 和 R_2 并联，再与 R_4 串联，最后

与 R_3 并联。

$$R_{12}=\frac{R_1R_2}{R_1+R_2}=\frac{5\Omega\times5\Omega}{5\Omega+5\Omega}=2.5\Omega。$$

$$R_{124}=R_{12}+R_4=2.5\Omega+7.5\Omega=10\Omega。$$

$$R_{ab}=\frac{R_{124}R_3}{R_{124}+R_3}=\frac{10\Omega\times10\Omega}{10\Omega+10\Omega}=5\Omega。$$

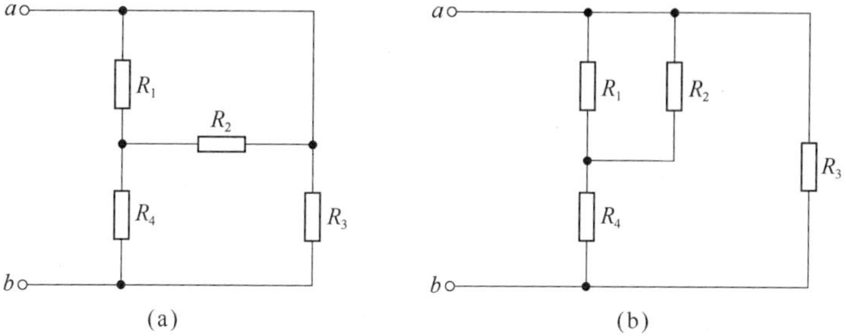

图 1-34 混联电阻的等效

1-29 什么是电容器的串联、并联？如何计算电容量和电容器上的电压？

答： 几个电容器逐个顺次连接成单一线路，称电容器串联。串联电容器等效电容量的倒数等于各个电容器电容量的倒数之和，即 $\frac{1}{C}=\frac{1}{C_1}+\frac{1}{C_2}+\cdots+\frac{1}{C_n}$。每个电容器两端的电压之和等于总电压。

几个电容器并联接在相同的两点之间称电容器的并联。并联电容器等效电容量等于各电容器的电容量之和，即 $C=C_1+C_2+\cdots+C_n$。每个电容器两端的电压相同。

［**例 1**］ 两个电容器串联，已知：$C_1=2\mu F$，$U_1=250V$，$C_2=10\mu F$，$U_2=250V$，求串联后的等效电容量和总电压。

解： $\frac{1}{C}=\frac{1}{C_1}+\frac{1}{C_2}$，$C=\frac{C_1C_2}{C_1+C_2}=\frac{2\mu F\times10\mu F}{2\mu F+10\mu F}=16.66\mu F$。

$U=U_1+U_2=250V+250V=500V$。

［**例 2**］ 两个电容器并联，$C_1=220\mu F$，其击穿电压为 100V，$C_2=100\mu F$，其击穿电压为 25V，求并联后的等效电容量和总电压。

解： $C=C_1+C_2=220\mu F+100\mu F=320\mu F$。

总电压值取决于击穿电压较低的电容器，所以并联等效总电压为25V。

1－30 电工作业有哪些常用的电工材料？各有什么特点与用途？

答：常用的电工材料有导电材料、绝缘材料、电热材料和磁性材料。

（1）导电材料　金属导电材料具有导电性能好、不易氧化和腐蚀、容易加工和焊接、有一定的力学强度等特点。铜和铝是最常用的导电金属材料。如架空线选用的铝镁硅合金具有较高的机械强度；熔丝选用的铅锡合金具有易熔断的特点；电光源灯丝选用的钨丝具有熔点高的特点。

（2）绝缘材料　绝缘材料的主要作用是隔离具有不同电位的导体，使电流只能沿导体流动。电工绝缘材料按极限温度分类有七个耐热等级（表1－2）；按其应用和工艺特征，可分为六大类（表1－3）。

表1－2　电工绝缘材料的耐热等级

等级代号	耐热等级	极限温度（℃）	等级代号	耐热等级	极限温度（℃）
0	Y	90	4	F	155
1	A	105	5	H	180
2	E	120	6	C	>180
3	B	130			

表1－3　电工绝缘材料的应用与工艺特征

分类代号	材料类别	材料示例
1	漆、树脂和胶类	如1030醇酸浸渍漆、1052硅有机漆等
2	浸渍纤维制品类	如2432醇酸玻璃漆布等
3	层压制品类	如3240环氧酚醛层压玻璃布板、3640环氧酚醛层压玻璃布管等
4	压塑料类	如4013酚醛木粉压塑料
5	云母制品类	如5438－1环氧玻璃粉云母带、5450硅有机粉带
6	薄膜、粘带和复合制品类	如6020聚酯薄膜、聚酰亚胺等

（3）电热材料　是用来制造各种电阻加热设备中的发热元件，作为电阻接入电路中，将电能转换为热能。

（4）*磁性材料* 磁性材料主要是指电阻合金，具有温度系数低，阻值稳定等特点。调节元件用的电阻合金主要用于制造调节电流（电压）的电阻器和控制元件的绕组。电位器用的电阻合金主要用于制造各种电位器和滑线电阻。

1－31 常用的导电材料有哪些特点？怎样选择应用？

答：（1）常用导线的特点与应用

① 绝缘电线是用铜或铝作导电线芯，外层敷以绝缘材料的电线，常用导线的外层材料有聚氯乙烯塑料和橡胶等，常用导线的结构形式如图1－35所示。常用电线的品种、规格、特性及其用途见表1－4。

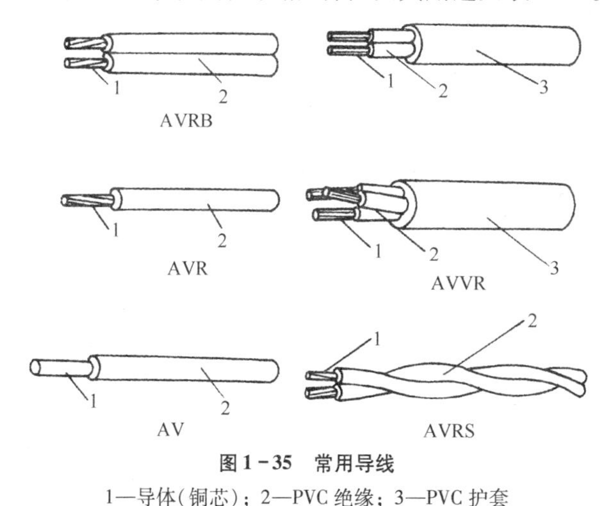

图1－35 常用导线

1—导体（铜芯）；2—PVC绝缘；3—PVC护套

表1－4 常用电线的品种、规格、特性及其用途

产品名称	型号		长期最高工作温度（℃）	用途
	铜芯	铝芯		
橡皮绝缘电线	BX	BLX	65	用于交流500V及以下或直流1 000V及以下环境，固定敷设于室内（明敷、暗敷或穿管）；可用于室外，也可作设备内部安装用线
氯丁橡皮绝缘电线	BXF	BLXF		同BX型。耐气候性好，适用于室外
橡皮绝缘软线	BXR			同BX型。仅用于安装时要求柔软的场合

（续表）

产品名称	型号		长期最高工作温度(℃)	用途
	铜芯	铝芯		
聚氯乙烯绝缘软电线	BVR		65	适用于各种交流直流电气装置，电工仪表、仪器、电信设备，动力及照明线路固定敷设
聚氯乙烯绝缘电线	BV	BLV		同BVR型。且耐湿性和耐气候性较好
聚氯乙烯绝缘护套圆形电线	BVV	BLVV		同BVR型。用于潮湿的机械防护要求较高的场合，可明敷、暗敷或直接埋于土壤中
聚氯乙烯绝缘护套圆形软线	RVV		65	同BV型。用于潮湿和机械防护要求较高以及经常移动、弯曲的场合
聚氯乙烯绝缘软线	RV RVB RVS		65	用于各种移动电器、仪表、电信设备及自动化装置接线用(B为两芯平型;S为两芯绞型)
丁腈聚氯乙烯复合物绝缘软线	RFB RFS		70	同RVB、RVS型。且低温柔软性较好
棉纱编织橡皮绝缘双绞软线、棉纱纺织橡皮绝缘软线	RXS RX		65	室内家用电器、照明电源线
中型橡套电缆	YZ			各种移动电气设备和农用机械电源线
	YZW			各种移动电气设备和农用机械电源线，且具有耐气候性和一定的耐油性能

② 裸导线只有导体(如铝、铜、钢等)而不带绝缘和护层的导电线材，常见的裸导线有绞线、软接线和型线，外观分类有单线、绞线和型线三类。单线有圆单线和扁单线；绞线有简单绞线、组合绞线、复绞线和特种绞线，绞线主要用于电力架空线。

③ 电缆是一种特殊的导线，电缆由导线线芯、绝缘层和保护层共三个部分组成。

(a) 导线线芯用来输送电流，电缆的导线线芯一般由软铜或铝的多股绞线做成。

(b) 绝缘层的作用是将导电线芯与相邻导体以及保护层隔离，抵抗电压、电流、电场对外界的作用，保证电流沿线芯方向传输。电缆的绝缘层材料有均匀质(橡胶、沥青、聚乙烯等)和纤维质(棉、麻、纸等)两大类,三芯统包型电缆结构如图1-36所示。

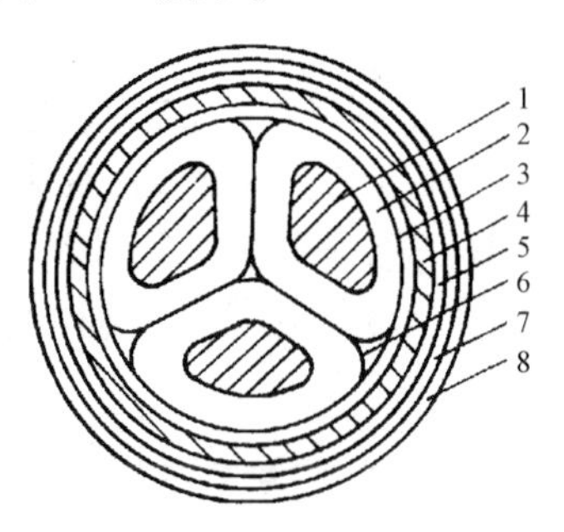

图1-36　三芯统包型电缆的结构

1—导线;2—相绝缘;3—带绝缘;4—金属护套;
5—内衬垫;6—填料;7—铠装层;8—外六皮层

(c) 保护层的作用是保护电缆在敷设和运行中,免遭机械损伤和各种环境因素破坏,以保证长期稳定的电气性能。保护层有外保护层和内保护层,电缆分为电力电缆和电器装备电缆(如软电缆和控制电缆)常用电力电缆的结构如图1-37所示。

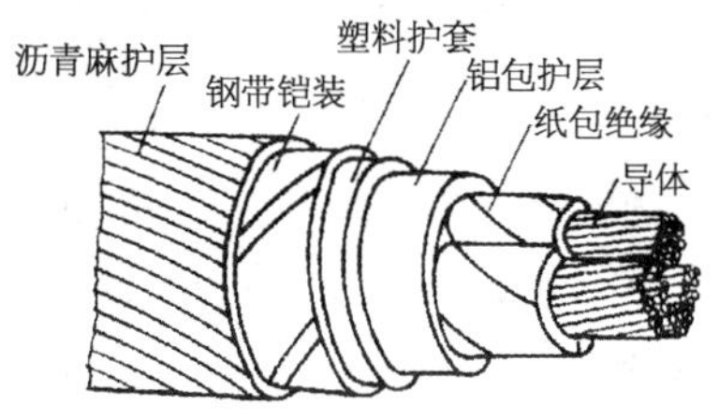

图1-37　电力电缆的结构

(2) 熔丝的特点与应用　熔丝是在各种线路和电气设备中具有短路保护作用的一种导电材料。使用时,将熔丝串联在线路中,当电流超过允许值时,熔丝首先被熔断而切断电源。常用的熔丝是熔点低的铅锡合金熔丝。

1-32　常用的绝缘材料有哪些特点?怎样选择应用?

答:(1) 绝缘漆　常用的有浸渍漆、覆盖漆和硅钢片漆等,浸渍漆主要用于浸渍电机、电器的线圈和绝缘零件,以填充间隙和微孔、提高浸渍件的电气性能及力学性能;覆盖漆有清漆和磁漆两种,主要作用是涂覆经浸渍处理后的线圈和绝缘零件,以防止机械损伤和受大气、润滑油和化学药品的侵蚀。硅钢片漆用来涂覆硅钢片表面,以降低铁心的涡流损耗,增强防锈及耐腐蚀能力。

(2) *浸漆纤维品* 常用的有玻璃纤维布、漆管、绑扎带等。玻璃纤维布主要用于电机、电器的衬垫和线圈绝缘。漆管主要用于电机和电器的引出线和连接线的外包绝缘管。绑扎带主要用于绑扎变压器铁心和代替合金钢丝绑扎电机转子绕组端部。常用的有 B17 玻璃纤维无纬带等品种。

(3) *层压制品、压塑料、云母制品* 常用的层压制品有玻璃布板、玻璃布管和玻璃布棒,适用于电机的绝缘结构零件。常用的压塑料适用于电机电器的绝缘零件。云母制品种类比较多,柔软云母板主要用于电机的槽绝缘、匝间绝缘和相间绝缘;塑料云母板主要用于直流电机换向器的V 形环和其他绝缘零件;云母带适用于电机、电器线圈及连接线的绝缘;换向器云母板主要用于直流电机换向器的片间绝缘;衬垫云母板适用于电机、电器的绝缘衬垫。

(4) *薄膜和薄膜复合制品* 薄膜制品具有厚度小、柔软、电气性能及机械强度高的特点,适用于电机的绝缘、匝间绝缘、相间绝缘,以及其他电器产品的绝缘。复合薄膜制品的机械强度比较高,其用途与薄膜制品类似。

(5) *常用的其他绝缘材料* 电话纸适用于电信电缆的绝缘,也可作为电机、电器的辅助绝缘材料;青壳纸(绝缘纸板)主要用于绝缘保护和补强材料;涤纶玻璃丝绳主要用来代替垫片和蜡线绑扎电机定子绕组端部,涤纶绳经过浸漆、烘干处理后,可使绕组端部形成一个整体;聚酰胺(尼龙)1010 白色半透明体,适用于作插座、绝缘套、线圈骨架、接线板等绝缘零件;黑胶布带常用于低压电线电缆接头的绝缘包扎。

(6) *半导体* 半导体的导电能力介于导体和绝缘体之间,常用的半导体有硅、锗等。半导体常用于制造二极管和晶体管。

1－33 释读电气线路图应掌握哪些基础常识?

答: (1) *熟悉图形和文字符号* 释读电气线路图应掌握电气图的种类、电工常用电器符号、常用电器、电机的图形与文字国标符号。尤其是常用的低压电器的图形符和文字国标符号,如电源开关、接触器、继电器、电机、变压器、按钮、断路器、熔断器等。在释读过程中可先进行对照释读,经过一定数量的电气图释读训练后，应通过熟能生巧的记忆，才能熟练掌握常用的图形和文字符号，为释读电气图奠定基础。在释读的过程中，应注意将实物、图形和符号进行对照，如图1－38所示为常用低压电器的实物外形，其中交流接触器及其图形符号的对照识别可参照图1－39所示的方法。

图1－38　常用低压电器示例

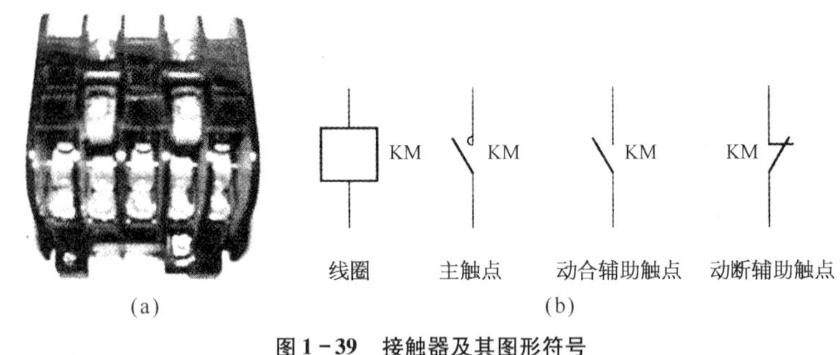

图 1－39　接触器及其图形符号

（a）外形；（b）图形符号

(2) 熟悉电路的组成　用导线将电源和负载以及有关控制元件连接起来，构成闭合回路，以实现电气设备的预定功能，这种回路的总体称为电路。电路通常分为主电路和辅助电路。

(3) 熟悉电路的分布规律　按照一般规律，电路原理图上元器件的输入端在左边，输出端在右边；一些重要的线路在上部，辅助线路在下部。

1－34　释读电气线路图应掌握哪些基本步骤？

答：① 阅读使用说明书，主要了解设备的机械结构、电气传动方式、电气控制要求及其操作方法。

② 释读图纸说明与标题栏，了解图纸的大体情况，抓住识图的重点。对电气图的类型、性质、作用等有明确的认识，同时可大致了解电气图的内容。

③ 释读主电路图，通常从下往上，即从用电设备开始，经控制元件、保护元件依次看到电源。

④ 释读辅助电路，应自上而下、从左向右看，即先看电源，再依次看各条回路，分析各回路元器件的工作情况及其对主电路的控制关系。

⑤ 释读接线图，要根据端子标志、回路标志，从电源端顺次查下去，搞清楚线路的走向和电路的连接方法，搞清楚每一个元器件是如何通过连线构成闭合回路的。

1－35　怎样释读电子线路图？

答：释读模拟电路图，应熟悉电子电路图中各种常用元件的图形符号和文字符号，如电阻、电容、电感、晶体管、集成电路等元器件。同时要了解这些元器件的基本结构、功能、特性等，以奠定释读电路图的基础。

1－36 怎样释读模拟电路图的功能与组成？

答：释读电子电路图应首先阅读电器设备的说明书，了解该设备的用途、安全注意事项，了解设备各开关、旋钮、指示灯、仪表的作用。有框图的应释读框图，了解电路的组成部分，各部分之间的相互关系。通常模拟电路图可分解为若干个单元电路，一般可分为输入电路、中间电路、输出电路、电源电路、附属电路等，而每个部分可以分解为若干个单元电路，单元电路可分解为各种构成元件，从而将复杂的整体电路化整为零，逐级分解分析，将电路功能分成若干单元电路，找出各单元电路之间的联系和单元电路的功能，进而熟悉单元电路中各元器件的作用。

1－37 怎样对模拟电子线路进行释读分析？

答：（1）模拟电路的静态和动态分析　模拟电路中的晶体管和集成电路，在工作中需要建立静态工作点，才能实现对交流信号的放大作用。分析时需要熟悉直流等效电路法和交流等效电路法。

① 直流等效电路法是在输入信号为零时，各级放大电路在直流电源作用下的工作状态，即找出直流通路，确定各级电路在静态时的偏置电流和电压。交流等效电路是在输入信号不为零时，确定电路在交流信号通路及工作状态。

② 应用等效电路法分析时，应注意各种元件的性质和参数。电容和电感的特性，电容具有"隔直通交"的作用，电感有"隔交通直"的作用，即在直流等效法分析时，电容相当于断路，电感相当于短路；在交流等效分析法时，不同频率的交流信号通过电容、电感时，所产生的容抗和感抗是不同的。

（2）模拟电路的综合分析　综合分析模拟电路时，应把各个单元电路按其功能，根据信号流程连接起来，分析电路前级输出与后级输入的关系，最终将整个电路的输入与输出端贯穿起来，完整地释读电路图的原理和功能。

1－38 怎样识别电阻元件？

答：在电子电路中，电阻器作为负载、限流、分流、降压、分压、取样等器件而被大量使用，所以说电阻是组成电路的基本元件。电阻器的主要标志方法有：直标法、文字符号法、电阻色码标志法。电阻器的主要指标有:电阻的标称阻值、偏差和额定功率。电阻有金属膜和金属氧化膜电阻、碳膜电阻和线绕电阻等,可根据需要选用。

(1) 标志方法 电阻常用彩色的圆环或彩色的圆点表示电阻的标称阻值及偏差,前者叫色环标志,后者叫色点标志。色环与色点所表示的含义相同。

(2) 标志代表的含义

① 四色环电阻如图 1-40a 所示。第一环:电阻值的第一位数字。第二环:电阻值的第二位数字。第三环:乘数。第四环:误差值。

② 五色环电阻如图 1-40b 所示。第一环:电阻值的第一位数字。第二环:电阻值的第二位数字。第三环:电阻值的第三位数字。第四环:乘数。第五环:误差值。

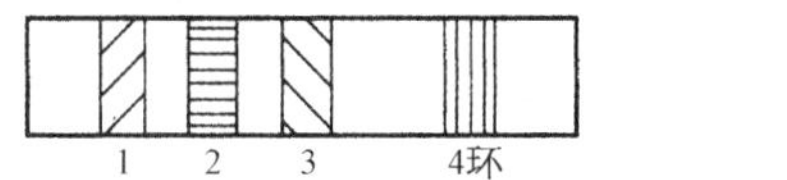

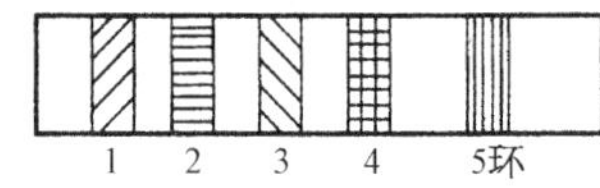

图 1-40 色环电阻标注方法

(a) 四色环电阻标注法; (b) 五色环电阻标注法

各色环对应的数值见表 1-5。

表 1-5 电阻各色环对应的数值

颜色	第一环(第一位数值)	第二环(第二位数值)	第三环(乘数)	允许偏差(%)
无色				±20
银色			10^{-2}	±10
金色			10^{-1}	±5
黑色	0	0	10^0	
棕色	1	1	10^1	±1
红色	2	2	10^2	±2
橙色	3	3	10^3	
黄色	4	4	10^4	
绿色	5	5	10^5	±0.5
蓝色	6	6	10^6	±0.25
紫色	7	7	10^7	±0.1
灰色	8	8	10^8	
白色	9	9	10^9	+50 −20

(3) 电位器的识别和测试　电位器有多种形式，有线绕电阻器、碳膜电位器、玻璃釉电位器、有机实芯电位器等，适用于各种不同的场合。如图1－41所示，电位器一般有三个引脚，中间引脚2是可变动引脚，用于调节电阻阻值，其余两边的1、3引脚为固定引脚，4、5为固定焊接电位器的，没有电的联系。在实际使用中，可用万用表电阻 $R\times100$ 挡测量电阻值。方法是用一支表笔接触中间可动端，另一支表笔分别接触固定端，调节可动端，表针应平稳地移动，若中间有跳动或指针的反向摆动，电位器的性能变坏，影响电位器的变阻功能。电位器的变阻功能有指数型和对数型两种。收音机的音量控制一般采用指数型的电位器，音调控制使用对数型的电位器。

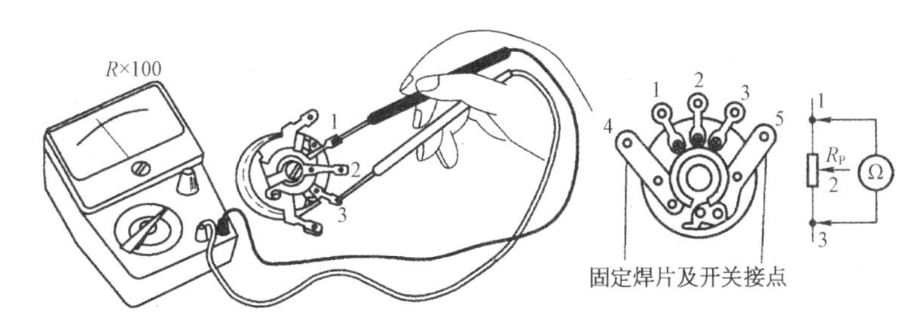

图1－41　电位器的识别和检测方法

(4) 敏感电阻器的识别　敏感电阻器有热敏电阻器、压敏电阻器、湿敏电阻器和光敏电阻器。

① 热敏电阻器是一种对温度极为敏感的电阻器，这种电阻器在温度发生变化时其阻值也随之变化。如适用于彩色电视机的消磁电路的热敏电阻器。

② 压敏电阻器是一种在自动控制系统中常用的电阻器，是对电压十分敏感的非线性电阻器，常用于电路的过电压保护。如适用于电力系统的过电压保护电路的压敏电阻器。

③ 湿敏电阻器是对湿度变化十分敏感的电阻器，随环境湿度的变化阻值发生变化。如适用于录像机的湿敏电阻器。

④ 光敏电阻器是用光能产生光电效应的半导体材料制成的电阻器，对光线十分敏感，电阻器在无光线时阻值很高，当有光线照射时，阻值很快下降。光敏电阻的阻值是随光线的强弱发生变化的。光敏电阻主要适用于各种光电控制系统，如适用于光电控制的自动报警系统的光敏电阻。

1－39 电工有哪些常用电工仪表?

答: 电工常用的指示仪表和测量仪表有万用表、兆欧表、电压表、电流表、功率表、电能表等。

1－40 按结构和用途分类,电工仪表有哪些类型?

答: 按结构和用途分类,电工仪表可分为指示仪表、比较仪表和数字仪表三大类。

(1) 指示仪表　是将被测量转换为仪表可动部分的机械偏转转角,并通过指示器直接显示出被测量的大小,故指示仪表又称为直读式仪表。

(2) 比较仪表　是在测量过程中,通过被测量与同类标准量进行比较,然后根据比较结果才能确定被测量的大小。比较仪表又可分为直流和交流比较仪表两类。

(3) 数字仪表　是采用数字测量技术,并以数码的形式直接显示出被测量的大小。常用的有数字式电压表、数字式万用表和数字式频率表等。

1－41 什么是电工测量? 电工测量有哪几种方法?

答: 电工测量是将被测的电量、磁量或电参数与同类标准量进行比较,从而确定出被测量大小的过程。

电工测量有直接测量法、比较测量法和间接测量法。

能用直接指示的仪器仪表读取被测量数值,而无需度量器参与的测量方法,称为直接测量法。

在测量过程中需要度量器的直接参与,并通过比较仪表确定被测量数值的方法,称为比较测量法。

测量时先测出与被测量有关的电量,然后通过计算求得被测数值的方法,被称为间接测量法。

1－42 根据产生误差的原因,仪表误差分哪几类?

答: 仪表误差分为基本误差(仪表本身所固有的误差)和附加误差(因外界工作条件改变而造成的额外误差)两类。

仪表误差通常用绝对误差、相对误差和引用误差表示。

① 仪表的指示值与被测量实际值之间的差值,称为绝对误差。

② 绝对误差与被测量实际值比值的百分数称为相对误差。

③ 绝对误差与仪表量程(最大读数)比值的百分数,称为引用误差。

1-43　根据产生测量误差的原因,测量误差可分哪几类?

答: 根据产生测量误差的原因,测量误差可分为系统误差、偶然误差和粗大误差三大类。

① 系统误差指在相同条件下多次测量同一量时,误差的大小和符号均保持不变,而在条件改变时遵从一定规律变化的误差。

② 偶然误差是一种大小和符号都不固定的误差,又称为随机误差。

③ 粗大误差是一种严重歪曲测量结果的误差,主要由于操作者的粗心和疏忽造成,是可以避免和必须避免的。

1-44　电工指示仪表必须具有哪两个组成部分?各自有什么作用?

答: 电工指示仪表必须具有测量机构和测量线路两个组成部分。

① 测量机构的作用是将被测量(或过渡量)转换成仪表可动部分的机械转角。测量机构是电工仪表的核心。

② 测量线路的作用是把各种不同的被测量按一定的比例转换为能被测量机构所接受的过渡量。测量线路通常由电阻器、电容器、电感器等电子元件组成。

1-45　测量机构必须包括哪些装置?

答: 测量机构必须包括以下装置:

① 转动力矩装置,其作用是反映被测量的大小。

② 反作用力矩装置,其作用是平衡转动力矩,在电工指示仪表中,除利用游丝产生反作用力矩外,还有利用电磁力来产生反作用力矩的。

③ 阻尼力矩装置,其作用是消除转动力矩及反作用力矩产生的振荡能量,使指针尽快停止,便于读数。常用的阻尼力矩装置有空气阻尼器和感应阻尼器两种。

④ 读数装置,由指示器和分度盘组成。

⑤ 支撑装置,常见的支撑装置有轴尖轴承支撑方式和张丝弹片支撑方式两种。

1-46　如何选择电工仪表的内阻和量程?

答: 仪表接入被测电路后,应尽量减小仪表本身的功耗,以免影响电路原有的工作状态。因此选择仪表内阻时应注意:电压表内阻应尽量大些;电流表内阻应尽量小些。

在实际测量中,为使测量误差尽量小,且保证仪表的安全,应根据以下原则选择电流表和电压表的量程:所选量程要大于被测量;将被测量范围选择在仪表标度尺满刻度的 2/3 以上范围内;在无法估计被测量大小时,应选择仪表最大量程后,再逐步换成合适的量程。

1-47 工程中有哪些测量电阻的方法?

答: 工程中,通常按电阻的阻值大小,将电阻分为大电阻、中电阻和小电阻三种。一般规定 100kΩ 以上的电阻为大电阻,1 ~ 100kΩ 为中电阻,1Ω 以下为小电阻。工程中测量的电阻值,一般为 $1\times10^{-6}\sim1\times10^{12}\Omega$。

测量电阻的方法有以下几种:

(1) *万用表测电阻* 万用表测电阻属于直接测量法,万用表主要测量中电阻。用万用表测电阻的优点是直接读数、使用方便,缺点是测量误差比较大。

(2) *伏安法测电阻* 伏安法测量电阻属于间接测量法。

(3) *电桥测电阻* 直流单臂电桥或双臂电桥测电阻属于比较测量法。直流单臂电桥主要用于测量中电阻;直流双臂电桥主要用于测量小电阻。用直流单臂电桥测电阻的优点是准确度高,缺点是操作比较麻烦;用直流双臂电桥测电阻的优点是直接读数、使用方便,缺点是测量误差比较大。

(4) *兆欧表测电阻* 兆欧表主要用于测量大电阻。

(5) *接地电阻仪测电阻* 接地电阻仪主要用于测量接地电阻。

1-48 模拟式万用表的结构是怎样的?

答: 如图 1-42a 所示是 500 型模拟式万用表的结构。

① 测量机构:测量机构俗称“表头”,万用表测量机构的作用是把过渡电量转换为仪表指针的机械偏转角。万用表的测量机构采用磁电系直流微安表,其满偏电流为几微安到几百微安。满偏电流越小的测量机构灵敏度越高,万用表的灵敏度通常用电压灵敏度(Ω/V)来表示。

② 测量线路:测量线路的作用是把各种不同的被测电量(如电流、电压、电阻等)转换为磁电系测量机构所能接收的微小直流电流(过渡电量)。测量线路中使用的元器件主要包括分流电阻、分压电阻、整流元件等。万用表的功能越多,测量线路越复杂。

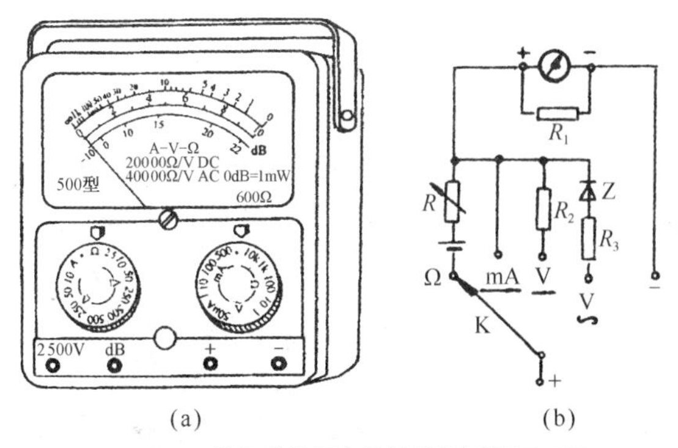

图 1－42　模拟式外用表及其简单测量原理图

③ 转换开关:如图 1－42a 所示是 500 型万用表的外形图,表面上有两个转换开关。万用表中有多种测量线路,它是将各种被测电量转换成适合表头测量的直流电流,而这些测量线路是通过转换开关进行切换的。从图 1－42b 万用表的简单测量原理图中可以看出,当转换开关 K 放在"mA"的位置时,从"＋"端至"－"端所形成的测量线路实际上是一个直流电流表;当 K 放在"$\overline{V}$"的位置时是一个直流电压表;当 K 放在"$\widetilde{V}$"时,交流电压通过整流二极管将交流变成了直流,再送到表头进行测量。当 K 放在"Ω"位置,万用表内部的电源与表头以及固定电阻,被测电阻 R_x 相串联,电路中有相应的电流,使指针偏转与被测电阻相对应,标度尺按电阻刻度,可以直接测量电阻。

1－49　怎样使用模拟式万用表?

答: 模拟式万用表的使用方法(图 1－42a)。

① 校对零位:使用万用表前须先校零(指针式校零位,数字式校零显示),以求测量值的准确性。

② 正确接线:应将红色和黑色测试棒的连接插头分别插入红色(或标有"＋"号)插孔和黑色(或标有"－"号)插孔。测量时一般用手握测试棒进行,因此要注意手不要接触测试棒金属部分。

③ 正确选择测量种类和量程:根据被测对象,首先选择测量种类。严禁当转换开关置于电流挡或电阻挡测量电压,否则将损坏万用表。

测量种类选择妥当后,再选择该种类的量程。测量电压、电流时应使指针的偏转在量程的一半或 2/3 以上,读数较为正确。若预先不知被测量的大小范围,为避免量程选得过小而损坏万用表,应选择该种类最大量程进行预测,然后再选择合适的量程,还应注意在测量较高电压与较大电流时,不能带电切换量程。

④ 正确读数:万用表的标度盘上有多条标度尺,它们代表不同的测量种类。测量应根据转换开关所选择的种类及量程,在对应的标度尺上读数,并应注意所选择的量程与标度尺上读数的倍率关系。

⑤ 正确保存:万用表在使用完毕后,应将转换开关旋至“关”(OFF)挡。如没有这挡位置,则应将开关旋至交流电压最高挡。

1-50 数字式万用表的结构是怎样的?

答:便携式液晶显示数字式万用表的结构。如图1-43所示为DT-830型数字式万用表的结构。

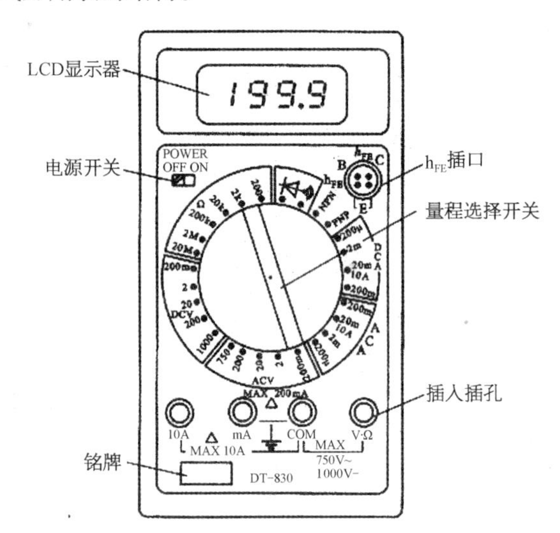

图1-43 DT-830型数字式万用表

① 液晶显示器:该表采用FE型大字号LCD显示器,最大显示值为1 999或-1 999。该表还具有自动调零和自动显示极性功能,测量时若被测电压或电流的极性为负,则在显示值前将出现“-”号。当仪表所用电源电压(9V)低于7V时,显示屏左上方将显示箭头方向,提示应更换电池。若输入超量程,显示屏左端显示“1”或“-1”的提示符号。小数点由量程开关进行同步控制,使小数点左移或右移。

② 电源开关:在量程开关左上方标有“POWER”的开关(电源开关)。

不用时将此开关拨到“OFF”位置,以免空耗电池。

③ 量程开关:位于面板中央的量程开关为6刀28掷转换开关,提供28种测量功能和量程,供使用者选择。若使用表内蜂鸣器做线路通断检查时,量程开关应放在标有“·)))”的挡位上。

④ h_{FE}插座:采用四眼插座,旁边分别标有B、C、E。其中E孔有两个,在内部连通。测量时,应将被测晶体管3个极对应插入B、C、E孔内。

⑤ 输入插孔:输入插孔共有4个,位于面板下方。使用时,黑表笔插在“COM”插孔,红表笔则应根据被测量的种类和量程不同,分别插在“V·Ω”“mA”或“10A”插孔内。

使用时应注意:在“V·Ω”与“COM”之间标有“MAX750V~,1 000V-”的字样,表示从这两个孔输入的交流电压不得超过750V(有效值),直流电压不得超过1 000V,另外,在“mA”与“COM”之间标有“MAX200mA”,在“10A”与“COM”之间标有“MAX10A”,分别表示在对应插孔输入的交、直流电流不得超过200mA和10A。

⑥ 电池盒:电池盒位于后盖下方。为便于检修,起过载保护的0.5A快速熔丝管也装在电池盒内。

1-51 怎样使用数字式万用表?

答: 液晶显示数字万用表的使用方法(图1-43)。

① 直流电压的测量:将红表笔插入“V·Ω”插孔,黑表笔插入“COM”插孔,量程开关置于“DCV”的适当量程。将电源开关拨至“ON”位置,两表笔并联在被测电路两端,显示屏上就显示出被测直流电压的数值。

② 交流电压的测量:将量程开关拨至“ACV”范围内的适当量程,表笔接法同上,测量方法与测量直流电压相同。

③ 直流电流的测量:量程开关拨至“DCA”范围内的合适挡,黑表笔插入“COM”插孔,红表笔插入“mA”插孔(电流值小于200mA)或“10A”插孔(电流值大于200mA)。将电源开关拨至“ON”位置,把仪表串联在被测电路中,即可显示出被测直流电流的数值。

④ 交流电流的测量:将量程开关拨至“ACA”的合适挡,表笔接法和测量方法与测量直流电流相同。

⑤ 电阻的测量:量程开关拨至“Ω”范围内合适挡,红表笔插在“V·Ω”插孔,如量程开关置于20M或2M挡,显示值以“MΩ”为单位,置于2k挡以“kΩ”为单位,置于200挡以“Ω”为单位。

⑥ 二极管的测量:将量程开关拨至“—▷|—”挡,红表笔插入“V·Ω”插孔,接二极管正极;黑表笔插入“COM”插孔,接二极管负极。此时显示的是二极管的正向电压,若为锗管应显示0.150~0.300V;若为硅管应显示0.550~0.700V。如果显示000,表示二极管被击穿;显示1,表示二极管内部开路。

⑦ 晶体管 h_{FE} 的测量:将被测晶体管的管脚插入 h_{FE} 相应孔内,根据被测管类型选择“PNP”或“NPN”挡位,电源开关拨至“ON”,显示值即为 h_{FE} 值。

⑧ 线路通、断的检查:量程开关拨至“·)))”蜂鸣器挡,红表笔插入“V·Ω”插孔,黑表笔插入“COM”插孔,若被测线路电阻低于规定值(20Ω±10Ω),蜂鸣器发出声音,表示线路接通;反之,表示线路不通。

1-52　怎样使用钳形电流表?

答: 钳形电流表分机械式和电子式两种,如图1-44所示,钳形电流表能在不影响被测电路正常运行的情况下(即不断开线路的情况下)测得被测电路的电流参数。钳形电流表的主要结构与使用方法如下:

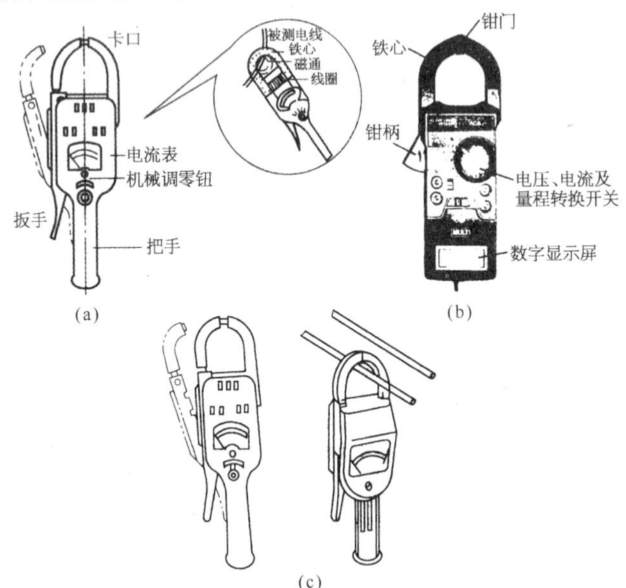

图1-44　钳形电流表及其使用方法

(a) 机械式;(b) 电子式;(c) 使用方法示意图

（1）主要结构　机械式钳形电流表和电子式钳形电流表的外形及主要结构如图1－44a、b所示，机械式钳形电流表由卡口、电流表、调零装置及把手和扳手组成；电子式钳形电流表由钳口、钳柄、转换开关和数字显示屏组成；内部架构主要是铁心和线圈。

（2）使用准备

① 测量前，应检查电流表指针是否指向零位，否则应进行机械调零。

② 检查钳口开口情况，要求钳口可动部分开口自如、两边钳口结合面接触紧密。如钳口上有油污和杂物，应用油剂洗净，如有锈斑，应轻轻擦去。

（3）使用方法　钳形电流表的使用方法如图1－44c所示。测量电流时，按动扳手，打开钳口，将被测载流导线置于钳口内空间，在表盘标度尺上即显示出被测电流。

（4）使用注意事项

① 测量时务必使钳口处接合紧密，以保证测量的准确度。

② 测量时应使导线尽量置于钳口内中心位置，以利减小测量误差。

③ 若被测量电流过小，指针偏转过小读数准确度难以保证时，可把被测载流导线绕成 n 圈后置于钳口内，指针指示值除以 n 即可得被测电流值。

④ 钳形电流表不用时，应将量程选择钮旋至最高量程挡，以免下次使用时不慎损坏仪表。

1－53　怎样使用兆欧表？

答：（1）兆欧表的结构原理

① 兆欧表（俗称摇表）是一种简便、常用的测量高电阻的直读式仪表。一般用来测量电路、电机绕组、电缆、电气设备等的绝缘电阻。最常见的兆欧表是由作为电源的高压手摇发电机（交流或直流发电机）及指示读数的磁电式双动圈流比计所组成。新型的兆欧表有用交流电作电源的或采用晶体管直流电源变换器及磁电式仪表来指示读数的。几种常用的兆欧表外形如图1－45a所示。

② 用交流发电机和直流发电机作电源的兆欧表测量电阻的原理电路如图1－45b、c所示。固定在同一轴上的2个线圈，其中1个线圈与附加电阻 R_1 串联，另一个线圈通过附加电阻 R_2 与被测电阻 R_x 串联。

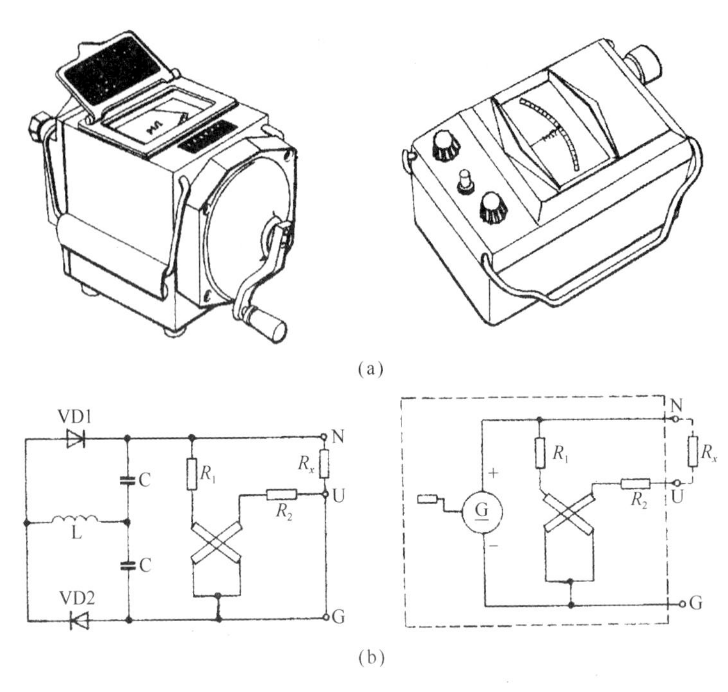

图 1－45　兆欧表及其测量原理

（a）兆欧表外形；（b）测量原理图

兆欧表上有 3 个分别标有接地（N）、电路（U）和保护环（G）的接线柱。测量电路绝缘电阻时，可将被测端接于“电路”的接线柱上，而以良好的地线接于“接地”的接线柱上（图 1－46a）；在作电机绝缘电阻测量时，将电机绕组接于“电路”的接线柱上，机壳接于“接地”的接线柱上（图1－46b）；测量电缆的缆芯对缆壳的绝缘电阻时，除将缆芯和缆壳分别接于“电路”和“接地”接线柱外，再将电缆壳芯之间的内层绝缘物接“保护环”，以消除因表面漏电而引起的误差（图 1－46c）。

（2）兆欧表的使用注意事项

① 在进行测量前后要先切断电源，被测设备一定要进行充分放电（需 2～3min），以保障设备及人身安全。

② 接线柱与被测设备间连接的导线不能用双股绝缘线或绞线，要用单股线分开单独连接，避免因绞线绝缘不良而引起误差。同时应保持表面清洁、干燥以免引起误差。

③ 测量前先将兆欧表进行一次开路和短路试验，检查兆欧表是否良

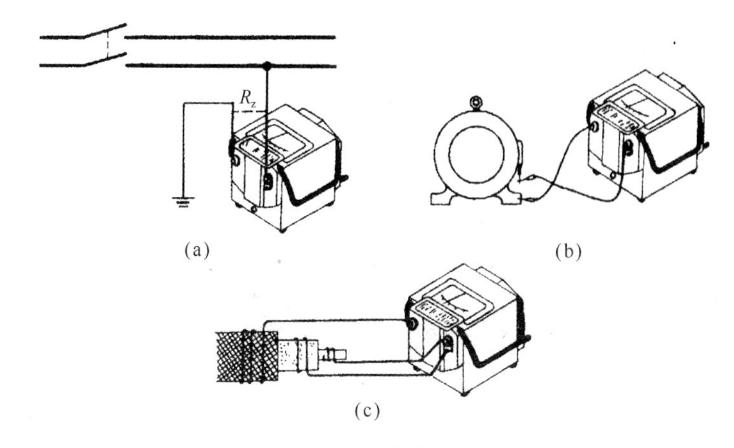

图 1-46　兆欧表使用方法

（a）测量电路绝缘电阻时接法；（b）测量电动机绝缘电阻时接法；（c）测量电缆绝缘电阻时接法

好。若将两连接线开路，摇动手柄，指针应指在“∞”（无穷大）处，这时如再把两连接线短接一下，指针应指在“0”处，说明兆欧表是良好的，否则兆欧表是有误差的。

④ 摇动手柄时应由慢渐快，当出现指针已指零时就不能再继续摇动手柄，以防表内线圈发热损坏。

⑤ 为了防止被测设备表面漏泄电阻的影响，使用时应将被测设备的中间层接于保护环（G）端（图 1-46c）。

⑥ 兆欧表电压等级的选用，一般额定电压在 500V 以下的设备，选用 500V 或 1 000V 的表，额定电压在 500V 以上的设备选用 1 000 ~ 2 500V 的表。量程范围的选用，一般应注意不要使其测量范围过多地超出所需测量的绝缘电阻值，以免使读数产生较大的误差。例如一般测量低压电器设备绝缘电阻时可选用 0 ~ 200MΩ 量程的表，测量高压电器设备或电缆时可选用 0 ~ 2 000MΩ 量程的表。刻度不是从零开始，而是从 1MΩ 或 2MΩ 起始的兆欧表一般不宜用来测量低压电器设备的绝缘电阻。

⑦ 禁止在雷电时或在邻近有带高压导体的设备处使用兆欧表进行测量。只有在设备不带电又不可能受其他电源感应而带电时才能进行测量。

常用兆欧表的型号与规格：如 ZC59-3 型兆欧表，额定电压为 500V，量程范围为 0 ~ 500MΩ；又如 ZC58-3 型兆欧表，额定电压为 1 000V，量程范围为 0 ~ 2 000MΩ。

1-54 怎样进行电容器的简易测试?

答: 通常采用万用表的欧姆挡来测量电容器的性能和好坏、电容器的容量、电解电容器的极性。要注意表量程应与电容器的电容量大小成反比,即电容量越大表量程应选的越小。

(1) 固定电容器的性能和好坏的判别　将表笔接触电容器的两极,表头指针应先正向偏摆,然后逐渐反向回摆,即退至 $R=\infty$ 处。如果不能复原,则稳定后的读数表示电容器的漏电阻值。其值一般为几百到几千兆欧,阻值越大,电容器绝缘性能越好。如果指针无偏摆现象,则说明电容器内部断路。如果表针无回摆现象,且电阻值很小或为零,则电容器内部短路。

(2) 电容器电容量的判别　电容器的电容量越大,表头指针偏摆幅度越大,指针复原的速度越慢。根据指针偏摆的幅度可粗略判别其电容的大小。

(3) 电解电容器极性的判别　根据电解电容器正接时漏电小,反接时漏电大的现象可判别其极性。用万用表先测量一下它的漏电阻值,然后对调两表笔,再测量出漏电阻值。两次测量电阻值小的一次,黑表笔所接的是正极。

(4) 电容测试的注意事项

① 电容器常有短路、断路、漏电等现象,在使用前必须认真检查,正确判断。

② 选用电容器,不仅要考虑到电容器的多种性能,还应考虑它的体积、重量及价格等因素,不仅要考虑电路要求,还应考虑电容器所处的工作环境。

1-55 怎样进行电感的简易测试?

答: 电感的种类很多,常用的电感单位是 mH。如图 1-22 所示为各种用途的电感元件。电感元件的简易测试方法可采用有测试功能的万用表,如 DY1-A 型万用表。常用的测试仪器是如图 1-47 所示的高频 Q 表,使用高频 Q 表测量电感的步骤:

① 接通电源,仪器预热 10min;

② 估测被测电感的电感量;

③ 根据估测的电感量,在面板的对照表中选定一个标准频率;

④ 将被测电感连接在“L_X”接线柱上;

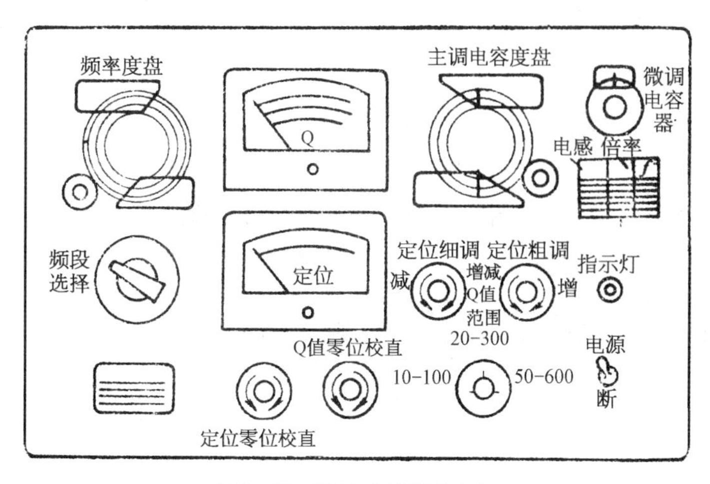

图1-47 QBJ-3型高频Q表

⑤ 调节频段选择和频率度盘达到标准频率;

⑥ 调节微调电容至零位,在调节主调电容,使被测回路谐振,即Q表指示达到最大;

⑦ 主调电容度盘中读出的电感数值乘以对照表中的倍数,即为被测电感的电感值。

1-56 怎样进行晶体二极管的简易测试?

答: 晶体二极管的管壳上注有极性标记,若无极性标记,可利用晶体二极管的正向电阻小,反向电阻大的特点来判别其极性。同时也可以利用这一特点来判别二极管的好坏。常用万用表的电阻挡来判别。对于耐压低,电流小的二极管只能用万用表电阻量程 $R\times100$ 或 $R\times1\text{k}$ 挡。晶体二极管的判别方法:

(1) 性能判别 晶体二极管正、反向电阻相差越大越好,两者相差越大,表明二极管的单向导电特性越好。两者越接近表明管子已坏。若两者都很小或为零,说明管子被击穿;若两者都很大,则说明管子内部已断路。

(2) 极性判别 在测试晶体二极管正、反向电阻时,当测得的电阻值较小时,与黑表笔相连的那个电极为二极管正极;当测得的电阻值较大时,与黑表笔相连接的电极为负极(图1-48)。

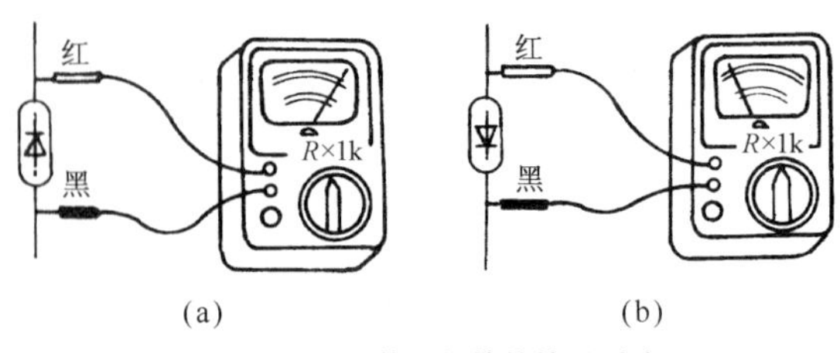

图 1-48　晶体二极管的简易测试

(a) 正向电阻小；(b) 反向电阻大

1-57　使用晶体二极管应注意哪些事项？

答: ① 连接时极性必须要正确，必须以管壳上的标记为准或用万用表加以判别。

② 晶体二极管的正向电流和反向峰值电压不可超过允许范围。容性负载时,要留有余量。

③ 小功率的二极管在焊接时,既要保证焊点可靠又要注意不使管子过热而损坏。一般焊点距离管壳不小于 10mm,电烙铁功率不大于 45W,焊接时间不超过 3s。

④ 大功率的二极管必须按规定安装一定尺寸的铝散热片。

⑤ 大功率二极管必须串联快速熔断器作短路保护或严重过载保护。

1-58　怎样进行晶体管管型和基极、集电极的测试判别？

答: (1) *管型和基极的判别方法*　使用万用表电阻量程 $R\times100$ 或 $R\times1\text{k}$ 挡,将红表笔接某一管脚,黑表笔分别接另外两管脚,若测得两个电阻值均较小时(小功率晶体管约为几百欧),则红表笔所接的管脚为 PNP 型管的基极(图 1-49a)。若两个电阻值中有一个较大,可将红表笔另接一只管脚再试,直到两个管脚测出的电阻均较小时为止。若测得的电阻均较大,红表笔所接的管脚为 NPN 型管的基极。若用黑表笔接某一管脚,红表笔分别接另外两管脚,若测得两个电阻值均较小时,黑表笔所接的管脚为 NPN 型管的基极(图 1-49b)。若两个阻值均较大,则黑表笔所接的管脚为 PNP 型管的基极。

(2) *集电极的判别方法*　集电极的判别方法是利用晶体管正向电流放大系数比反向电流放大系数大的原理来确定集电极的。使用万用表电阻量程 $R\times100$ 或 $R\times1\text{k}$ 挡,用嘴含住管子的基极,如图 1-49c 所示,把万用表的两根表笔分别接到管子的另外两个管脚,利用人体实现偏置。测读

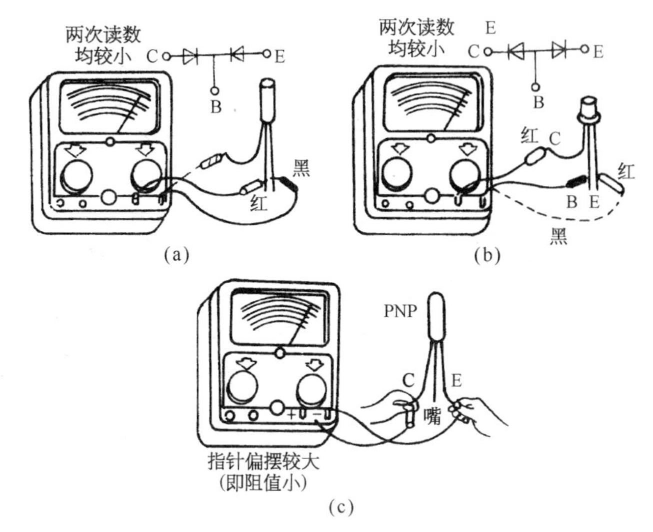

图 1－49　晶体管管型和管脚的简易测试

（a）PNP 型；（b）NPN 型；（c）集电极判断

万用表的阻值或指针偏摆的幅度，然后对调两根表笔，同样测读电阻值或指针偏摆幅度。比较两次读数大小，对于 PNP 型管，电阻值小的一次，红表笔所接的管脚为集电极；对于 NPN 型管，电阻值小的一次，黑表笔所接的管脚为集电极。基极和集电极判定后，剩下的一个管脚就是发射极。

不同外形的晶体管其管脚的排列如图 1－50 所示。

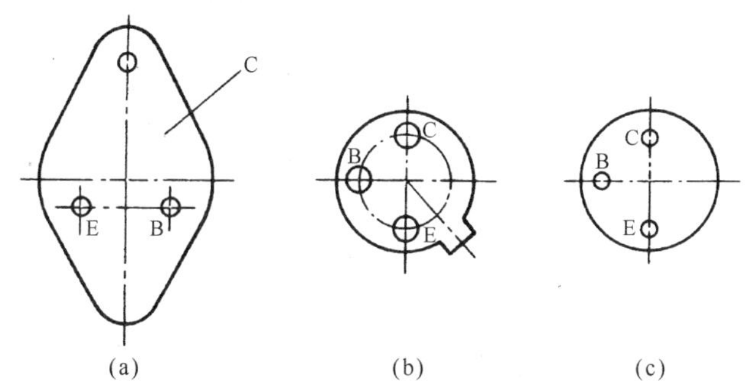

图 1－50　按晶体管管脚排列判断管脚

（a）外壳为集电极；（b）靠近标记处为放射极；（c）E、B、C 组成等腰三角形

1－59　怎样进行晶体管频率和性能的测试判别？

答：（1）判断高频晶体管和低频晶体管的简易方法　按图 1－51 所

示电路接线。测试发射极-基极反向击穿电压 BU_{EBO}。由于高频管 BU_{EBO} 均小于 10V，而低频管 BU_{EBO} 均大于 10V，所以测得的 BU_{EBO} 大于 10V 时，则该管为低频管，BU_{EBO} 小于 10V 则该管为高频管。

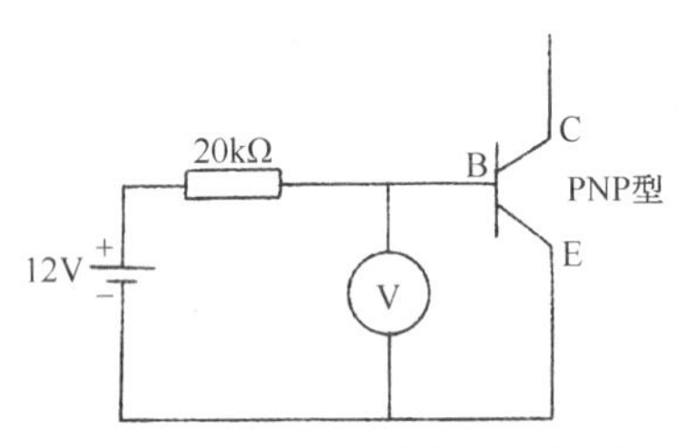

图 1-51　高低频晶体管的简易判断方法

（2）晶体管性能简易测试方法

① 穿透电流 I_{CEO}：使用万用表电阻量程 $R\times100$ 或 $R\times1k$ 挡，测量集电极-发射极反向电阻（图 1-52a）。若测得电阻值越大，说明 I_{CEO} 越小，则晶体管性能稳定。

② 共射极电流放大系数 β：如果在基极-集电极间接入一只 100kΩ 的电阻（图 1-52b）。此时集电极-发射极反向电阻较图 1-52a 的小，则 β 值越大。

③ 晶体管的稳定性能：在判断 I_{CEO} 的同时，用手捏住管子（图 1-52c）。若指针偏摆较大，则管子的稳定性较差。

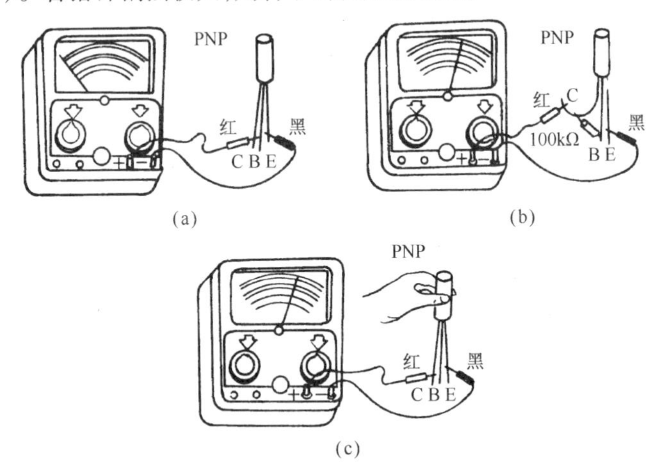

图 1-52　晶体管性能的简易测试

（a）穿透电流 I_{CEO}；（b）共射极电流放大倍数 β；（c）稳定性

1－60 选用晶体管应注意哪些事项?

答:① 根据使用场合和电路性能,选择合适类型的晶体管。

② 根据电路要求和已知工作条件选择晶体管。

③ 晶体管基本应用之一是组成放大电路。实际应用时,应根据工作要求选择合适的放大电路。

④ 处于放大工作状态的晶体管,要设置合适的偏置电路。

1－61 怎样进行电子元器件的焊接?

答:(1) 元器件引线的处理

① 一般元器件的引线较长,当焊接到线路板上时要将引线剪短,但不宜剪的过短,应至少保留 5mm 左右。

② 晶体管的引线要留的长一些,应大于 10mm。

③ 保留部分的引线要刮除干净(引线已经有镀层的,就不要再刮),刮除干净的引线,要及时进行上锡处理。

(2) 焊接方法

① 用锉刀修锉烙铁头,去除氧化层。

② 烙铁头沾取焊锡时,取锡量要适中。锡量过少,焊接不牢固;锡量过多,焊不透,而且焊点也不美观。应以焊锡量能浸没元件引线头为宜。

③ 焊接时,应用烙铁头的斜面接触焊点,这样导热面积大、焊接速度快、焊点质量也好。

④ 不要将烙铁头在焊点上来回移动或用力下压,当看到焊锡已经全部熔化、浸没元件引线头后,烙铁头就可离开焊点(要控制焊接时间)。

⑤ 焊点上的焊锡自然冷却凝固后,可着手焊接另外一个焊点。

(3) 焊接时间 在印刷电路板上焊接时,要严格控制焊接时间,一般焊点应在 2～3s 焊完。焊接时间过少,焊点不易焊牢固,容易产生虚焊,时间过长,元器件和印制导线容易烫坏。

(4) 晶体管的焊接 将晶体管往印刷电路板上焊接时,应在其他元件都焊完以后再进行。焊接前,要认清管脚的极性,用镊子或尖嘴钳夹住管脚进行焊接,这样可以通过它们传导出一部分热量,不至于烫坏晶体管。

(5) 焊接点的质量要求 焊接点表面应光亮、圆润,无锡刺、虚焊现象，锡量适中，呈完全浸润状态，电路板面要干净，无残留焊渣和焊剂等。

1－62 怎样进行集成电路的焊接?

答: (1) 焊接特点 集成电路内部的集成度高，管脚多而密，通常选用尖形的烙铁头，焊接温度不能超过200℃。

(2) 焊接操作要点和注意事项

① 集成电路的引脚一般都经过镀银和镀金处理，不需要采用机械方法清理表面，但需要用酒精进行擦洗处理。

② 集成电路的安全焊接顺序为:接地端→输出端→电源端→输入端。

③ 集成电路引脚有短路环的，焊接前不要拿掉。

④ 电烙铁一般选用20W内热式，并要有可靠接地。

⑤ 焊接时间不宜过长，连续焊接时间不宜超过10s。

⑥ 焊接应选用低熔点焊剂，一般不超过150℃。

⑦ 电路芯片级印刷板不宜放在铺设易于积累静电材料(如橡胶板)的工作台面上。

⑧ 焊接时可采用镊子等导出引脚的焊接热量。

1－63 什么是二极管的开关特性?

答: 二极管在正向电压作用下能导通，此时电阻很小，管压降也很小，所以可以看成短路；二极管在反向电压的作用下截止，此时反向电阻很大，可以看成开路。这就是二极管的开关特性，所以二极管可以作为开关使用。

1－64 二极管是一个理想的开关吗?

答: 根据二极管的开关特性，静态时，即不考虑信号电压的变化，二极管正向导通状态下存在一定的管压降，硅管为0.7V，锗管为0.3V。管压降是由二极管的接触电阻所产生的，一般为几至几百欧。

二极管反向截止时，总有一定的反向漏电流，所以二极管作为开关使用时，反向绝缘电阻不够大，硅管为10MΩ以上，而锗管只有几百千欧。因此，二极管不是一个理想的开关。

在实际使用时，除了选用正向接触电阻阻值较小，反向绝缘电阻阻值较大的二极管外，还应保证二极管在导通时有几毫安的工作电流，使正向接触电阻阻值能取得最小值,以提高二极管的开关特性。

1-65 晶体三极管(简称晶体管)是什么器件?它由几个 PN 结组成,如何区分?

答: 晶体三极管是电流控制器件,由两个 PN 结组成,根据 PN 结组合方式的不同,分为 PNP 型和 NPN 型。这两种晶体管的工作原理基本相同,但各极偏置电压极性相反:正极性为 NPN 型;负极性为 PNP 型。

1-66 晶体管工作在放大状态时,三个电流电极的电流关系如何?如何区分锗管和硅管?

答: 晶体三极管工作在放大状态时,三个电极的电流关系如下

$$I_e = I_c + I_b,\ I_c = \bar{\beta} I_b \approx \beta I_b$$

晶体管三个管脚中有两个管脚对地电压之差为 0.3V 时,该管为锗管;若为 0.7V 时,则为硅管。

晶体管三个管脚中有两个管脚对地电压之差为 0.3V 或 0.7V 时,则对地电压高的那个管脚为基极,低的那个管脚为发射极,剩下的为集电极。

1-67 为什么晶体三极管能作为开关使用?其饱和导通和截止的条件各是什么?如何提高晶体三极管的开关速度?

答: 晶体管对应不同的发射极电压,有放大、截止和饱和三个工作状态。截止时,集电极电流 $I_c \approx 0$,相当于开关断开;饱和时 $U_{ce} \approx 0$,电阻很小,相当于开关闭合。所以晶体三极管可以作为开关使用。

晶体三极管的发射结和集电结均为正偏时,I_c 不再随 I_b 而变化,晶体三极管失去放大能力而进入饱和状态。当基极电流大于或等于临界饱和基极电流,即 $I_b \geqslant I_{bs}$ 时,可保证晶体三极管处于饱和导通状态,所以晶体三极管饱和导通的条件是

$$I_b \geqslant \frac{I_{cs}}{\beta} = \frac{E_c}{\beta R_c}$$

晶体三极管的发射结和集电结均为反偏时,三极管处于截止状态,此时只有很小的集电极穿透电流 I_{ceo},管压降 $U_{ce} \approx E_c$。保证晶体三极管截止的条件是

$$U_b \leqslant U_e$$

晶体三极管作开关使用,常在截止区和饱和区之间进行快速转换,中间经过放大区,即转换过程是工作在输出特性曲线的全部区域,其转换过程非常快速。

影响晶体三极管开关时间的主要因素是PN结的电容效应和存储效应。通常采用加速电容C来提高晶体三极管的开关速度,这种方法应用于数字脉冲电路中。

1-68 电工应掌握哪些常用的法律法规?

答: 国家有关职业标准规定,电工应熟悉《电力法》《安全规程》《劳动法》中的有关内容。

(1) 电力法 《电力法》既是能源法,又是公用事业法,具有双重身份。广义的《电力法》,是指国家调整电力建设、电力生产、电力供应和电力使用过程中所发生的各种社会经济法律规范的总称,包括国家管理电力的法律、行政法规、部门规章和地方法规、地方规章。狭义的《电力法》就是指《中华人民共和国电力法》。电力法调整的社会经济关系十分广泛,涉及的范围也很宽,是电力的基本法律。《电力法》共十章七十五条。《电力法》的法律体系分为电力法、电力法规和电力规章三个层次。《电力法》的主要作用包括以下几个方面:

① 保障和促进电力事业稳定发展。《电力法》确定的电力发展方针、政策和基本法律制度,将规范和保障电力事业的稳定发展。

② 规范政府的管理行为。《电力法》规定了政府在电力管理中的作用和职责,明确了政府管理部门与电力企业的关系。

③ 促进电力企业自主经营、自负盈亏。《电力法》按政企分开的原则,将企业推向市场,促进了我国电力企业的健康发展。

④ 为解决电力纠纷提供法律依据。《电力法》基于我国电力纠纷的实际情况,依据有关法律的精神,对电力事故损害赔偿的问题作了具体规定,使责任界限更加明确,这对于促进有关纠纷的顺利解决将发挥积极作用。

(2) 电业安全工作规程 《电业安全工作规程》属于国家强制性行业标准,是电力行业最重要的电力法规之一。规程主要分发电厂和变电所电气部分和电气线路部分两个带电作业部分。《电业安全工作规程》为生产、运行及管理人员提供了行为规范、安全标准，具有很高的权威性。本规程适用于运用中的发、变、送、配、农电和用户电气设备上工作的一切人员（包括基建安装人员）。

（3）国家电网公司安全生产企业标准体系　国家电网公司层面的安全管理制度主要是系统内的企业标准、安全管理规定、规程、制度等，其中《安全生产工作规定》《安全生产监督规定》《安全生产奖惩规定》《重特大生产安全事故预防与应急处理暂行规定》和《电力生产事故调查规程》等构成了国家电网公司安全生产企业标准体系。

1－69　进行变电站的管理应遵循哪些基本运行规程？

答：（1）运行值班管理规程　用于规定变电站运行值班人员的职责、指导运行值班人员的工作和行为规范。

（2）运行交接班管理制度　用于指导变电站运行值班人员交接班工作，对交接班的内容、程序、记录做出全面的规定。

（3）倒闸操作管理规程　用于运行倒闸操作的管理，规定了运行倒闸操作的管理内容与要求。

（4）运行设备巡回检查管理规程　用于运行设备巡回检查的管理，规定了变电站运行设备巡回检查管理的内容与要求。

（5）设备台账管理规程　规定了变电所设备台账管理的内容和要求。台账中应包含设备名称、型号、技术参数、生产厂家、出厂日期及变电设备实测参数。

1－70　进行变电站的管理应遵循哪些基本制度？

答：① 变电所的运行人员必须按有关规定进行培训、学习，经考试合格后方能上岗值班。

② 值班期间，应穿戴统一的值班工作服和值班岗位标志。

③ 值班人员在当值期间，不应进行与工作无关的其他活动。

④ 值班人员在当值期间，要服从指挥，尽职尽责，完成当班的运行、维护、倒闸操作和管理工作。值班期间进行的各项工作，都要填写到相关记录中。

⑤ 实行监盘制的变电站，正常情况下，控制室应有人值班。

⑥ 220kV 及以上变电站值班连续时间一般不超过 48h，110kV 及以下变电站的值班方式，可根据具体情况自行制定，但值班方式和交接班时间

不得擅自变更。

⑦ 每次操作联系、处理事故及与用户调整负荷等联系，均应启用录音设备。

1－71 什么是变电操作的“两票三制”？

答：变电所的两票三制是指保证变电所工作和运行安全的规章制度，即工作票、操作票、交接班制度、设备巡回检查制度、设备定期试验轮换制度。

（1） 工作票制度　工作票是指将需要检修、试验的设备填写在具有固定格式的书面上，以作为进行工作的书面联系，这种印有电气工作固定格式的书面称为工作票。所谓工作票制度，是指在电气设备上进行任何电气作业，都必须填写工作票，并根据工作票布置安全措施和办理开工、终结手续。

（2） 操作票制度　操作票制度是防止误操作的重要组织措施。凡改变电力系统运行方式的倒闸操作及其他较复杂操作项目，均必须填写操作票。

（3） 交接班制度

① 变电所电气值班人员上下班必须履行交接手续。接班人员须按规定时间到班，未经履行交接手续前交接班人员不准离岗。

② 禁止在事故处理或倒闸操作中交接班。交接班时如发生事故，未办理手续前仍由交班人员负责处理，接班人员在交班值班长领导下协助处理，一般在交班前30min停止正常操作。

③ 交接班内容包括：

（a） 本所运行方式。

（b） 保护和自动装置运行及变化情况。

（c） 异常运行和设备缺陷。

（d） 倒闸操作及未完成的操作指令。

（e） 设备检修、试验情况，安全措施的布置，地线组数、编号及位置和使用中的工作情况。

（f） 仪器、工具、材料、备件和消防器材完备情况。

（g） 领导指示与运行有关其他事项。

④ 交接班必须严肃认真，做到“交得细致，交得明白”。

⑤ 交班时由交班值班长向接班值班长及全体值班员做全面交待，接

班人员要进行重点检查核实。

⑥ 交接检查后,双方值班长应在运行记录簿上签字,并与系统调度员试验电话,互通姓名,核对时钟。

1-72 什么是变电设备的巡回检查和设备定期试验轮换制度?

答:(1) 变电设备巡回检查制度包括的内容

① 值班人员对运行和备用的设备(包括附属设备)及周围环境,按运行规程的规定,定时、定点按巡视路线进行巡回检查。

② 遇到下列情况由值班长决定增加巡视次数。

(a) 过负荷或负荷有明显增加时。

(b) 新装、长期停运或检修后的设备投入运行时。

(c) 设备缺陷有发展,运行中有可疑现象时。

(d) 遇有大风、雷雨、浓雾、冰冻、大雪等天气变化时。

(e) 根据领导指示增加的巡视等。

③ 巡视后应向值班长汇报,并将发现的缺陷记入设备缺陷记录簿,重大设备缺陷应立即向领导汇报。

④ 值班长每班至少全面巡视一次,变电所长、专职工程师(技术员)每周应分别进行一次监督性巡视,每月至少进行一次夜间熄灯巡视。

⑤ 巡视中遇有威胁人身和设备安全情况,应按事故处理规定进行处理,并同时向领导汇报。

(2) 设备定期试验轮换制度

① 为保证设备的完好性和备用设备完好地处于备用状态,应定期对设备及备用设备、事故照明、消防设施等进行试验和切换使用。

② 变电所应根据规程规定及实际情况,制定设备的预防性试验、继电保护及安全自动装置定期检验周期、项目、质量指标以及设备定期轮换的项目、要求和周期。

③ 对运行影响较大的切换设备,应做好事故预测和制定完整的对策,并及时将试验切换结果记入专用的记录本中。

④ 为保证安全、规范管理,变电所可以根据实际情况,制定其他管理制度,如设备缺陷管理制度、安全保卫及消防制度等。

1-73 什么是电气火灾与电气防火?

答:(1) 电器火灾　由于电气故障的原因,如短路、漏电、电弧、电火花和过负荷等，产生火源而引起的火灾，称为电气火灾。

（2）电气防火　为了防止和消灭电气火源的产生而采取各种措施，如技术措施、安全管理措施或其他安全紧急和有效措施，称为电气防火。

1－74　电气火灾的机理和原因是什么？

答：（1）电气火灾的直接原因　有短路、过载、接触不良、电弧火花、漏电、雷电等，甚至静电及摩擦也能引起火灾。有的电气火灾是人为的，例如思想麻痹、疏忽大意、不遵守防火法规、违规操作和缺乏电气防火安全知识等。

（2）电气火灾的机理　从电气防火的机理看，电气设备的质量低劣、安装使用不当、维护不良、检修不及时、电气设备和电气元器件的错误连接和处理不当，以及雷击、静电等都是造成电气火灾的重要原因。

1－75　电气火灾与消防灭火应掌握哪些要点？

答：（1）切断电源　电气火灾发生后，都必须先将电气设备的电源切断。切断电源时必须遵守以下一些规定：

① 对于火势较小、火灾面积不大，用就地消防器材可熄灭的火灾，应断开距火源较近的电源；对于火势较猛、火灾面积较大，用就地消防器材难以熄灭的火灾，必须用外助消防力量才能熄灭，应断开距火源较远的电源，如是晚上必须考虑到断电后不影响灭火作业；对于火势凶猛，面积很大，一时难以熄灭的火灾，应考虑断开远处的电源。

② 断开电源时，必须先切断断路器，然后再切断隔离开关或刀开关。切断距火源较近的开关时，必须戴绝缘手套，持绝缘工具，以免由于火烤、烟熏、水淋等原因使其绝缘水平降低而触电。

③ 当火势很猛，来不及用开关切断电源时，可用绝缘钳剪断电线。不同相的电线应在不同部位剪断，以避免造成相间短路；在剪断架空电线时，断开点要选在电源方向的支持物的后侧，这样剪断的电线不会带电。

④ 剪断电线时，必须单根剪断，并用绝缘工具且站在绝缘台（垫）上；剪断高压电线必须有安全防护措施和绝缘措施，并戴护目镜。

⑤ 剪断电线时，应先将着火处的负荷断开，在没有负荷的情况下方可剪断电线。

⑥ 在情况紧急时可用有干燥木柄的斧子、铁铲等有绝缘手柄的工具切断电线,但必须遵守上述③~⑤条的规定。

⑦ 切断电源时必须有第二人监护,只有在情况特别紧急或将发生重大危险时可一人操作,但必须遵守①~⑥的规定。

⑧ 切断电源时应考虑该回路上其他负荷的级别,避免切断后造成更大的损失。通常应与一级负荷的单位取得联系,当一级负荷将电源倒闸后,方可切断火灾处电源。

(2) 带电灭火　电气火灾发生后,如遇到来不及断电、火势较小、生产需要、现场有足够的合格灭火器材等情况,可带电灭火。带电灭火必须掌握以下要点。

① 带电灭火必须有可带电灭火的灭火器。COZ、CC14、1211 及其他卤代烷灭火剂、干粉灭火剂,可用于带电灭火。泡沫灭火剂有导电性,不宜用于带电灭火。

② 用水枪带电灭火必须采用喷雾水枪,该装置经水柱的泄漏电流较小,带电灭火比较安全;用普通水枪带电灭火,可将水枪喷嘴接地,一般是用专用水枪接地软铜线与附近接地体连接。上述水枪带电灭火,为了保证安全,一般操作人员应穿绝缘靴、戴绝缘手套或穿均压服。用水枪带电灭火宜用于 110kV 及以上的电气设备及线路。

③ 带电灭火时,人与带电体之间要保持一定的安全距离,且带电体上应有明显的标志。用水灭火时,水枪喷嘴至带电体的距离:110kV 及以下时不小于 3m;220kV 及以上时不小于 5m。用上述可带电灭火的灭火器时,机体及喷嘴至带电体的距离:10kV 及以下时不小于 0.4m;35kV 时不小于 0.6m。

④ 对架空线路及空中电气设备灭火时,人体位置与灭火点的仰角不应超过 45°,以防导线断落而发生触电。

⑤ 如有电线断落在地面或出现跨步电压时,应划出相应的安全区,以防止跨步电压或发生触电,并及时派专人妥善处理。

⑥ 带电灭火应由有经验的人进行,并有人监护。

1-76　怎样使用灭火器?

答: 任何灭火器的使用都应按其产品说明书的要求进行。

(1) 二氧化碳灭火器　CO_2灭火器的瓶内装有压缩成液态的二氧化碳,不导电。它可以扑救电器、精密仪器、油类和酸类火灾;不能扑救钾、钠、镁、铝等物质火灾。使用时，先拔出保险销子，然后用手紧握喷嘴上的木柄，另一只手掀动鸭舌开关或旋转转动开关，提握机身，喇叭口指向火焰，即可灭火。不用时可松开鸭舌开关或关闭转动开关，即可停止喷射。使用时，人要站在上风口，尽量接近火源，保持3m远的喷射距离。灭火时先从火势蔓延最危险的地点喷起，然后向前移动，不留下火星，室内灭火要保证通风。

（2）四氯化碳灭火器　四氯化碳（CCl_4）灭火器其瓶内装有液体，并加有一定压力，不导电。可用来扑救电气设备火灾；但不能扑救钾、钠、镁、铝、乙炔、二硫化碳等物质的火灾。CCl_4灭火器有泵浦式、打气式和储压式几种。只要打开开关，CCl_4液体就可喷出灭火。CCl_4有毒，使用时必须注意通风，其他注意事项与CO_2灭火器基本相同。

（3）干粉灭火器　干粉灭火器的钢筒内装有钾盐或钠盐干粉，并备有盛装压缩气体的小钢瓶。灭火材料也不导电，可扑救电气设备火灾，但不宜扑救旋转电机火灾。可扑救石油、石油产品、油漆、天然气等设备火灾。使用时，先把灭火器竖立在地上，一手握紧喷嘴胶管，另一手拉住提环，用力向上一拉并向火源移动（一般保持5m左右），喷射出的白色粉末即可灭火。

（4）1211灭火器　将二氟一氯一嗅~甲烷（1211）用加压的方法液化后装在容器内，其内充填压缩氮。灭火材料不导电，可扑救油类、电气设备、化工化纤原料等初起火灾。使用时只要将开关打开，在氮气的压力下“1211”立即呈雾状喷出，遇到火焰迅速成为气体，将火灭掉。1211灭火器平时应放在明显宜取的地方，不要靠近明火，不能曝晒，每半年应检查一次灭火器的总重量，如重量减轻10%以上，应补充药剂和充气。

灭火器材应有专人保管，并进行日常检查及维护，电气设备灭火器的保管应由电气人员负责。

1－77　什么是柴油发电机组？使用柴油发电机组应掌握哪些基本常识？

答：柴油发电机组是备用电和临时用电的发电、供电设备，使用柴油发电机组，应掌握柴油机的基本结构（图1－53）和使用方法，包括柴油发电机组的启动和停止操作，运行检查和监察作业要点，日常维护和技术维护的基本项目和作业程序。同时应掌握发电机的工作原理、并列运行的基本方法。

图 1－53　6 缸直立基本型柴油机解剖图

1－78　三相正弦交流发电机是怎样工作的？

答： 三相正弦交流电是三个频率相同，相位互差 120°电气角度，且其每相绕组均能在运转时产生正弦变化的交流电动势。如图 1－54a 所示，交流发电机转子上布置有三个相位互差 120°的线圈。当发电机旋转时，就会在电枢线圈内产生三相交流电动势，而三相电动势的相位差为互差 120°。图 1－54b 所示为该三相正弦交变电动势的变化曲线，图中以 A 相绕组的电动势从零值开始上升时作为起始相位，B 相绕组的电动势比 A 相滞后 120°，C 相绕组的电动势又比 B 相滞后 120°（即 C 相绕组电动势比 A 相滞后 240°，或比 A 相超前 120°）。就是这样，A（U）、B（V）、C（W）三相绕组依次产生按正弦变化的电动势。由于发电机本身结构是对称的，使它所产生的电动势在通常情况下是对称的三相正弦电动势。

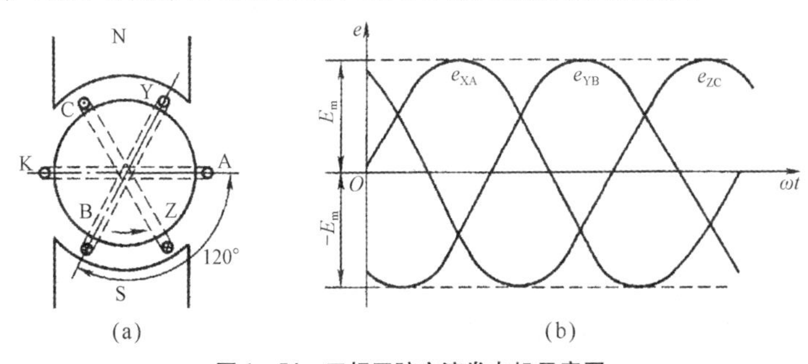

图 1－54　三相正弦交流发电机示意图

（a）三相式结构；（b）正弦交流波形

1－79 柴油发电机组有哪些额定参数与稳态指标？

答：柴油发电机组在一定负荷下稳定运行时的电气性能指标称作稳态指标，主要包括以下几项：

(1) 额定频率　一般用电设备要求的额定频率为50Hz。

(2) 额定转速　中小型柴油发电机组的额定转速一般为1 500r/min，对应的发电机为四极发电机。

(3) 额定电压　通常单相发电机组的额定电压为230V（220V），三相发电机组的额定电压为400V(380V)。

(4) 额定电流

(5) 额定容量(额定功率)

(6) 最大输出容量(最大输出功率)　允许发电机组短时间超载运行时的输出容量(输出功率)，一般为额定输出容量(输出功率)的110%。

(7) 额定功率因数　机组的功率因数不允许低于0.8。

(8) 噪声　距机组柴油机和发电机机体1m处的噪声声压平均值规定如下：

① 容量≤250kW，噪声＜102dB(A)；

② 容量＞250kW，噪声＜108dB(A)。

(9) 燃油消耗率　机组额定功率在120～600kW范围内，燃油消耗率不大于260g/kW·h。

(10) 机油消耗率　机组额定功率＞40kW时，全损耗系统用油(机油)消耗率不大于3.0g/kW·h。

(11) 额定工况下的运行试验　机组在所规定的工作条件下，机组能以额定工况正常连续运行12h(其中包括过载10%运行1h)，且机组应无漏油、漏水和漏气现象。

1－80 什么是倒闸操作？倒闸操作有哪些基本常识？

答：(1) 倒闸操作作业定义　倒闸操作就是将电气设备从一种状态转换到另一种状态而进行的一系列操作(包括一次、二次回路)以及相关安全措施的拆除或装设。

(2) 倒闸作业内容

① 电力线路的停、送电操作。

② 电力变压器的停、送电操作。

③ 发电机的启动、并列和解列操作。

④ 电网的合环与解环。

⑤ 母线接线方式的改变(倒母线操作)。

⑥ 中性点接地方式的改变。

⑦ 继电保护和自动装置使用状态的改变。

⑧ 接地线的安装与拆除及电气设备的绝缘检查等。

(3) 作业原则　倒闸操作的中心环节和基本原则是不能带负荷拉、合隔离开关。

1-81　倒闸操作有哪些基本要领?

答: ① 送电时,先闭合隔离开关,后闭合断路器;停电时,拉开顺序与此相反。

② 断路器两侧的隔离开关的操作顺序是:送电时,先闭合母线侧隔离开关,后闭合负荷侧隔离开关;停电时,先拉开负荷侧隔离开关,后拉开母线侧隔离开关。

③ 变压器两侧(或三侧)断路器的操作顺序是:停电时,先停负荷侧断路器,后停母线侧断路器;送电时顺序与此相反。

④ 变压器送电时,先闭合母线侧,后闭合负荷侧;停电时,拉开顺序与此相反。

⑤ 双母线供电,当出线断路器由一条母线转换至另一条母线供电时,应先闭合母线联络断路器,后闭合切换出线断路器母线侧的隔离开关。

⑥ 两组所内变倒电源时,应先拉后合。

⑦ 单极隔离开关及跌开式熔断器的操作顺序是:停电时,先拉开中相,后拉开两边相;送电时,顺序与此相反。

第二章　低压电器安装使用检修与导线连接、绝缘恢复

2－1　什么是电器？什么是低压电器和高压电器？常用低压电器有哪些类型？

答：根据外界特定的信号或要求，自动或手动接通和断开电路，断续或连续地改变电路参数，实现对电路进行切换、控制、保护、检测和调节的电气设备称为电器。

根据工作电压的高低，电器可分为高压电器和低压电器。工作在交流额定电压1 200V及以下、直流额定电压1 500V及以下的电路内起通断、保护、控制或调节作用的电器称为低压电器。

我国编制的低压电器产品型号适用于下列12大类产品：刀开关和组合开关、熔断器、断路器、控制器、接触器、启动器、控制继电器、主令电器、电阻器、变阻器、调整器、电磁铁。

2－2　按用途和所控制对象划分，常用的低压电器有哪些类型？

答：按低压电器的用途和所控制的对象划分，可分为低压配电电器和低压控制电器两类。

（1）低压配电电器　低压配电电器主要包括刀开关、组合开关、熔断器和断路器等，多用于低压配电系统及动力设备中。

（2）低压控制电器　低压控制电器主要包括接触器、继电器、电磁铁等，一般用于电力拖动及自动控制系统中。

2－3　按动作方式划分，常用的低压电器有哪些类型？

答：按低压电器的动作方式划分，可分自动切换电器和非自动切换电器两类。

（1）自动切换电器　自动切换电器是依靠电器本身参数的变化或外

来信号的作用，自动完成接通或分断等动作，如接触器、继电器等。

(2) 非自动切换电器　非自动切换电器主要依靠外力来直接操作进行切换，如按钮、刀开关等。

2－4　按执行机构划分，常用的低压电器有哪些类型？

答： 按低压电器的执行机构划分，可分为有触点电器和无触点电器。

(1) 有触点电器　有触点电器具有可分离的动触点和静触点，利用触点的接触和分离来实现电路的通断控制。

(2) 无触点电器　无触点电器没有可分离触点，主要利用半导体元器件的开关效应来实现电路的通断控制。

2－5　低压开关有哪些主要用途？常用的低压开关有哪些类型？

答： 低压开关主要用作隔离、转换及接通和分断电路用，多用作机床电路的电源开关和局部照明电路的控制开关，有时也可用来直接控制小容量电动机的启动、停止和正、反转。

低压开关的主要类型有刀开关、组合开关和低压断路器。

2－6　怎样选用开启式负荷开关？怎样安装和使用开启式负荷开关？

答： (1) 开启式负荷开关的选用　开启式负荷开关适用于照明、电热负载及小容量电动机控制线路中，供手动不频繁地接通和分断电路，并起短路保护。选用方法：

① 对于控制照明和电热负载，选用开关的额定电流应不小于所有负载的额定电流之和，额定电压为220V或250V的两极开关。

② 对于控制电力负载，电动机容量不超过3kW时可选用，并使开关的额定电流应不小于电动机额定电流3倍，额定电压为380V或500V的三极开关。表2－1所列为常用HK系列开启式负荷开关基本技术参数。

(2) 开启式负荷开关的安装与使用

① 开启式负荷开关必须垂直安装，且合闸状态时手柄应朝上，不允许倒装或平装。

② 接线时，电源进线应接在开关上面的进线座上，用电设备应接在开关下面熔体的出线座上，在开关断开后，使闸刀和熔体上不带电。

③ 更换熔体时，必须在闸刀断开的情况下按原规格更换。

表2-1　常用HK系列开启式负荷开关技术参数

型　号	额定电流值(A)	额定电压值(V)	极数	可控制电动机最大容量值(kW)		配用熔丝规格			
				220V	380V	熔丝成分(%)			熔丝线径(mm)
						铅	锡	锑	
HK1-15	15	220	2			98	1	1	1.45~1.59
HK1-30	30	220	2						2.30~2.52
HK1-60	60	220	2						3.36~4.00
HK1-15	15	380	3	1.5	2.2				1.45~1.59
HK1-30	30	380	3	3.0	4.0				2.30~2.52
HK1-60	60	380	3	4.5	5.5				3.36~4.00
HK2-10	10	220	2	1.1		含铜量不少于99.9%			0.25
HK2-15	15	220	2	1.5					0.41
HK2-30	30	220	2	3.0					0.56
HK2-15	15	380	3	2.2					0.45
HK2-30	30	380	3	4.0					0.71
HK2-60	60	380	3	5.5					0.12

④ 在分、合闸操作时，应动作迅速，使电弧尽快熄灭。

2-7　封闭式负荷开关有哪些结构特点？怎样选用封闭式负荷开关？怎样安装和使用封闭式负荷开关？

答：(1) 结构特点　封闭式负荷开关主要由刀开关、熔断器、操作机构和外壳构成。它具有以下特点：一是采用了储能分合闸方式，因而提高了开关的通断能力，延长了使用寿命；二是设置了连锁装置，能确保操作安全。HH系列封闭式负荷开关的外形和内部结构如图2-1所示。

(2) 选用方法　封闭式负荷开关其灭弧性能、操作性能、通断能力和安全防护性能都优于开启式负荷开关，适用于不频繁的接通和分断负载电路，并能作为线路末端的短路保护，也可用来控制15kW以下交流电动机的不频繁直接启动及停止。选用方法：

① 封闭式负荷开关的额定电压应不小于线路的工作电压。

② 封闭式负荷开关用于控制照明、电热负载时，开关的额定电流应不小于所有负载额定电流之和；用于控制电动机时，开关的额定电流应不小于电动机额定电流的3倍。

(3) 安装与使用方法

① 开关必须垂直安装，距离地面的高度不低于1.3~1.5m，并以操作

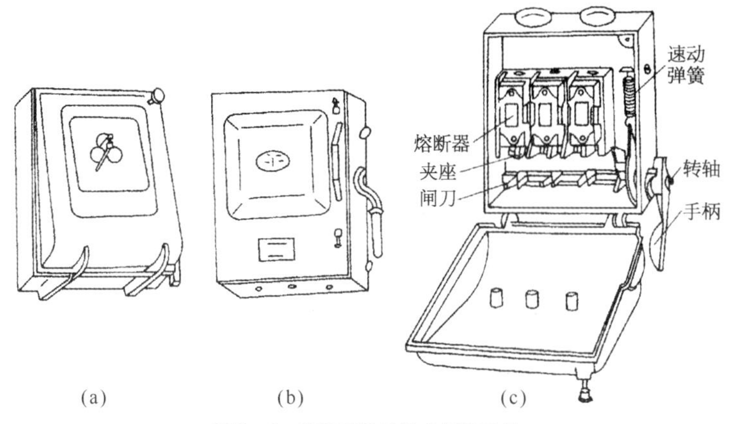

图 2-1　HH 系列封闭式负荷开关

(a) 60A 以下的外形；(b) 60A 及以上的外形；(c) 结构

方便和安全为原则。

② 接线时，应将电源进线接在刀开关静夹座一边的接线端子上，负载引线应接在熔断器一边的接线端子上。

2-8　负荷开关有哪些常见故障？怎样进行常见故障的维修？

答：负荷开关的常见故障有合闸后一相或两相没电、动触头或夹座过热或烧坏、封闭式负荷开关操作手柄带电等，常见故障的原因及修理方法见表 2-2。

表 2-2　负荷开关的常见故障修理

故障现象	产生原因	修理方法
合闸后一相或两相没电	1. 夹座弹性消失或开口过大 2. 熔丝熔断或接触不良 3. 夹座、动触头氧化或有污垢 4. 电源进线或出线头氧化	1. 更换夹座 2. 更换熔丝 3. 清洁夹座或动触头 4. 检查进出线头
动触头或夹座过热或烧坏	1. 开关容量太小 2. 分、合闸时动作太慢造成电弧过大，烧坏触头 3. 夹座表面烧毛 4. 动触头与夹座压力不足 5. 负载过大	1. 更换较大容量的开关 2. 改进操作方法 3. 用细锉刀修整 4. 调整夹座压力 5. 减轻负载或调换较大容量的开关

（续表）

故 障 现 象	产 生 原 因	修 理 方 法
封闭式负荷开关的操作手柄带电	1. 外壳接地线接触不良 2. 电源线绝缘损坏碰壳	1. 检查接地线 2. 更换导线

2－9　组合开关有哪些结构特点？怎样选用组合开关？怎样安装和使用组合开关？

答：（1）*结构特点*　组合开关是由分别装在数层绝缘体内的动、静触头组合而成。开关的顶盖部分是由滑板、凸轮、扭簧和手柄等构成的操作机构。由于采用了扭簧储能，可使触头快速闭合或分断，从而提高了开关的通断能力。HZ10－10/3 型组合并关的外形和内部结构如图 2－2 所示。

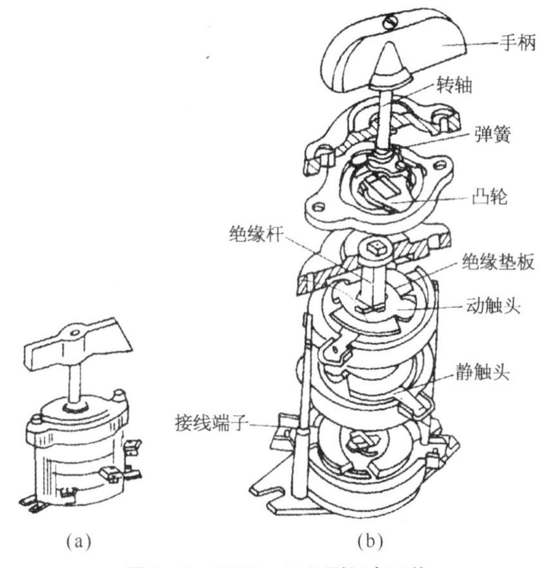

图 2－2　HZ10－10/3 型组合开关

（a）外形；（b）内部结构

（2）*选用方法*　组合开关适用于工频交流电压 380V 以下及直流 220V 以下的电器线路中，供手动不频繁地接通和断开电路、换接电源和负载以及作为控制 5kW 以下三相异步电动机的直接启动、停止和换向。组合开关选用应根据极数、电源种类、电压等级及负载的容量选用。用于直接控制异步电动机的开关，其额定电流一般取电动机额定电流的 1.5～

2.5 倍。HZ10 系列开关的主要技术数据见表 2－3。

表 2－3　组合开关的技术参数

<table>
<tr><th rowspan="3">型　号</th><th rowspan="3">极数</th><th rowspan="3">额定电流（A）</th><th rowspan="3">额定电压（V）</th><th colspan="2">极限操作电流（A）</th><th colspan="2">可控制电动机最大容量和额定电流</th><th colspan="2">在额定电压、电流下通断次数</th></tr>
<tr><th rowspan="2">分断</th><th rowspan="2">接通</th><th rowspan="2">最大容量（kW）</th><th rowspan="2">额定电流（A）</th><th colspan="2">cosφ</th></tr>
<tr><th>≥0.8</th><th>≥0.3</th></tr>
<tr><td rowspan="2">HZ10－10</td><td>单极</td><td>6</td><td rowspan="5">交流
380</td><td rowspan="2">62</td><td rowspan="2">94</td><td rowspan="2">3</td><td rowspan="2">7</td><td rowspan="4">20 000</td><td rowspan="4">10 000</td></tr>
<tr><td rowspan="4">2、3</td><td>10</td></tr>
<tr><td>HZ10－25</td><td>25</td><td>108</td><td>155</td><td>5.5</td><td>12</td></tr>
<tr><td>HZ10－60</td><td>60</td><td rowspan="2"></td><td rowspan="2"></td><td rowspan="2"></td><td rowspan="2"></td></tr>
<tr><td>HZ10－100</td><td>100</td><td>10 000</td><td>5 000</td></tr>
</table>

（3）安装与使用方法

① 组合开关应安装在控制箱内，其操作手柄最好位于控制箱的前面或侧面。其水平旋转位置为断开状态。

② 若需在箱内操作，开关最好安装在箱内右上方，它的上方最好不要安装其他电器，否则要采取隔离或绝缘措施。

③ 组合开关的通断能力较低，当用于控制电动机作可逆运转时，必须在电动机完全停止转动后，才能反向接通。

④ 当操作频率过高或负载的功率因数较低时，转换开关要降低容量使用，否则会影响开关寿命。

2－10　组合开关有哪些常见故障？怎样进行常见故障的维修？

答：组合开关的常见故障有手柄转动后，内部触头未动作；手柄转动后，三副触头不能同时接通或断开；开关接线柱相间短路等，常见故障原因与修理方法见表 2－4。

表 2－4　组合开关的常见故障修理

故 障 现 象	产 生 原 因	修 理 方 法
手柄转动后，内部触头未动作	1. 手柄的转动连接部件磨损 2. 操作机构损坏 3. 绝缘杆变形 4. 轴与绝缘杆装配不紧	1. 调换手柄 2. 修理操作机构 3. 更换绝缘杆 4. 紧固轴与绝缘杆

（续表）

故障现象	产生原因	修理方法
手柄转动后，三副触头不能同时接通或断开	1. 开关型号不对 2. 修理开关时触头装配得不正确 3. 触头失去弹性或有尘污	1. 更换开关 2. 重新装配 3. 更换触头或清除污垢
开关接线柱相间短路	因铁屑或油污附在接线柱间形成导电将胶木烧焦或绝缘破坏形成短路	清扫开关或调换开关

2－11 低压断路器有哪些结构特点？怎样选用低压断路器？怎样安装和使用低压断路器？

答：低压断路器的应用。低压断路器简称断路器，低压断路器通常用作电源开关，有时也可用于电动机不频繁启动、停止控制和保护等功用。当电路中发生短路、过载和失压等故障时，能自动切断故障电路，保护线路和电气设备。

（1）结构特点　低压断路器由触头系统、灭弧装置、操作机构和保护装置等组成。低压断路器按结构形式可分为塑壳式、框架式、限流式、直流快速式、灭磁式和漏电保护式6类。常用DZ型低压断路器的外形和内部结构如图2－3所示。

（2）选用方法

① 低压断路器的额定电压和额定电流应不小于线路的正常工作电压和电路的实际工作电流。

② 热脱扣器的额定电流应与所控制负载的额定电流一致。

③ 断路器的极限通断能力应不小于电路最大的短路电流。

④ 欠电压脱扣器的额定电压应等于线路的额定电压。

⑤ 电磁脱扣器的瞬时脱扣整定电流应大于负载的正常工作时可能出现的峰值电流。用于控制电动机的断路器，其瞬时脱扣整定电流可按下式选取

$$I_z \geqslant KI_{st}$$

式中　K——安全系数，可取1.5～1.7；

I_{st}——电动机的启动电流。

（3）安装与使用方法

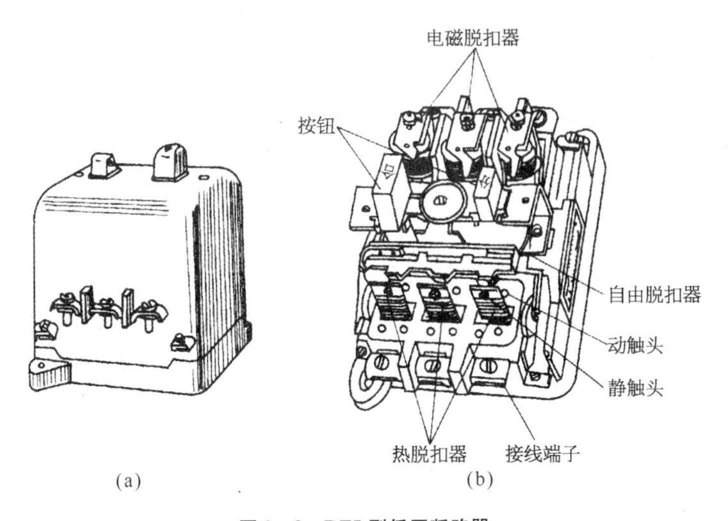

图 2－3　DZ5 型低压断路器

（a）DZ5 型外形；（b）DZ5 型内部结构

① 低压断路器一般要垂直于配电板安装，电源引线应接到上端，负载引线接到下端。

② 当断路器与熔断器配合使用时，熔断器应装于断路器之前，以保证使用安全。

③ 电磁脱扣器的整定值不允许随意更动，使用一段时间后应检查其动作的准确性。

④ 断路器在分断短路电流后，应在切除前级电源的情况下及时检查触头。如有电灼烧痕，应及时修理或更换。

⑤ 当低压断路器用作电源总开关或电动机的控制开关时，在电源进线侧必须加装刀开关或熔断器等，以形成明显的断开点。

2－12　低压断路器有哪些常见故障？怎样进行常见故障的维修？

答：低压断路器的常见故障有手动操作断路器不能动作、电动操作断路器不能闭合、电动机启动时断路器立即分断、分离脱扣器不能使断路器分断、欠电压脱扣器噪声大、欠电压脱扣器不能使断路器分断等。常见故障的原因和修理方法见表 2－5。

表2-5 低压断路器的常见故障修理

故障现象	产生原因	修理方法
手动操作断路器不能闭合	1. 电源电压太低 2. 热脱扣的双金属片尚未冷却复原 3. 欠电压脱扣器无电压或线圈损坏 4. 储能弹簧变形,导致闭合力减小 5. 反作用弹簧力过大	1. 检查线路并调高电源电压 2. 待双金属片冷却后再合闸 3. 检查线路,施加电压或调换线圈 4. 调换储能弹簧 5. 重新调整弹簧反力
电动操作断路器不能闭合	1. 电源电压不符 2. 电源容量不够 3. 电磁铁拉杆行程不够 4. 电动机操作定位开关变位	1. 调换电源 2. 增大操作电源容量 3. 调整或调换拉杆 4. 调整定位开关
电动机启动时断路器立即分断	1. 过电流脱扣器瞬时整定值太小 2. 脱扣器某些零件损坏 3. 脱扣器反力弹簧断裂或落下	1. 调整瞬间整定值 2. 调换脱扣器或损坏的零部件 3. 调换弹簧或重新装好弹簧
分离脱扣器不能使断路器分断	1. 线圈短路 2. 电源电压太低	1. 调换线圈 2. 检修线路调整电源电压
欠电压脱扣器噪声大	1. 反作用弹簧力太大 2. 铁心工作面有油污 3, 短路环断裂	1. 调整反作用弹簧 2. 清除铁心油污 3. 调换铁心
欠电压脱扣器不能使断路器分断	1. 反力弹簧弹力变小 2. 储能弹簧断裂或弹簧力变小 3. 机构生锈卡死	1. 调整弹簧 2. 调换或调整储能弹簧 3. 清除锈污

2-13 熔断器有哪些结构和应用特点?怎样选用熔断器和熔体?怎样安装和使用熔断器?

答: 1）结构和应用特点

熔断器是在低压配电网络和电力拖动系统中用作短路保护的电器。当电路发生短路故障时,使熔体发热而瞬间熔断,从而自动分断电路,进而起到保护作用。

(1) *主要形式* 主要形式有半封闭插入式、无填料封闭管式、有填料封闭管式和自复式。

(2) 结构特点　熔断器主要由熔体、熔管和熔座三部分组成。熔体的材料通常有两种,一种是由铅、铅锡合金或锌等低熔点材料制成,用于小电流电路;另一种是由银、铜等较高熔点的金属制成,多用于大电流电路。常用低压熔断器外形和内部结构如图 2-4 所示。

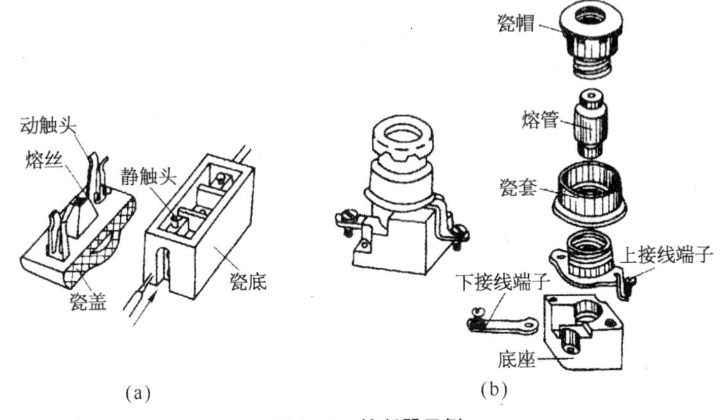

图 2-4　熔断器示例

(a) RC1A 型; (b) RL1 型

2) 选用方法

(1) 熔断器类型的选择

① 根据使用环境和负载性质选择适当类型的熔断器。电网配电一般用管式熔断器;电动机保护一般用螺旋式熔断器;照明电路一般用瓷插式熔断器;保护晶闸管器件则应选择快速熔断器。

② 选择熔断器时必须满足的要求是:熔断器的额定电压应不小于线路的工作电压,熔断器的额定电流应不小于所装熔体的额定电流。

(2) 熔体额定电流的选择

① 对于照明和电热负载线路,熔体的额定电流应等于或稍大于所有负载的额定电流之和。

② 对于单台电动机线路,熔体的额定电流应大于或等于 1.5 ~2.5 倍电动机的额定电流。

③ 对于多台电动机线路,熔体的额定电流应大于或等于其中最大容量电动机额定电流的 1.5 ~2.5 倍再加上其余电动机额定电流的总和。

3) 熔断器的安装与使用

① 应正确选用熔断器和熔体。对不同性质的负载,如照明电路、电动

机电路的主电路和控制电路等,应分别予以保护,并装设单独的熔断器。

② 安装螺旋式熔断器时,必须注意将电源线接到瓷底座的下接线端(即遵循“低进高出”的原则),以保证安全。

③ 瓷插式熔断器安装熔丝时,熔丝应顺着螺钉旋紧的方向绕过去;同时,应注意不要划伤熔丝,也不要把熔丝绷得太紧,以免减小熔丝截面尺寸或插断熔丝。

④ 更换熔体时应切断电源,并应换上相同规格的熔体。

2-14 熔断器有哪些常见故障?怎样进行常见故障的维修?

答: 熔断器的常见故障有负载启动瞬间熔体熔断;熔丝未熔断但电路不通等。熔断器的常见故障原因及修理方法见表2-6。

表2-6 熔断器的常见故障修理

故障现象	产生原因	修理方法
电动机启动瞬间熔体即熔断	1. 熔体规格选择太小 2. 负载侧短路或接地 3. 熔体安装时损伤	1. 调换适当的熔体 2. 检查短路或接地故障 3. 调换熔体
熔丝未熔断但电路不通	1. 熔体两端或接线端接触不良 2. 熔断器的螺帽盖未拧紧	1. 清扫并旋紧接线端 2. 旋紧螺帽盖

2-15 什么是接触器?怎样选用接触器?

答: (1) 接触器的应用 接触器是一种自动的电磁式开关,适用于远距离频繁地接通或断开交直流主电路及大容量控制电路。主要控制对象是电动机,能实现远距离自动操作和欠电压释放保护功能,具有控制容量大、工作可靠、操作频率高、使用寿命长等优点,在电力拖动系统中得到广泛应用。按主触头通过的电流种类,可分为交流接触器和直流接触器。

(2) 交流接触器的选用

① 选择接触器主触头的额定电压。接触器主触头的额定电压应大于或等于控制线路的额定电压。

② 选择接触器主触头的额定电流。接触器控制电阻性负载时,主触头的额定电流应等于负载的额定电流。控制电动机时,主触头的额定电流应大于或稍大于电动机的额定电流。或按下列经验公式计算(仅适用于CJ0、CJ10系列)为

$$I_C = \frac{P_N \times 10^3}{KU_N}$$

式中　K——经验系数，一般取1～1.4；

P_N——被控制电动机的额定功率（kW）；

U_N——被控制电动机的额定电压（V）；

I_C——接触器主触头电流（A）。

若接触器控制的电动机启动或正反转较为频繁，一般将接触器主触头的额定电流降一级使用。

③ 选择接触器吸引线圈的电压。当控制线路简单，使用电器较少时，为节省变压器，可直接选用380V或220V的电压。当线路复杂，使用电器超过5个时，从人身和设备安全的角度考虑，吸引线圈电压要选低一些，可用36V或110V电压的线圈。

④ 选择接触器的触头数量及类型。接触器触头的数量、类型应满足控制线路的要求。CJ0和CJ10系列交流接触器的技术数据见表2－7。

表2－7　交流接触器的技术参数

<table>
<tr><th rowspan="2">型　号</th><th colspan="3">主　触　头</th><th colspan="3">辅 助 触 头</th><th colspan="2">线　圈</th><th colspan="2">可控制三相异步电动机的最大功率（kW）</th><th rowspan="2">额定操作频率（次/h）</th></tr>
<tr><th>对数</th><th>额定电流（A）</th><th>额定电压（V）</th><th>对数</th><th>额定电流（A）</th><th>额定电压（V）</th><th>电压（V）</th><th>功率（V·A）</th><th>220V</th><th>380V</th></tr>
<tr><td>CJ0－10</td><td>3</td><td>10</td><td rowspan="8">380</td><td rowspan="8">均为2常开、2常闭</td><td rowspan="8">5</td><td rowspan="8">380</td><td rowspan="8">可为36
110
（127）
220
380</td><td>14</td><td>2.5</td><td>4</td><td rowspan="4">≤1 200</td></tr>
<tr><td>CJ0－20</td><td>3</td><td>20</td><td>33</td><td>5.5</td><td>10</td></tr>
<tr><td>CJ0－40</td><td>3</td><td>40</td><td>33</td><td>11</td><td>20</td></tr>
<tr><td>CJ0－75</td><td>3</td><td>75</td><td>55</td><td>22</td><td>40</td></tr>
<tr><td>CJ10－10</td><td>3</td><td>10</td><td>11</td><td>2.2</td><td>4</td><td rowspan="4">≤600</td></tr>
<tr><td>CJ10－20</td><td>3</td><td>20</td><td>22</td><td>5.5</td><td>10</td></tr>
<tr><td>CJ10－40</td><td>3</td><td>40</td><td>32</td><td>11</td><td>20</td></tr>
<tr><td>CJ10－60</td><td>3</td><td>60</td><td>70</td><td>17</td><td>30</td></tr>
</table>

2－16　交流接触器的结构是怎样的？交流接触器怎样进行工作？

答：（1）交流接触器的结构　接触器主要由电磁系统、触头系统、灭弧装置及辅助部件等组成。常用交流接触器外形和内部结构示例如图2－5所示。

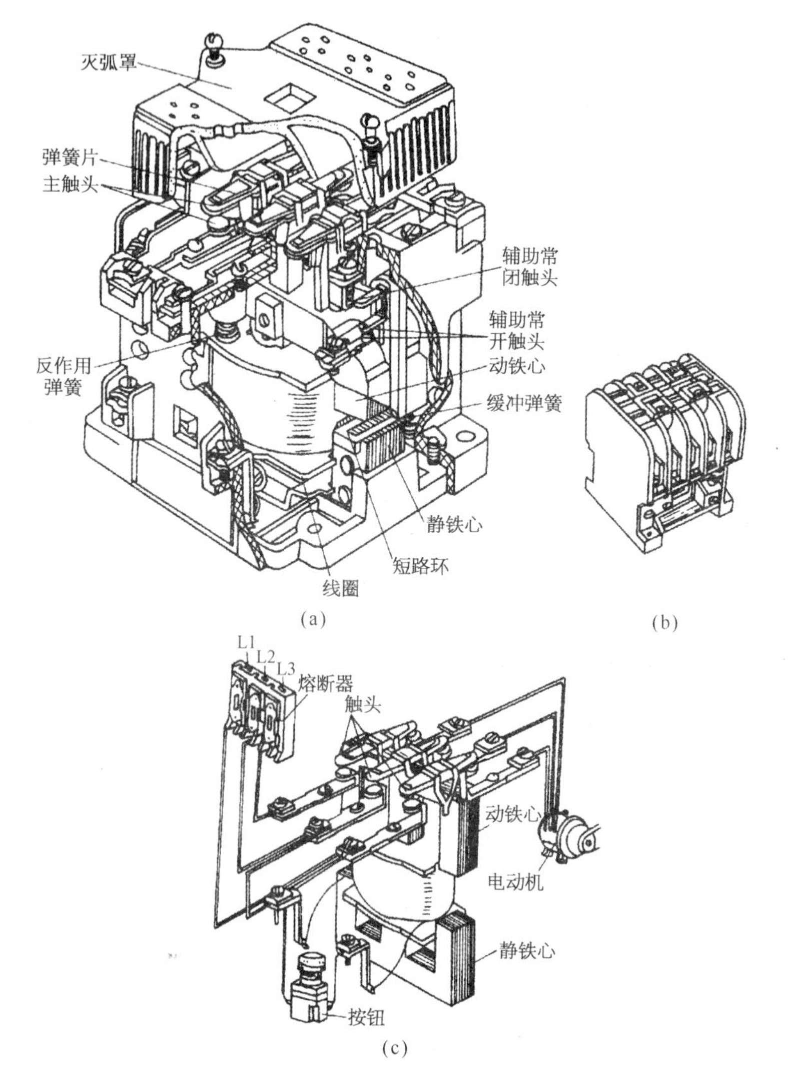

图2－5　常用交流接触器示例

(a) 内部结构；(b) CJ20－40型外形；(c) 工作原理

① 电磁系统:交流接触器的电磁系统主要由线圈、铁心和衔铁三部分组成。其作用是利用电磁线圈的通电或断电,使衔铁和铁心吸合或释放,

从而带动动触头和静触头闭合或分断,实现接通或断开电路的目的。

② 触头系统:交流接触器的触头系统按触头情况可分为点接触式、线接触式和面接触式三种。按触头的结构形式划分,触头可分为桥式触头和指形触头两种。

③ 灭弧装置:交流接触器在断开大电流或高电压电路时,在动、静触头之间会产生很强的电弧。电弧使触头间气体在强电场作用下产生放电现象。电弧的产生,一方面会灼伤触头,减少触头的使用寿命;另一方面会使电路切断时间延长,甚至造成弧光短路或引起火灾事故。因此要求触头间的电弧能尽快熄灭。低压电器中通常采用拉长电弧,冷却电弧或将电弧分成多段等措施,促使电弧尽快熄灭。

④ 辅助部件:交流接触器的辅助部件有反作用弹簧、缓冲弹簧、触头压力弹簧、传动机构及底座、接线柱等。

(2) 交流接触器的工作原理　交流接触器的工作原理如图2－5c所示。当接触器的线圈通电后,线圈中流过的电流产生磁场,使铁心产生足够大的吸力,克服反作用弹簧的反作用力,将衔铁吸合,通过传动机构带动三对主触头和辅助常开触头闭合,辅助常闭触头断开。当接触器线圈断电或电压显著下降时,由于电磁吸力消失或过小,衔铁在反作用弹簧的作用下复位,带动各触头恢复到原始状态。

2－17　怎样安装使用交流接触器?

答: ① 接触器安装前应先检查线圈的额定电压是否与实际需要相符。

② 接触器的安装多为垂直安装,其倾斜角不得超过5°,否则会影响接触器的动作特性;安装有散热孔的接触器时,应将散热孔放在上下位置,以降低线圈的温升。

③ 接触器安装与接线时应将螺钉拧紧,以防振动松脱。

④ 接触器的触头应定期清理,若触头表面有电弧灼伤时,应及时修复。

2－18　接触器有哪些常见故障?怎样进行常见故障的维修?

答: 接触器的常见故障有接触器不吸合或吸不牢;线圈断电,接触器不释放或释放缓慢;触头熔焊;铁心噪声过大;线圈过热或烧毁等。接触器的常见故障原因及修理方法见表2－8。

表 2-8　接触器的常见故障修理

故障现象	产生原因	修理方法
接触器不吸合或吸不牢	1. 电源电压过低 2. 线圈断路 3. 线圈技术数据与使用条件不符 4. 铁心机械卡阻	1. 调高电源电压 2. 调换线圈 3. 调换线圈 4. 排除卡阻物
线圈断电，接触器不释放或释放缓慢	1. 触头熔焊 2. 铁心表面有油污 3. 触头弹簧压力过小或反作用弹簧损坏 4. 机械卡阻	1. 排除熔焊故障，修理或更换触头 2. 清理铁心极面 3. 调整触头弹簧力或更换反作用弹簧 4. 排除卡阻物
触头熔焊	1. 操作频率过高或过负载使用 2. 负载侧短路 3. 触头弹簧压力过小 4. 触头表面有电弧灼伤 5. 机械卡阻	1. 调换合适的接触器或减小负载 2. 排除短路故障更换触头 3. 调整触头弹簧压力 4. 清理触头表面 5. 排除卡阻物
铁心噪声过大	1. 电源电压过低 2. 短路环断裂 3. 铁心机械卡阻 4. 铁心极面有油垢或磨损不平 5. 触头弹簧压力过大	1. 检查线路并提高电源电压 2. 调换铁心或短路环 3. 排除卡阻物 4. 用汽油清洗极面或更换铁心 5. 调整触头弹簧压力
线圈过热或烧毁	1. 线圈匝间短路 2. 操作频率过高 3. 线圈参数与实际使用条件不符 4. 铁心机械卡阻	1. 更换线圈并找出故障原因 2. 调换合适的接触器 3. 调换线圈或接触器 4. 排除卡阻物

2-19　什么是继电器？继电器有哪些类型？

答：继电器是一种根据输入信号的变化，接通或断开小电流电路，实现自动控制和保护电力拖动装置的电器。同接触器相比较，继电器具有触头分断能力小、结构简单、体积小、重量轻、反应灵敏、动作准确、工作可靠等特点。

继电器的分类方法很多，按输入信号的性质可分为：电压继电器、电流继电器、速度继电器、压力继电器等；按工作原理可分为：电磁式继电器、电动式继电器、感应式继电器、晶体管式继电器和热继电器等;按输出方式可分为:有触头式和无触头式。

2-20 什么是中间继电器?怎样选择中间继电器?

答: 中间继电器是用来增加控制电路中的信号数量或将信号放大的继电器。其输入信号是线圈的通电和断电,输出信号是触头的动作,由于触头的数量较多,所以可以用来控制多个元件或回路。选用中间继电器主要根据被控制电路的电压等级、所需触头的数量、种类、容量等要求来选择。

2-21 什么是热继电器?怎样选择热继电器?

答: 热继电器一般作为交流电动机的过载保护用,热继电器有两相结构、三相结构和三相带断相保护装置3种类型。热继电器的选用方法如下。

① 热继电器的类型选择:一般轻载启动、短时工作,可选择二相结构的热继电器;当电源电压的均衡性和工作环境较差或多台电动机的功率差别较显著时,可选择三相结构的热继电器;对于三角形接法的电动机,应选用带断相保护装置的热继电器。

② 热继电器的额定电流及型号选择:热继电器的额定电流应大于电动机的额定电流。

③ 热元件的整定电流选择:一般将热元件的整定电流调整为电动机额定电流的0.95~1.05倍;对过载能力差的电动机,可将热元件整定值调整到电动机额定电流的0.6~0.8倍;对启动时间较长,拖动冲击性负载或不允许停车的场合,热元件的整定电流应调节到电动机额定电流的1.1~1.5倍。

2-22 什么是时间继电器和速度继电器?怎样进行选择?

答: (1) 时间继电器　时间继电器是一种利用电磁原理或机械动作原理来延迟触头闭合或分断的自动控制电器。它的种类很多,有电磁式、电动式、空气阻尼式及晶体管式等。在生产机械的控制中被广泛应用的是空气阻尼式,这种继电器结构简单,延时范围宽,JS7-A系列时间继电器的延时范围有0.4~60s和0.4~180s两种。时间继电器的选用方法如下。

① 类型选择:凡是对延时要求不高的场合,一般采用价格较低的

JS7－A 系列空气阻尼式时间继电器，对于延时要求较高的场合，可采用晶体管式时间继电器。

② 延时方式的选择：时间继电器有通电延时和断电延时两种，应根据控制线路的要求选用。

③ 线圈电压的选择：根据控制线路电压来选择时间继电器吸引线圈的电压。

（2）速度继电器　速度继电器是一种可以按照被控电动机转速的大小使控制电路接通或断开的电器。速度继电器通常与接触器配合，实现对电动机的反接制动。选用速度继电器主要根据电动机的额定转速来选择。

2－23　中间继电器的结构是怎样的？

答：继电器主要由测量机构、中间机构和执行机构三部分组成。中间继电器由线圈、静铁心、动铁心、触头系统、反作用弹簧及复位弹簧等组成。JZ7 系列中间继电器的外形和内部结构如图 2－6 所示。

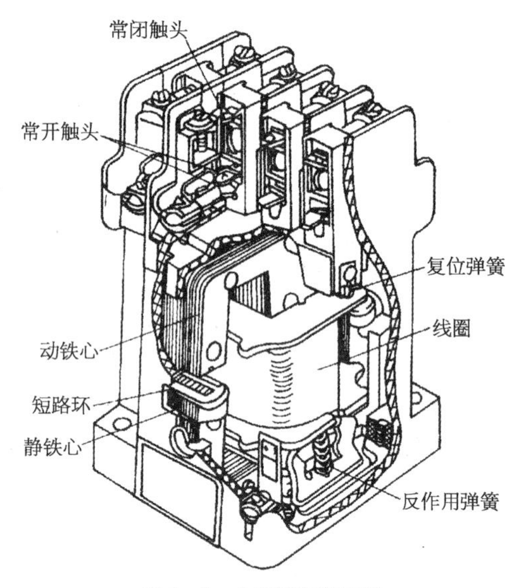

图 2－6　中间继电器示例

2－24　热继电器的结构是怎样的？热继电器是怎样工作的？

答：（1）热继电器的结构　热继电器由热元件、触头系统、动作机构、复位机构和整定电流装置组成，其外形和结构如图 2－7 所示。

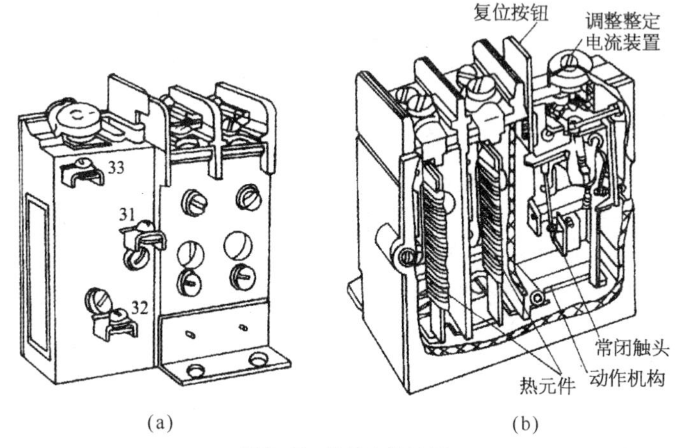

图 2－7　热继电器示例

（a）外形；（b）结构

（2）热继电器的工作原理　使用时，将热继电器的三相热元件分别串接在电动机的三相主电路中，常闭触头串接在控制电路的接触器线圈回路中。当电动机过载时，流过电阻丝的电流超过热继电器的整定电流，电阻丝发热，主双金属片向右弯曲，推动导板向右移动，通过温度补偿双金属片推动推杆绕轴转动，从而推动触头系统动作，动触头与常闭静触头分开，使接触器线圈断电，接触器触头断开，将电源切除起保护作用。电源切除后，主双金属片逐渐冷却恢复原位，于是动触头在失去作用力的情况下，靠弓簧的弹性自动复位。这种热继电器也可采用手动复位。

2－25　怎样安装和使用热继电器？怎样调节热继电器的整定电流？

答：（1）热继电器的安装与使用

① 当电动机启动时间过长或操作次数过于频繁时，会使热继电器误动作或烧坏电器，故这种情况一般不用热继电器作过载保护。

② 当热继电器与其他电器安装在一起时，应将它安装在其他电器的下方，以免其动作特性受到其他电器发热的影响。

③ 热继电器出线端的连接导线应选择合适。若导线过细，则热继电器可能提前动作；若导线太粗，则热继电器可能滞后动作。

（2）热继电器整定电流调节　整定电流的大小可通过旋转电流整定

旋钮来调节,旋钮上刻有整定电流值标尺。所谓热继电器的整定电流,是指热继电器连续工作而不动作的最大电流,超过整定电流,热继电器将在负载未达到其允许的过载极限之前动作。

2-26 怎样检查和校验热继电器?

答: 1)热继电器检查方法

(1)检查主电路(一次电路)接线桩是否通路 用万用表检查主电路,热元件两端的接线桩应该通(主电路接线桩在热继电器顶部,比较粗大),若不通,应卸开后盖,观察热元件是否已损坏;热元件损坏时,应更换热继电器。

(2)检查常闭触头是否闭合 常闭触头(在正面左下方)两端应该通路。若不通,应按下手动复位按钮,若再不通,则应卸开后盖查明故障原因,并及时排除。

2)热继电器校验方法

(1)保护特性校验 热继电器在修理或使用中经过了一定期限,都应进行校验。校验时,要注意保持电流的稳定和避免外界热源的影响。校验电路如图2-8所示,调节TC1时,TC2会输出不同的电压,使通过热继电器FR的热元件上的电流发生变化。当通过FR热元件的电流小于其整定值时,FR的触头不动作,指示灯HL亮;当通过FR热元件的电流大于整定值并经过一段时间后,FR的触头动作,指示灯HL熄灭;当通过FR热元件的电流为额定电流时,1h内继电器应不动作,若1h内动作,则调节旋钮应向整定值较大的位置移动,热态通以1.2倍额定电流,若20 min后才动作,则调节旋钮应向整定值较小的位置移动。

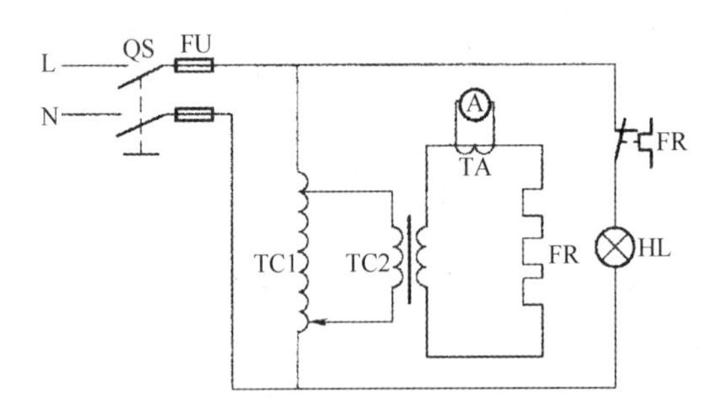

图2-8 热继电器校验电路

(2) 自动复位与手动复位的调整　热继电器出厂时,都调在手动复位,如要自动复位,可将复位调节螺钉顺时针旋进并稍微拧紧,若由自动复位调回手动复位,则将复位调节螺钉反时针旋转退回,并稍微拧紧。拧紧是防止振动后复位螺钉松动。自动复位时,应在动作后6min内自动复位,手动复位,在动作以后2min,按下手动复位按钮,热继电器的常闭触头应闭合。

2-27　热继电器有哪些常见故障?怎样进行常见故障的维修?

答: 热继电器的常见故障有热继电器误动作或动作过快;热继电器不动作;热元件烧断;主电路不通;控制电路不通等。常见故障的原因和修理方法见表2-9。

表2-9　热继电器的常见故障修理

故障现象	产生原因	修理方法
热继电器误动作或动作太快	1. 整定电流偏小 2. 操作频率过高 3. 连接导线太细	1. 调大整定电流 2. 调换热继电器或限定操作频率 3. 选用标准导线
热继电器不动作	1. 整定电流偏大 2. 热元件烧断或脱焊 3. 导板脱出	1. 调小整定电流 2. 更换热元件或热继电器 3. 重新放置导板,并试验动作是否灵活
热元件烧断	1. 负载侧短路或电流过大 2. 反复短时工作,操作频率过高	1. 排除故障调换热继电器 2. 限定操作频率或调换合适热继电器
主电路不通	1. 热元件烧毁 2. 接线螺钉未压紧	1、更换热元件或热继电器 2. 旋紧接线螺钉
控制电路不通	1. 热继电器常闭触头接触不良或弹性消失 2. 手动复位的热继电器动作后,未手动复位	1. 检修常闭触头 2. 手动复位

2-28　时间继电器的结构是怎样的?怎样安装和使用时间继电器?

答: (1) 时间继电器的结构　空气阻尼式时间继电器由电磁系统、工作触头、气室及传动机构四部分组成。其外形和内部结构如图2-9所示。

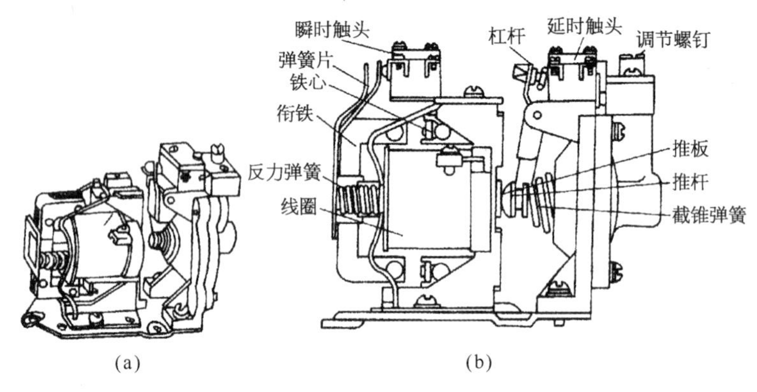

图 2－9 时间继电器示例

（a）JS7 系列外形；（b）JS7 系列结构

（2）时间继电器的安装与使用

① JS7－A 系列时间继电器只要将电磁部分转动 180°，即可将通电延时改为断电延时结构。

② JS7－A 系列时间继电器由于无刻度，故不能准确地调整延时时间。

③ 时间继电器的整定值，应预先在不通电时整定好，并在试验时校正。

④ 安装前先检查额定电流及整定值是否与实际要求相符。

⑤ 安装后应在主触头不带电的情况下，使吸引线圈带电操作几次，测试继电器动作是否可靠。

⑥ 定期检查各部件有否松动及损坏现象，并保持触头的清洁和可靠。

2－29 怎样检查时间继电器？

答： JS7－A 系列时间继电器的外观及电磁系统的检查和接触器较类似，除此之外，还要重点检查以下几点。

（1）传动机构及触头系统的检查　如图 2－9 所示的时间继电器，其电磁铁的安装位置（即衔铁中心柱的推板作用于气室的推杆），可使继电器具有断电延时动作功能。当电磁铁处在释放状态时，无论是瞬时触头还是延时触头，其常开触头必须开路，常闭触头必须接通。由于瞬时触头是电磁铁通过弹簧片压合而动作的，因此弹簧片与瞬时触头按钮间应有

1mm左右的间隙,不可使按钮受压;而延时触头的动作是受气室的杠杆控制的,当继电器为断电延时继电器时,线圈通电前其延时触头的按钮必须被杠杆的自由端压合。若杠杆不到位时,则必须松开电磁铁在底座上的紧固螺钉,调整好电磁铁与气室的相对距离。

(2) 气室的检查　对气室,主要是检查其延时功能是否正常。方法是,先将气室的宝塔弹簧压缩到极限位置后,再迅速放松,观察气室杠杆的运动速度:若速度较快,则将气室进气孔的调节螺钉向延时较长的方向旋转(为使速度变化明显,应多旋一些),然后再次观察推杆的运动速度;若速度变化甚微或根本不变化,则应怀疑是气室漏气;如无法修复时,则应更换时间继电器,若推杆速度较慢,调节气室的调节螺钉也无效时,则说明气室进气孔阻塞,可拆开气室,清除阻塞物。

(3) 延时功能的状态检查　图2-9是时间继电器的断电延时功能状态。若要使其变为通电延时功能的状态,可将电磁铁调转180°安装(即衔铁背面直接作用于气室推杆)。但在检查气室的延时功能时,须按下衔铁,便可观察到推杆的自由运动。

2-30　时间继电器有哪些常见故障?怎样进行常见故障的维修?

答: 时间继电器的常见故障有延时触头不动作;延时时间缩短、延时时间变长等。常见故障的原因和修理方法见表2-10。

表2-10　时间继电器的常见故障修理

故障现象	产生原因	修理方法
延时触头不动作	1. 电磁线圈断线 2. 电源电压低于线圈额定电压很多 3. 电动式时间继电器的同步电动机线圈断线 4. 电动式时间继电器的棘爪无弹性,不能刹住棘齿 5. 电动式时间继电器游丝断裂	1. 更换线圈 2. 更换线圈或调高电源电压 3. 调换同步电动机 4. 调换棘爪 5. 调换游丝
延时时间缩短	1. 空气阻尼式时间继电器的气室装配不严,漏气 2. 空气阻尼式时间继电器的气室内橡皮薄膜损坏	1. 修理或调换气室 2. 调换橡皮薄膜

（续表）

故障现象	产生原因	修理方法
延时时间变长	1. 空气阻尼式时间继电器的气室内有灰尘，使气道阻塞 2. 电动式时间继电器的传动机构缺润滑油	1. 清除气室内灰尘，使气道畅通 2. 加入适量的润滑油

2-31 怎样判别时间继电器的触头？怎样校验时间继电器？

答：JS7-A系列时间继电器的校验，是为了调节气室进气口的节流程度，而使延时触头按要求的时间延时动作。但在校验之前，应弄清各触头的动作特点及判别方法，才能正确接线。如果接错触头，便失去了校验的意义。

(1) *触头的动作特点* 当时间继电器的吸引线圈，在通电使衔铁吸合、断电使衔铁释放两种状态下，各触头的动作特点如下。

① 瞬时触头的动作特点：通电（指线圈通电）时立即动作，断电时立即复位。

② 延时触头的动作特点。通电延时常开触头：通电延时闭合，断电立即断开；通电延时常闭触头：通电延时断开，断电立即闭合。断电延时常开触头：通电立即闭合，断电延时断开。断电延时常闭触头：通电立即断开，断电延时闭合。

(2) *触头的判别方法*

① 瞬时触头的判别。置于电磁铁之上的两副触头（图2-9）为瞬时触头，只需用万用表欧姆挡进行测量，判明常闭或常开即可。

② 延时触头的判别：先找到气室上的两副延时触头，再将万用表拨至欧姆挡，并将两表笔分别触及某副触头的两接线桩，然后用手按下衔铁，以代替线圈的通电吸合，同时观察万用表的指针，若出现下列四种现象之一，便可判明触头的作用和名称。

(a) 若万用表立即有指示，则为断电延时常开触头。

(b) 若万用表指针立即返回“∞”位，则为断电延时常闭触头。

(c) 若万用表延时指示，则为通电延时常开触头。

(d) 若万用表指针延时返回“∞”位，则为通电延时常闭触头。

(3) *JS7-A系列时间继电器的校验方法*（图2-10）

① 将时间继电器紧固在控制板上并可靠接地，确保用电安全。

② 将整修和装配好的时间继电器按图 2－10 接入线路，进行通电校验。

③ 在 1min 内通电频率不少于 10 次，各触点工作良好，吸合时无噪声，铁心释放时无延缓，并且每次动作的延时时间相同，即为校验合格。

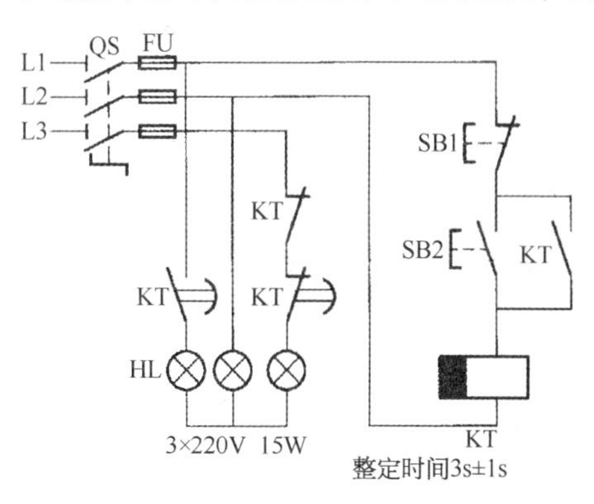

图 2－10　JS7－A 系列时间继电器校验电路图

2－32　速度继电器有哪些结构特点？怎样安装使用速度继电器？

答：（1）速度继电器的结构特点　速度继电器主要由定子、转子、可动支架、触头系统及端盖等部分组成。JY1 型速度继电器的外形和内部结构如图 2－11 所示。

（2）速度继电器的安装与使用

① 速度继电器的转轴应与电动机同轴连接。

② 速度继电器安装接线时，正反向的触头不能接错，否则不能实现反接制动控制。

2－33　怎样排除速度继电器制动失效的故障？

答：速度继电器的常见故障是制动时失效，电动机不能制动，其修理方法可参见以下实例。

（1）故障现象　制动时速度继电器失效，电动机不能制动。

（2）故障原因

① 速度继电器胶木摆杆断裂；

② 速度继电器常开触头接触不良；

③ 弹性动触片断裂或失去弹性。

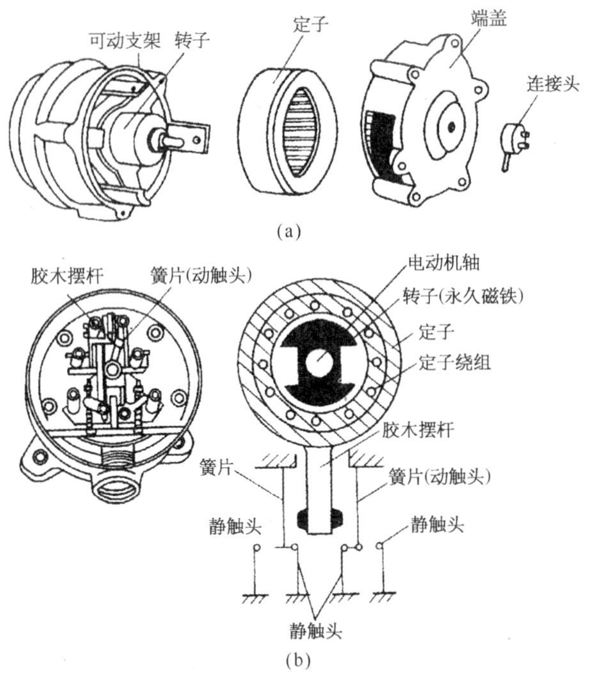

图2-11　速度继电器示例

（a）JY1型外形；（b）JY1型结构原理示意图

（3）修理方法

① 调换胶木摆杆；

② 清洗触头表面油污；

③ 调换弹性动触片。

2-34 怎样检查交流接触器?

答: 接触器的检查方法

（1）外观的检查　用棉布沾少量酒精,拭去灰尘油污;检查紧固件有无脱落或松动,并作相应处理;若发现灭弧罩损坏,外壳破损或底脚安装孔撬坏,应予更换。

（2）内部结构的检查　卸掉灭弧罩,频繁按下主触头,铁心应能上下自由活动;用手轻轻拨弄各动、静触头应牢固可靠;各触头表面应无氧化、严重磨损、开焊或烧毛等现象;铁心处于释放状态时,常闭触点是否接通,常开触点是否开路。

(3) 吸引线圈的通电检查　看铁心能否吸合,有无异常噪声,线圈温度是否正常,常开触点是否接通,常闭触点是否开路。

2-35　怎样校验交流接触器?

答:(1) 接触器的校验方法　当接触器的吸引线圈电压上升到某一数值时,铁心吸合,这时的电压称为吸合电压;当接触器线圈电压低到某一数值时,铁心释放,这时的电压称为释放电压。为使接触器可靠地工作,吸合电压接近或达到85%的额定电压时,铁心应能可靠地吸合。当接触器线圈的额定电压为220V时,一般用单相调压器作电源;当接触器线圈额定电压为380V时,则应采用三相调压器。

(2) 自检步骤和要点

① 用万用表电阻欧姆挡检测线圈及各触头是否良好。

② 用绝缘电阻表测量各触头间及主触头对地电阻是否符合要求。

③ 用手按动主触头检查运动部分是否灵活,以防产生接触不良、振动和噪声。

2-36　什么是主令电器?常用的主令电器有哪些?

答:主令电器主要用于闭合、断开控制电路,以发出信号或命令,达到对电力拖动系统的控制或实现程序控制。常用的主令电器有按钮、位置开关、万能转换开关和主令控制器等。

2-37　按钮的功用是什么?怎样选用按钮?

答:按钮是一种以短时接通或分断小电流电路的电器,它不直接用于控制主电路的通断,而是在控制电路中发出"指令"去控制接触器、继电器等电器,再由它们去控制主电路。按钮的选用方法如下:

① 根据使用场合和具体用途选择按钮的种类,在灰尘较多时不宜选用LA18和LA19系列按钮。

② 按工作状态指示和工作情况的要求,选择按钮和指示灯的颜色。

③ 按控制回路的需要,确定按钮的数量,如单联钮、双联钮和三联钮等。

2-38　按钮有哪些结构特点?怎样安装使用按钮?

答:(1) 按钮的结构　按钮是短时间接通或断开小电流电路的电器。

按按钮时,桥式动触头先和上面的静触头分离,然后和下面的静触头接触,手松开后,靠弹簧复位。主要用于操纵接触器、继电器或电气连锁电路。其外形和内部结构如图 2－12 所示。

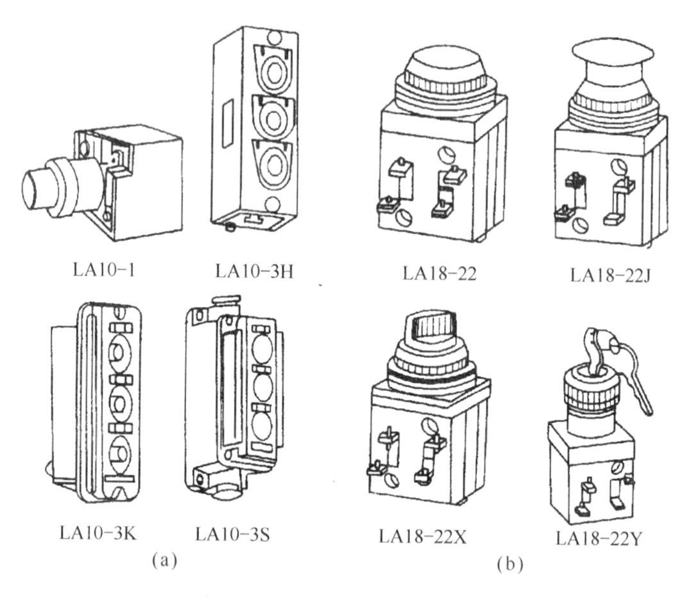

图 2－12　按钮开关

(a) LA10 系列; (b) LA18 系列

(2) 按钮的安装与使用

① 按钮用于高温场合时,易使塑料变形老化而导致松动,引起接线螺钉间相碰而发生短路,可在接线螺钉处加套绝缘塑料管来防止短路。

② 带指示灯的按钮因灯泡发热,长期使用易使塑料灯罩产生变形,此时应降低灯泡两端的电压,延长其使用寿命。按钮一般都安装在面板上,且布置要整齐、合理、牢固,应保持触头间的清洁。

③ 同一机床等设备的运动部件有几种不同工作状态时,应使每一对相反状态的按钮安装在同一组。

2－39　按钮有哪些常见故障?怎样进行常见故障的维修?

答: 按钮的常见故障有按下启动按钮时有触电感觉;按下启动按钮不能接通电路,控制失灵;按下停止按钮不能断开电路等。常见故障的原因和修理方法见表 2－11。

表 2-11　按钮的常见故障修理

故障现象	产生原因	修理方法
按下启动按钮时有触电感觉	1. 按钮的防护金属外壳与连接导线接触 2. 按钮帽的缝隙间充满铁屑,使其与导电部分构成通路	1. 检查按钮内连接导线 2. 清理按钮及触头
按下启动按钮,不能接通电路,控制失灵	1. 接线头脱落 2. 触头磨损松动,接触不良 3. 动触头弹簧失效,使触头接触不良	1. 检查启动按钮连接线 2. 检修触头或调换按钮 3. 重绕弹簧或调换按钮
按下停止按钮,不能断开电路	1. 接线错误 2. 尘埃或机油、乳化液等流入按钮而构成短路 3. 绝缘击穿而发生短路	1. 更改接线 2. 清扫按钮并相应采取密封措施 3. 调换按钮

2-40　位置开关的功用是什么？怎样选用位置开关？

答: 位置开关又称为行程开关或限位开关,它的作用与按钮相同,只是其触头的动作不是靠手动操作,而是利用生产机械等设备上某些运动部件上的挡铁碰撞其滚轮,使触头动作来实现接通或分断某些电路,使之达到一定的控制要求。位置开关的选用方法如下。

① 根据安装环境选择防护形式,即选择开启式还是防护式。

② 根据控制回路的电压和电流选择采用何种系统的行程开关。

③ 根据机械与行程开关的力传递与位移关系选择合适的头部结构形式。

2-41　位置开关有哪些结构特点？怎样安装使用位置开关？

(1) 位置开关的结构　位置开关的结构是由触头系统、操作机构和外壳组成。JLXK1 系列位置开关的外形和结构如图 2-13 所示。

(2) 位置开关的安装与使用

① 位置开关安装时位置要准确,否则不能达到位置控制和限位的目的。

② 应定期检查位置开关,以免触头接触不良而达不到行程和限位控制的目的。

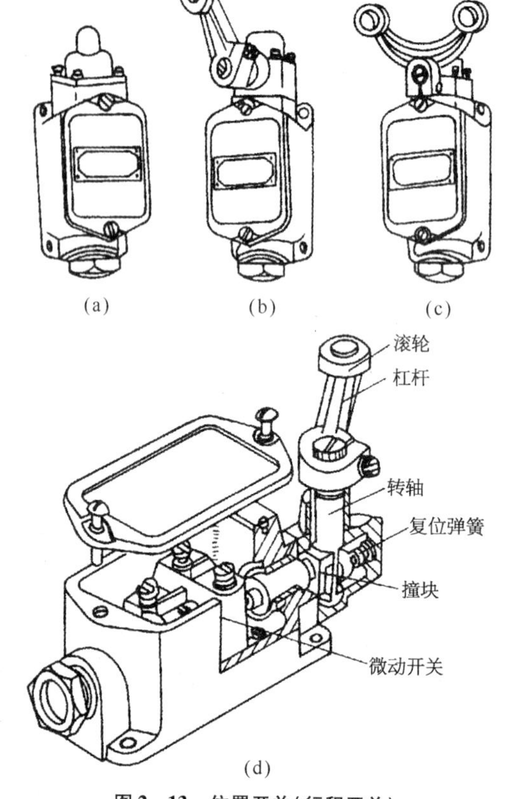

图 2－13　位置开关(行程开关)

(a) 按钮式；(b) 单轮旋转式；(c) 双轮旋转式；(d) 结构示例

2－42　位置开关有哪些常见故障？怎样进行常见故障的维修？

答: 位置开关的常见故障有挡铁碰撞开关,触头不动作;位置开关复位后,常闭触头不能闭合;杠杆偏转后触头未动作等。常见故障的原因和修理方法见表 2－12。

表 2－12　位置开关的常见故障修理

故障现象	产生原因	修理方法
挡铁碰撞开关,触头不动作	1. 开关位置安装不当 2. 触头接触不良 3. 触头连接线脱落	1. 调整开关的位置 2. 清洗触头 3. 紧固连接线

（续表）

故障现象	产生原因	修理方法
位置开关复位后，常闭触头不能闭合	1. 触杆被杂物卡住 2. 动触头脱落 3. 弹簧弹力减退或被卡住 4. 触头偏斜	1. 清扫开关 2. 重新调整动触头 3. 调换弹簧 4. 调换触头
杠杆偏转后触头未动	1. 行程开关位置太低 2. 机械卡阻	1. 将开关向上调到合适位置 2. 打开后盖清扫开关

2-43 怎样修复接触器和继电器的触头？

答：(1) *清除触头氧化层* 铜触头如被氧化，会增大触头的接触电阻，必须用小刀轻轻刮除，但不可损伤表面的平整度；银及银基合金触头氧化层的电导率和纯银不相上下，且氧化层在使用中可自动还原，所以，银触头被氧化时可不作处理。

(2) *清除触头油污* 如果触头沾有油污，可用清洁布略润以汽油或无水酒精将其擦拭干净。

(3) *修整灼伤烧毛的触头* 触头表面若有灼伤烧毛，可用小刀或什锦锉刀精修平整。修整时，可不必将触头修得过分光滑；过分光滑，反而会使接触面过小，接触电阻增大，更不允许使用砂纸或砂布来修磨，用砂布修磨，不仅会破坏触头的自然吻合，而且还会使砂粒嵌在触头表面上，增大接触电阻，造成触头过热。

(4) *触头熔焊、开焊脱落的处理* 触头如因熔焊而发生黏连，或开焊脱落时，应更换触头。

(5) *触头严重磨损的处理* 触头在使用过程中如果磨损到原来厚度的1/2～2/3时，就需要更换触头。一般触头磨损过快，大都是因为操作频率过高而引起。

2-44 怎样修复接触器和继电器的电磁系统？

答：接触器、继电器电磁系统的故障主要有衔铁噪声大，吸引线圈断路、短路、接地甚至烧损等。

(1) *衔铁噪声的排除* 由于某一位置缓冲弹簧短缺或变形，动、静铁心接触面不洁或动铁心与外壳的缝隙中掉进了杂物，铁心接触面的短路环断裂或吸引线圈的电压过低等原因，使动、静铁心不能密切吸合或吸合不牢时，就会使铁心产生噪声。

铁心出现噪声，应从上述各方面去寻找原因，并设法消除。如短路环断裂，应按原尺寸，用粗铜导线或铜导条配制一个换上；铜导条的截面应制成矩形，嵌入短路环安放槽时不可松动；导条封口处应气焊并修平，不可高出铁心端面。

（2） 线圈故障的检修

① 线圈过热而烧损。电流过大的主要原因是：线圈的工作电压高于额定值太多而致电流过大，或动、静铁心不能吸合或接触不紧密而致电阻增大。此时，铁心会产生较大的噪声。若遇到这种情况，应立即断电，以免烧毁线圈。

② 如果线圈只有局部短路烧黑，短路匝不多且接近线圈表层，可将损坏的线匝拆掉，拆去的多则补绕，少则不补；然后，将线圈的引出线做好，并包缠好绝缘，便可继续使用；若线圈损坏严重，则只有按原来的线圈匝数和线径重绕。

③ 线圈断路，大都是因机械损伤引起，若断路匝数不多，可拆除断路匝并将线圈连接成通路，包扎好绝缘，继续使用；若是线圈内部断线或因线径太细找不到断路点时，则只有重绕。

2－45　为什么要去除导线绝缘层？怎样去除导线绝缘层？

答：当缘绝导线间接头或与接线桩连接时，其线头的绝缘层必须去除，线头的长短应根据实际需要留取。由于绝缘导线的结构和线径粗细的差异，应分别采用不同的剖削工具和剖削方法。剖削线头时，剖削工具不可割伤线芯，否则，不仅会降低其机械强度，而且会减小导线的横截面积。剖削后的线头绝缘层断面应平齐。

2－46　怎样进行塑料线线头的剖削？

答：塑料线分塑料硬线（BV、BLV 型）和塑料软线（BVR 型）两种（图 2－14）。塑料硬线线芯由线径为 1～2.5mm 等 14 种规格的单根或多根铜线或铝线绞合而成；软线线芯由线径为 0.39～0.68mm 等多种规格的多根铜丝绞合而成。塑料线仅有塑料绝缘层，没有保护层。

① 导线截面积大于 $4mm^2$ 的塑料硬线，可用电工刀剖削绝缘层（图 2－15a）。

② 导线截面积为 $4mm^2$ 及以下的塑料硬线和塑料软线，可用钢丝钳或

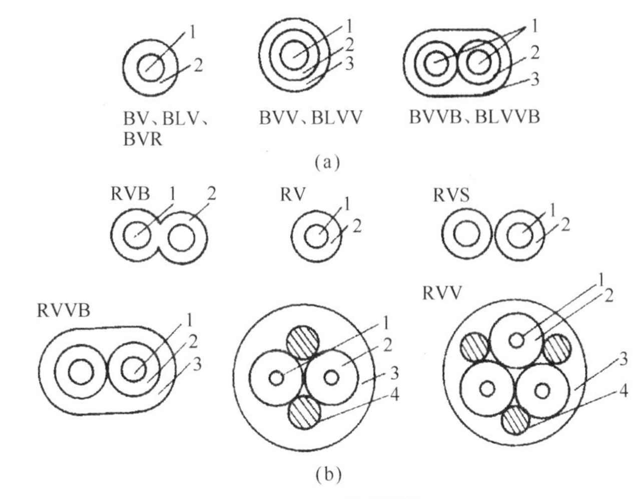

图 2－14 常用导线

（a）B 系列电线；（b）R 系列电线

1—导体(铜)；2—PVC 绝缘；3—PVC 护套；4—棉纱模芯

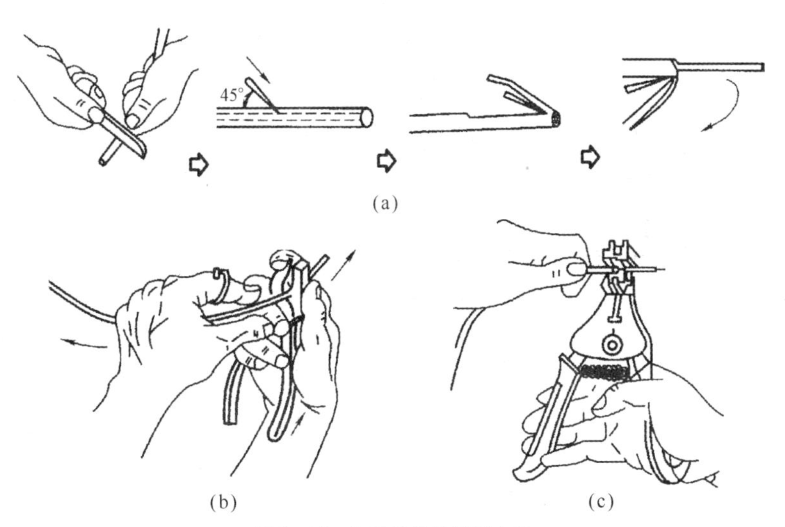

图 2－15 塑料线头的剖削方法

（a）用电工刀剖削；（b）用钢丝钳剖削；（c）用剥线钳剖削

剥线钳剖削。

（a）用钢丝钳剖削绝缘层的方法如图 2－15b 所示，用左手捏住电线（捏不住时可在食指上绕一圈），然后用右手握住钢丝钳钳头，沿线头绝缘层四周轻切一圈(不可伤线芯),然后用力向外勒去塑料层。

(b) 用剥线钳剖削绝缘层的方法如图 2-15c 所示,为避免伤线芯,必须把电线放在大于线芯直径的刀口上,用手将钳柄一握,电线的绝缘层即被割断而自动弹出。

电工必须重点掌握用电工刀和钢丝钳剖削线头的方法。

2-47 怎样进行护套线和橡皮线线头的剖削?

答: 护套线按其绝缘层的材质,一般可分为塑料护套线和橡套电缆两种。

(1) 塑料护套线线头剖削 塑料护套线分双芯和三芯两种。线芯有铜芯或铝芯,线芯之间及其护套层间全用塑料绝缘,塑料护套线线头的剖削方法如图 2-16 所示。

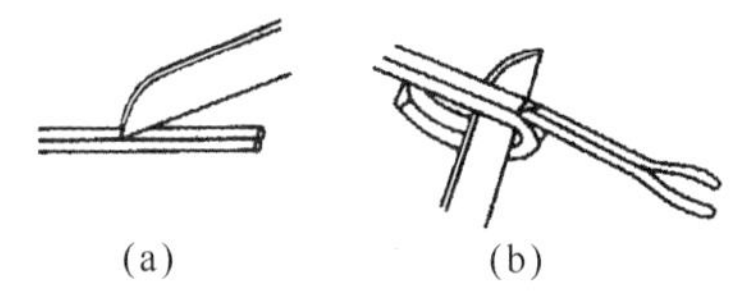

(a) (b)

图 2-16 塑料护套线的剖削方法

(2) 橡套电缆线头剖削 橡套电缆有单芯、双芯、三芯、四芯等四种,每股线芯由多根细铜丝绞合而成,线芯之间及其护套层全用橡胶来绝缘,其线头剖削方法与塑料护套线相同。

(3) 橡皮线线头的剖削 橡皮线俗称皮线,其线芯由单根或多根铜或铝丝组成,绝缘层是橡胶,保护层是浸过沥青并涂有蜡的棉纱或玻璃丝编织物(图 2-17)。线头的剖削方法和塑料护套线相同。

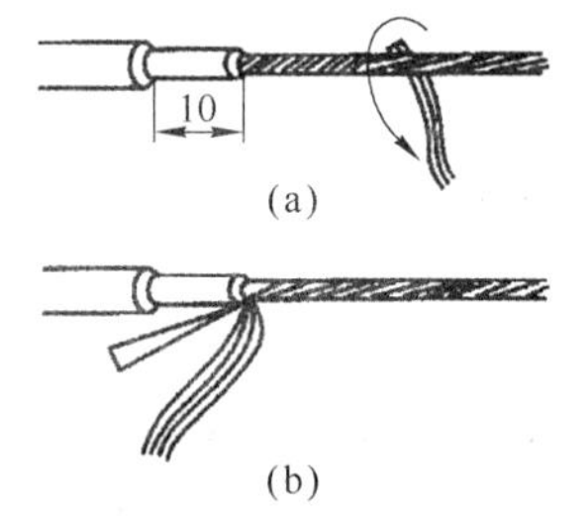

(a)

(b)

图 2-17 橡套软线(橡套电缆)的剖削方法

(4) 操作注意事项 剖削护套线的护套层时,不能割伤线芯绝缘层,以防线芯之间短路。塑料护套线线芯的绝缘层可用电工刀剖削,也可用钢丝钳或剥线钳剖削,但橡套电缆线芯的绝缘层则必须用钢丝钳或剥线钳剥除。

2－48 怎样进行花线和电磁线线头的剖削?

答:(1) 花线线头的剖削　花线线芯由多根细铜丝绞合而成,线芯用棉纱包缠后用橡胶绝缘,最外面是一层棉纱编织物(图2－18)。该线头的剖削方法和橡套电缆相同,但线芯露出后必须割除其表面的棉纱线头。

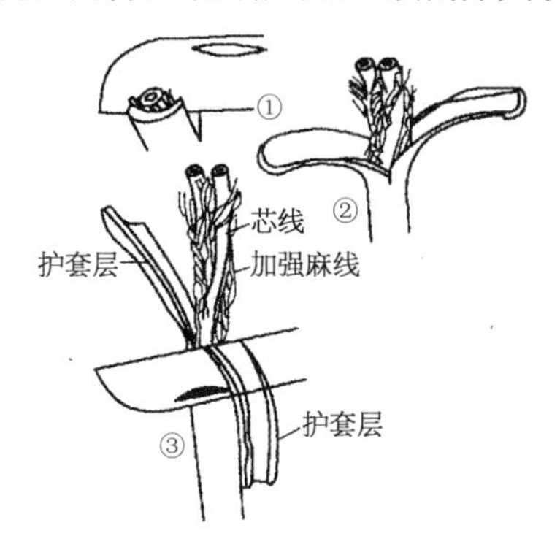

图2－18　花线的剖削方法

(2) 电磁线线头的剖削　电磁线是用来绕制线圈的绝缘导线,按其表面的绝缘材料可分为纱包线、漆包线和玻璃丝包线等几种。线芯为单根铜或铝导线。玻璃丝包线线头可用电工刀剖削。剖削漆包线线头的方法如图2－19所示,具体操作应根据线径大小选择。

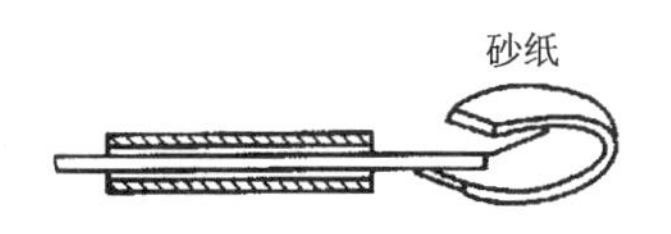

图2－19　漆包线的剖削方法

① 线径为0.07～0.6mm的漆包线,宜用细砂布擦去绝缘层。

② 线径在0.6mm以上的漆包线可用电工刀或专用刮线工具刮去绝缘层,但不能用力过猛,以防损伤线芯。

③ 线径在0.07mm以下的特细漆包线采用上述方法均会使导线断裂,只能用打火机(或火柴)烧除绝缘层,然后将线头垫在橡皮垫上,用细砂布轻擦其表面四周。

2-49　导线连接有哪些基本要求和方法?

答: 当导线不够长或需要分支时,必须进行连接。连接导线时应符合如下基本要求:连接要紧密,连接处接触电阻要小,连接处的机械强度和绝缘强度与非连接处相比不应有所降低。由于电线的结构、材质有差异,故其连接方法有所不同,常用的方法有绞接法和绑线法。

2-50　怎样进行单股铜导线连接?怎样进行粗细不等单股铜导线连接?

答: (1) 单股铜导线的连接法　截面积在6mm²以下的单根铜导线的直线形和T字形分支的连接用绞接法(图2-20a、b);截面积在6mm²及以上导线的常采用绑线法连接(图2-20c、d)。

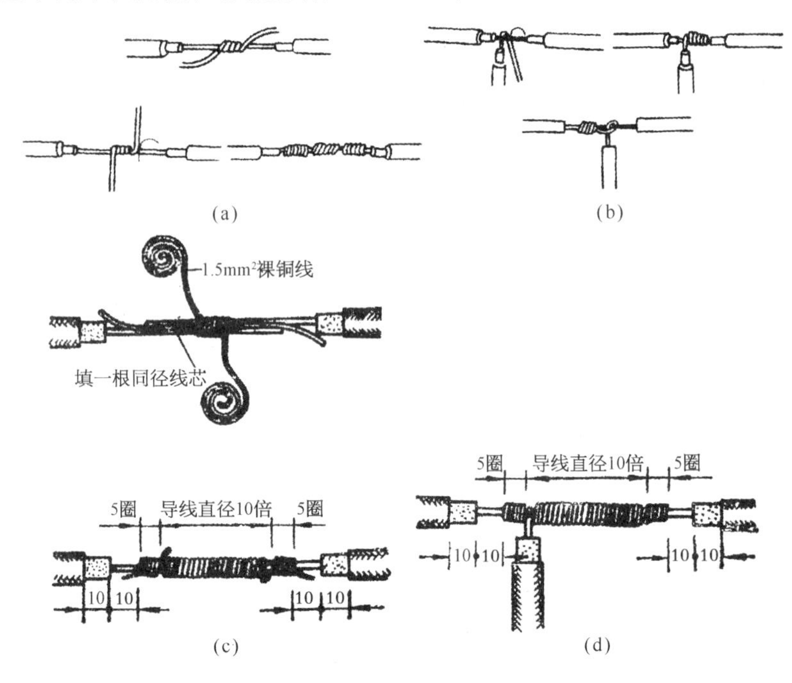

图2-20　单股铜导线连接方法

(a) 直线绞接法;(b) T形绞接法;(c) 直线绑扎法;(d) T形绑扎法

(2) 粗细不等的单股铜导线的连接法　把细线头在粗线头上紧密缠绕5~6圈后,弯折粗线头端部,使它压在缠绕层上,再把细线头缠绕3~4圈后,剪去余端,钳平切口即可。

2-51 怎样进行多股铜导线连接？怎样进行多股软铜导线连接？

答：（1）多股铜导线的连接法　当多股铜导线比较细软时，其直线和分支连接方法采用如图 2-21a、b 所示的绞接法，当多股铜导线比较粗大而难于弯制时，宜采用图 2-21c、d 所示的绑线法。当多股导线的直线连接采用绑线法时，先将线芯依次分根钳直并剪除中心股。为减少接触电阻。必须用砂布擦去每根线芯表面的氧化层，再将两线头做成 30°伞状交叉对插，并将线捏平。然后取一根适当粗细的裸铜线，剪一段填在接头上作为辅助线，再用该裸铜线从接头中间开始，分头用钢丝钳缠绕，绑线头收尾时与辅助线头拧在一起（图 2-21c），进行分支连接时，先将分支线头作直角弯曲，并在其端部稍作弯曲，然后，将两股线头合并，用裸导线从分支处开始紧密缠绕（图 2-21d）。

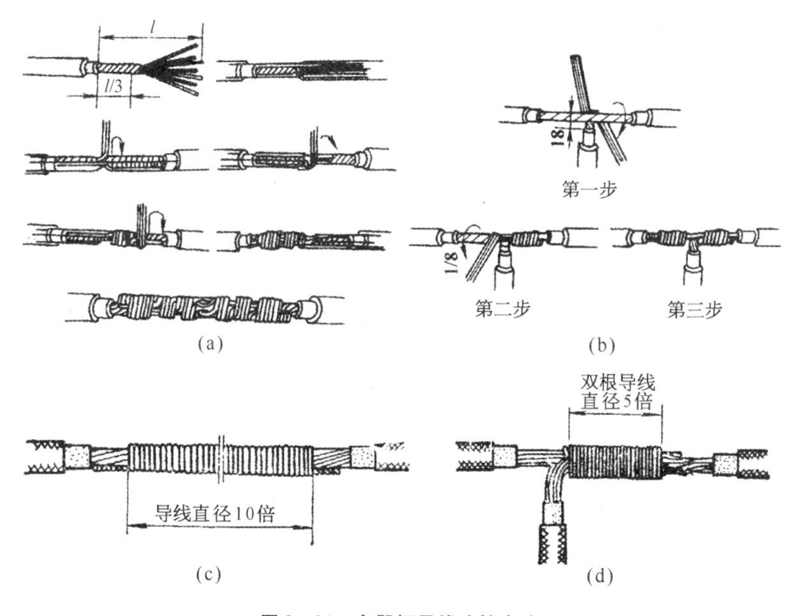

图 2-21　多股铜导线连接方法

（a）直线连接绞接法；（b）T 形分支连接绞接法；
（c）直线连接绑扎法；（d）T 形分支连接绑扎法

（2）多股软铜线的连接法　软线连接时，应首先将线芯拧紧成单股导线的样子，然后照单股铜导线的连接方法进行连接，对接头应进行锡焊加固。

2－52　怎样进行铝导线连接?

答:(1) 螺钉压接法　清除剥去绝缘层的线头上的铝氧化膜,涂上中性凡士林,直接插入瓷接头或相关电器的接线桩,旋紧压接螺钉进行连接。T形连接必须采用瓷接头进行连接。

(2) 压接管压接法(图2－22)

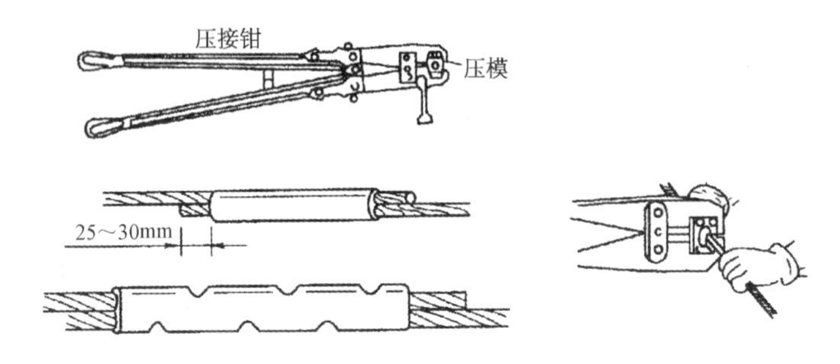

图2－22　铝芯导线压接管连接方法

① 根据多股铝芯线规格选用铝压接管。

② 清除剥去绝缘层的线头上的铝氧化膜,涂上中性凡士林。

③ 将两根铝芯线头相对穿入压接管,并将线端穿出压接管25～30mm。

④ 压接时第一道压坑应在铝芯线头一侧。

2－53　导线与接线桩连接有哪些基本要求和方法?

答:(1) 导线与接线桩连接的基本要求

电线进入接线盒、熔断器及其他电气装置时,必须与电气装置的接线桩进行连接。电线与接线桩连接时应符合如下要求:

① 线头与接线桩接触必须紧密,而且应有足够的接触面积,使接触电阻最小;

② 连接牢固,以防松动、脱落。

(2) 导线与接线桩连接的方法

常见的接线桩有螺钉平压式、针孔式和瓦形三种接线桩。由于各种接线桩及与之连接的线头结构差别很大,因此连接的作业方法也各不相同。

2－54　怎样进行导线线头与螺钉平压式接线桩连接?

答:线头与螺钉平压式接线桩的连接方法:

(1) 单股芯线(包括铝芯线)与螺钉平压式接线桩连接方法　连接作业时,应将线头弯制出连接圈(俗称羊眼圈)后方可进行连接(图2－23a)。连接时,连接圈弯制方向必须与螺钉旋紧方向一致(图2－23b)。为保证线头与接线桩有足够的接触面积、日久不会松动或脱落,连接圈必须弯制成圆形。图2－24所示的8种连接圈都是不规范的。

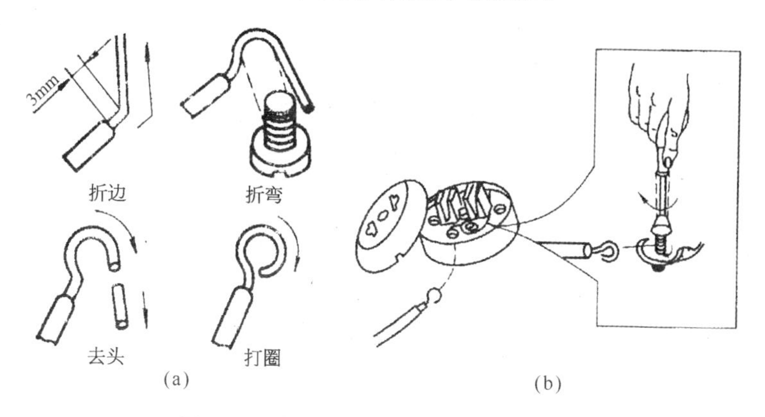

图2－23　线头与螺钉平压式接线桩连接方法

(a) 压接圈弯制方法;(b) 连接安装

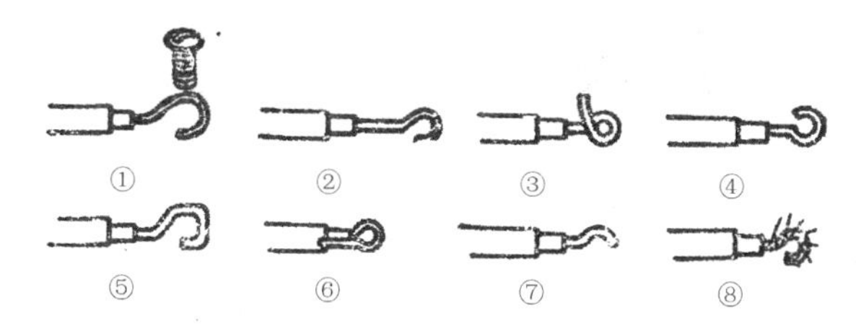

图2－24　不规范的压接圈

① 连接圈不完整,接触面积太小;

② 线头根部太长,相邻线易碰及造成短路;

③ 导线余头长,压不紧,且接触面积小;

④ 连接圈内径太小,套不进螺钉;

⑤ 连接圈不圆,压不紧,易接触不良;

⑥ 无用的余头太长,易导致短路或触电事故的发生;

⑦ 只有半个圆圈,压不住;

⑧ 软线线头未拧紧,有毛刺,易造成短路。

(2) 多股芯线与螺钉平压式接线桩连接方法　连接作业时应视导线的股数、截面积大小、线芯材质及芯线软硬程度而定,多股芯线必须拧紧。

① 图2-25a 所示是线芯截面积为$8mm^2$及以下的多股铜芯软线与平压式接线桩的连接方法;

② 图2-25b 所示是$6\sim8mm^2$的7股铜芯线与平压式接线桩连接时,压接圈的做法;

③ 多股铝芯线及$8mm^2$以上的多股铜芯线与平压式接线桩连接时,不宜弯制压接圈,而应加装接线耳(俗称线鼻子)。

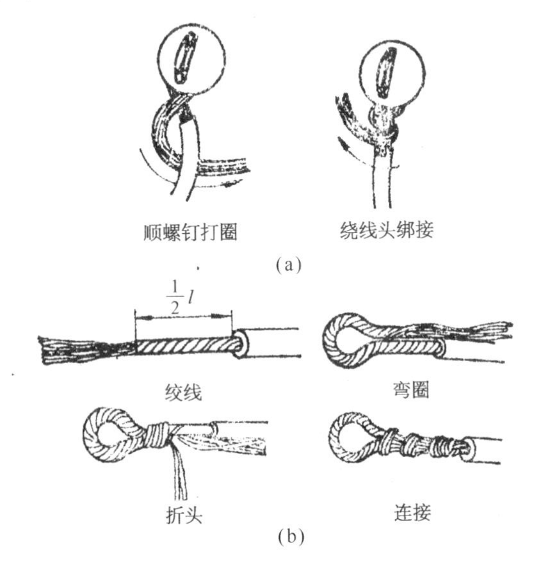

图2-25　多股线线头压接圈弯制方法

2-55　怎样进行导线线头与针孔式、瓦形接线桩的连接?

答: 导线线头与针孔式、瓦形接线桩连接法如图2-26所示,具体操作应掌握以下要点:

① 与针孔式接线桩连接时,线芯直径小于针孔的,将线头折成双股插入针孔内,也可在线头上并排绕一层导线,然后插入针孔。多股线头直径大于针孔的,可剪断几股,绞紧后插入针孔。

② 与瓦形接线桩连接时,将线头完成略大于瓦形垫圈螺钉直径的U形,螺钉穿过U形孔位后压紧连接。双线连接应注意叠放位置。

③ 当线头材质为铝芯时,由于铝在空气中极易氧化,且铝氧化膜的电

阻率较高,带电运行时会使接点过热,因此,铝线头与接线桩连接前,应用电工刀轻刮或用钢丝刷除去铝线表面的氧化膜,并涂上一层中性凡士林后,方可与接线桩连接。

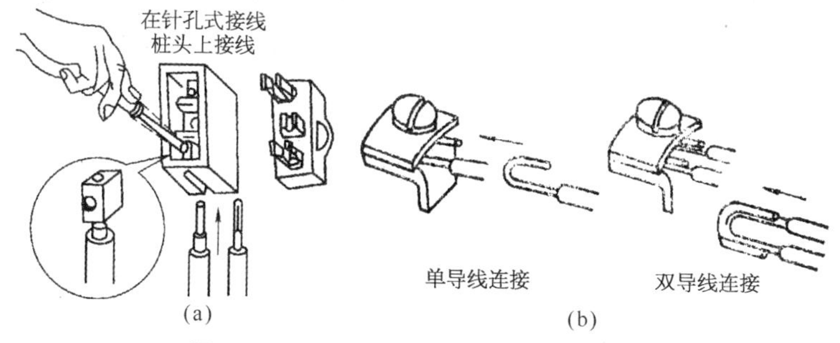

图 2－26　线头与针孔式、瓦形接线桩连接方法

(a) 与针孔式接线桩连接；(b) 与瓦形接线桩连接

2－56　什么是电气绝缘？电工绝缘材料是怎样分类的？

答: 电气绝缘是防止人体触电的基本安全措施,用绝缘材料把带电体封闭起来,实现带电体之间、带电体与其他导体之间的电气隔离,使电气设备与线路正常工作。常用的绝缘材料作用和分类如下:

(1) 绝缘材料的作用　绝缘材料是用于防止导电元件之间导电的材料,是电气工程中一种重要的功能材料。绝缘材料在电工电子应用中,不仅仅限于电绝缘性,还需要同时起到机械支撑和固定、散热冷却、灭弧等作用。

(2) 通常绝缘材料的种类

① 按材料形态分类,绝缘材料有固体、液体和气体三类。固体绝缘材料如瓷、玻璃、云母、橡胶、塑料、胶木、木材、布、纸及其复合材料;液体绝缘材料如变压器油、电容器油、电缆油等;气体绝缘材料有空气、高真空、六氟化硫等。

② 按化学性质分类,有有机绝缘材料、无机绝缘材料和混合绝缘材料。有机绝缘材料主要用于电机、电器的绕组绝缘、开关的底板和绝缘子等;无机绝缘材料大多用于制造绝缘漆、绕组线的被覆绝缘物等;混合绝缘材料用作电器的底座、外壳等。

2－57　绝缘材料有哪些主要的性能指标？选用绝缘材料应注意哪

些事项？

答：常用绝缘材料的性能指标包括绝缘强度、抗张强度、比重、膨胀系数等。

① 绝缘耐压强度：绝缘物质在电场中，当电场强度增大到某一极限值时就会被击穿，这个绝缘击穿的电场强度称为绝缘耐压强度（又称介电强度或绝缘强度），通常以1mm厚的绝缘材料所能耐受的电压千伏值表示。

② 抗张强度：绝缘材料每单位截面积能承受的拉力，例如玻璃每平方厘米截面积能承受140kg拉力。

③ 密度：绝缘材料每立方厘米体积的质量，例如硫黄每立方厘米体积的质量为2g。

④ 膨胀系数：绝缘体受热以后体积增大的程度。

⑤ 耐热等级：绝缘材料按其在正常运行条件下允许的最高温度分级称为耐热等级。耐热等级有Y（90℃）、A（105℃）、E（120℃）、B（130℃）、F（155℃）、H（180℃）、C（180℃以上）七个等级，括弧内的极限工作温度依次由低到高。

选用绝缘材料应注意的事项如下：

① 选用绝缘材料应根据电气设备运行条件和环境条件。

② 绝缘系统中各绝缘材料之间应能兼容，不出现有害的影响。

③ 有利于优化绝缘系统的电场和热场的分布。

④ 注意对环境的影响，不选用可能危害环境和人们健康的绝缘材料。

2－58 绝缘保护被破坏的常见方式有哪些？

答：电气设备和线路的绝缘保护，必须与电压等级相适应，各种指标应与使用环境和工作条件相适应。此外，为了防止电气设备的绝缘损坏，避免发生各种电气事故，还必须加强对电气设备的绝缘检查，及时消除隐患。良好的绝缘保护是保证设备和线路正常运行的必要条件，是防止触电事故发生的重要措施。电气设备或线路的绝缘必须与电压等级相配合，必须与使用环境和运行条件相适应。常见的绝缘措施被破坏的方式如下：

（1）击穿　绝缘物在强电场等因素作用下，急剧地发生破裂或分解，完全失去绝缘性能而遭破坏。绝缘被击穿后有三种状态：气体击穿后能自已恢复绝缘性能；液体击穿后能基本上恢复或一定程度地恢复绝缘性能；固体击穿后不能恢复绝缘性能。

（2）损伤　绝缘物受到外界热源、机械力、腐蚀性物质、动物、植物以及工作人员误操作等因素的作用而遭破坏。

（3）老化　绝缘物经长时间使用，受到热、电、光、氧、机械力、微生物等因素作用，发生不可逆的物理、化学变化，逐渐丧失电气性能和机械性能。

绝缘破坏可能导致触电、短路、火灾等事故。为了防止因绝缘破坏造成事故，应严格检查绝缘性能。绝缘性能主要指绝缘电阻、耐压强度、泄漏电流、介质损耗等电气性能。

2-59　怎样进行导线的绝缘恢复？

答：（1）使用压线帽　在现代的电气照明安装及电器接线工作中，可使用专用压线帽完成导线线头的绝缘恢复，通常是借助于压线钳来完成的（图2-27），注意压线帽的正确使用方法。

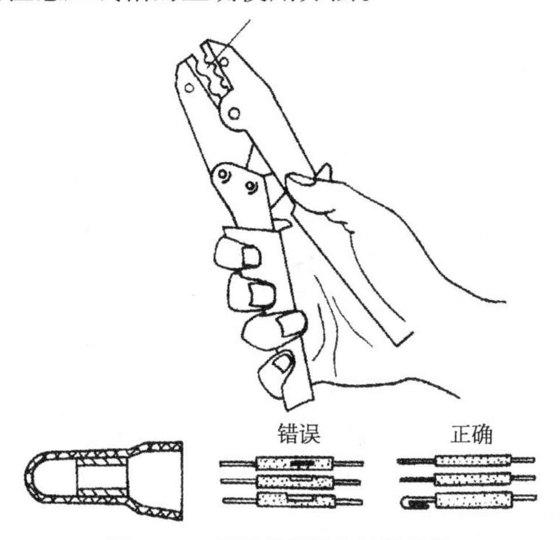

图2-27　用压线帽恢复导线绝缘

（2）使用绝缘带包缠　使用绝缘带包缠的方法如图2-28所示，导线绝缘恢复的注意事项如下：

① 在380V线路上恢复导线绝缘时，先包缠1～2层黄蜡带，然后包缠1层黑胶布。

② 在220V线路上恢复导线绝缘时，先包缠1层黄蜡带，再包缠1层黑胶布，或只包缠两层黑胶布。

③ 绝缘带存放应避免高温，也不可接触油类物质。

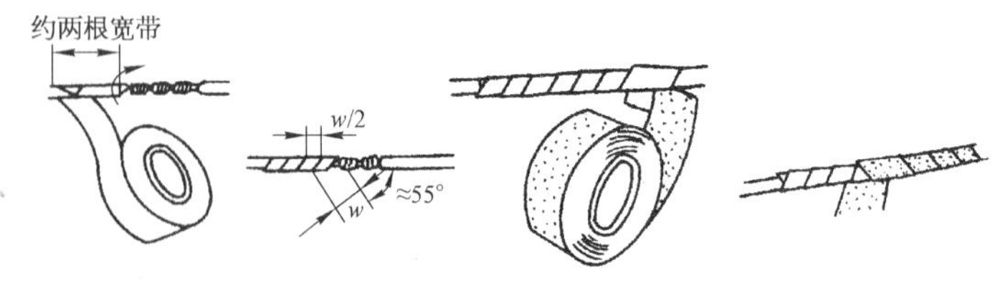

图 2－28 用绝缘带包缠恢复绝缘

2－60 什么是瓷瓶？常用瓷瓶有哪些基本类型？

（1）瓷瓶的用途 瓷瓶是对处于不同电位的电气设备和导体同时提供电气绝缘和机械支持的器件。

（2）瓷瓶的种类

① 按电压种类分有交流瓷瓶、直流瓷瓶。

② 按电压高低分有高压瓷瓶（$U_r > 1kV$）；低压瓷瓶（$U_r \leq 1kV$）；

③ 按主绝缘材料分有瓷瓷瓶、玻璃瓷瓶、有机材料瓷瓶和复合材料瓷瓶。

④ 按击穿可能性分有不可击穿型（A 型）和可击穿型（B 型）（图 2－29）。

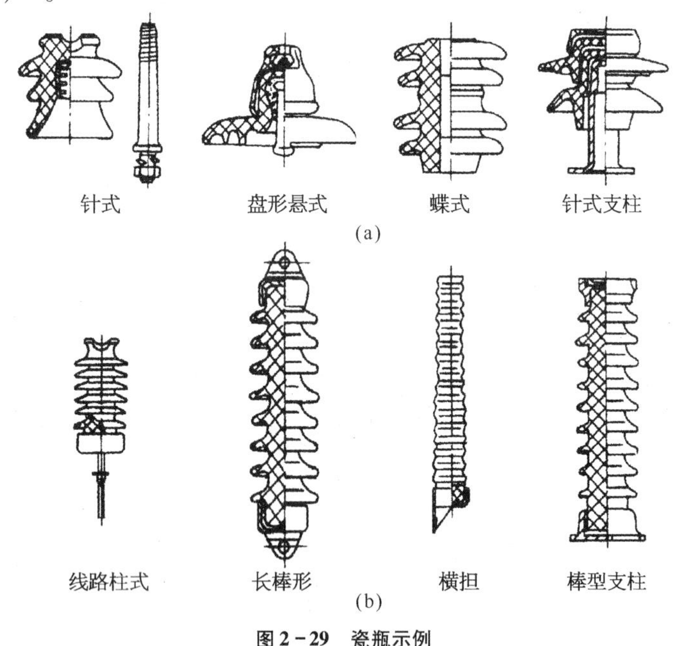

图 2－29 瓷瓶示例

（a）A 型瓷瓶；（b）B 型瓷瓶

2-61 常用瓷瓶有哪些基本特点和性能要求?

答:(1) 常用瓷瓶的特点

① 瓷瓷瓶:电气和力学性能、化学稳定性和耐候性好,原材料丰富、价廉,应用广。

② 玻璃瓷瓶:生产周期短,瓷瓶损坏时易于发现,常用于制造结构较简单、尺寸较小的瓷瓶。

③ 有机材料瓷瓶:主要是环氧浇注瓷瓶,用于制造形状复杂、尺寸小、电场高、耐 SF_6分解产物的瓷瓶。

④ 复合材料瓷瓶:主要用环氧/聚酯引拔棒芯和硅橡胶裙边制作,用于超高电压线路。

(2) 瓷瓶的工作状态和性能、可靠性要求　瓷瓶在运行中常受到电、机械、热和环境因素的长期反复作用,例如:

① 电气负载有工作电压和各种过电压,产生各种放电、离子迁移、介质损耗、电和热破坏;

② 机械负载有导体、绝缘体、覆冰等的重力、导线张力和风力等;

③ 热负载有环境的高低温(-40~40℃)和温变作用,部件通过电流时的热效应等;

④ 其他环境因素有阳光、臭氧和其他有害气体、各种降水过程和沉降物引起的污秽作用等。

因此,运行条件对瓷瓶提出了各种性能和可靠性(寿命)要求。

第三章　动力、照明和控制电路的安装

3－1　怎样在木结构上固定瓷瓶?

答: 在木结构上用木螺钉紧固电气元件或线路瓷瓶,是电工最基本的操作技能之一,如果掌握不好,不是损坏电气元件,就是安装不牢固,给日后电气装置留下隐患。

电工必须掌握在各个方向都能将木螺钉垂直旋进木结构,并使安装件紧固的操作方法。

使用木螺钉时,应根据紧固件安装孔的深度、直径大小、紧固件的重量及木结构安装面的材质选用木螺钉。固定瓷夹或瓷瓶时,木螺钉的长度一般为瓷夹或瓷瓶高度的1.5～2倍,木质较硬时可稍短些。常用木螺钉的规格见表3－1。

表3－1　木螺钉的规格表　(mm)

木螺钉号码	公称直径	螺杆直径	螺杆长度	螺杆长度(in)*
7	3.5	3.81	12～51	$\frac{1}{2}$～2
8	4	4.31	18～64	$\frac{5}{8}$～$2\frac{1}{2}$
9	4.5	4.52	19～64	$\frac{3}{4}$～$2\frac{1}{2}$
10	5	4.88	25～77	1～3
12	5	5.59	25～100	1～4
14	6	6.30	31～100	$1\frac{1}{4}$～4
16	6	7.01	38～100	$1\frac{1}{2}$～4
18	3	7.72	38～100	$1\frac{1}{2}$～4
20	8	8.43	51～100	2～4
24	10	9.86	51～100	2～4

注: * 1in＝25.4mm。

3-2　怎样安装架空线路瓷瓶和其他电气元件？

答：架空线路是供电线路的主要形式，发生故障维修比较方便。在架空线路的维修安装中，经常涉及瓷瓶及其他相关电气元件的安装。图3-1所示为瓷瓶与相关电气元件的安装方法示例。

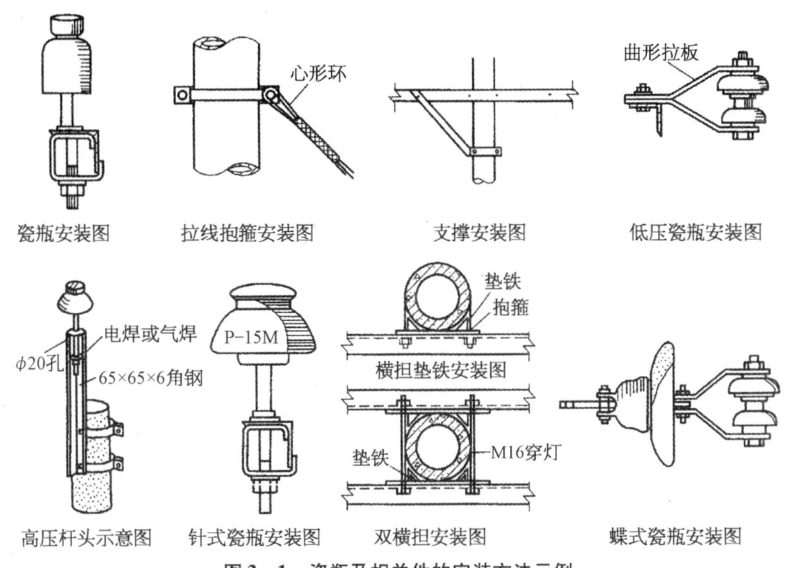

图3-1　瓷瓶及相关件的安装方法示例

3-3　导线与瓷瓶有哪些基本绑扎方法？

答：导线与瓷柱、蝶式瓷瓶绑扎的方法，应根据工作和环境条件、导线的材质、瓷柱与蝶式瓷瓶的结构而定。例如瓷柱配线施工中，应注意以下基本要点：

① 导线拉紧后，要用铜线或镀锌铁线把导线绑扎到每个瓷柱上。为了避免绑线损伤导线绝缘层，应在绑扎导线的地方用橡胶布带缠上两层。

② 导线绑扎有直线段导线绑扎和始终端导线绑扎两种方式。绑扎裸铝绞线时，为防止碰伤导线，在导线绑扎处缠绕两层薄铝带作保护。铝带应缠得紧密无缝。

③ 在瓷柱配线施工中，同一回路中不论是直线段导线绑扎，还是始终端导线绑扎，所用的绑线应是同一规格型号。选用绑线时，其材质应与被绑导线的材质相同，避免铜铝相绑，以防电化。绑线直径一般以3mm为

宜。被绑导线截面积在 50mm²及以下时，绑线直径可减小到 2mm。

④ 室内动力或照明绝缘导线的绑扎。绑扎时，可采用单绑法和双绑法。芯线截面积在 6mm²及以下时，采用单绑法；芯线截面积在 10mm²及以上时，采用双绑法；导线终端绑扎，应注意绑扎公圈数和单圈数与导线截面积的关系。

3－4 怎样进行直导线与瓷瓶的绑扎作业？

答：直线段导线与瓷瓶的绑扎方法可分为单绑法和双绑法两种。

（1）单绑法 适用线路导线截面积在 6mm²以下，其具体操作方法如图 3－2a 所示。

（2）双绑法 适用线路导线截面积在 10mm²及以上，具体操作方法如图 3－2b 所示。

（3）始终端导线的绑扎操作方法 如图 3－2c 所示，当导线截面积为 1.5～2.5mm²时，公圈数为 8 圈，单圈数为 5 圈，若导线截面积为 4～25mm²时，公圈数为 12 圈，单圈数为 5 圈。

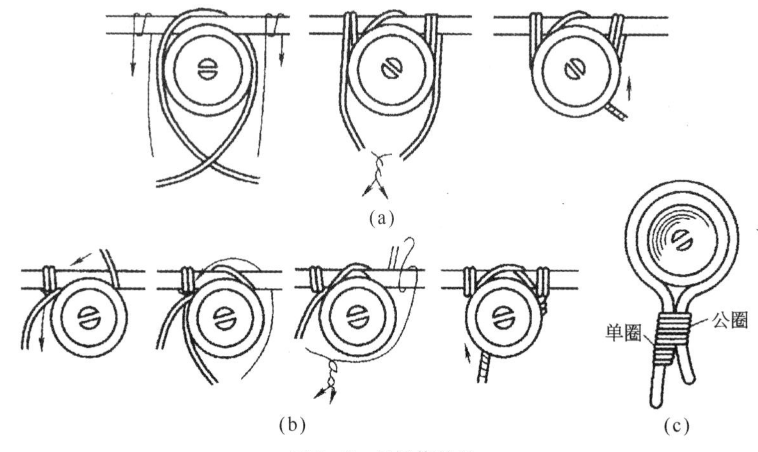

图 3－2 导线绑扎法

（a）直线段单绑法；（b）直线段双绑法；（c）始终端绑扎法

3－5 怎样进行导线在蝶式瓷瓶上的直线支持点的绑扎作业？

答：导线在蝶式瓷瓶上直线支持点的绑扎作业应掌握以下要点：

① 把拉紧的电线紧贴在蝶式瓷瓶嵌线槽内，把绑扎线一端留出足够在嵌线槽中绕一圈和在导线上绕 10 圈的长度，并使绑扎线和导线成 X 状

相交(图 3－3a)。

② 把盘成圈状的绑扎线,从导线右边下方绕嵌线槽背后缠至导线左边下方,并压住原绑扎线和导线,然后绕至导线右边,再从导线右边上方围绕至导线左边下方(图 3－3b)。

③ 在贴近瓷瓶处开始,把绑扎线紧缠在导线上,缠满 10 圈后剪除余端(图 3－3c)。

④ 把绑扎线的另一端围绕到导线右边下方,也要从贴近瓷瓶处开始,紧缠在导线上缠满 10 圈后剪除余端(图 3－3d)。

⑤ 绑扎完毕如图 3－3e 所示。

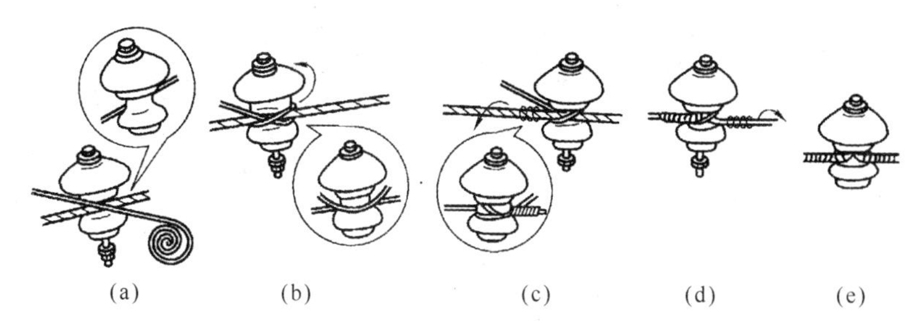

图 3－3　蝶式瓷瓶的直线支点绑扎法

3－6　怎样进行导线在蝶式瓷瓶上的始终点的绑扎作业?

答: 蝶式瓷瓶始、终端支点的绑扎应掌握以下作业要点:

① 把导线末端在瓷瓶嵌线槽内围绕一圈(图 3－4a)。

② 把导线末端压住第一圈后再围绕第二圈(图 3－4b)。

③ 把绑扎线短端嵌入两导线并合处的凹缝中,绑扎线长端在贴近瓷瓶处按顺时针方向把两导线紧紧地缠扎在一起(图 3－4c)。

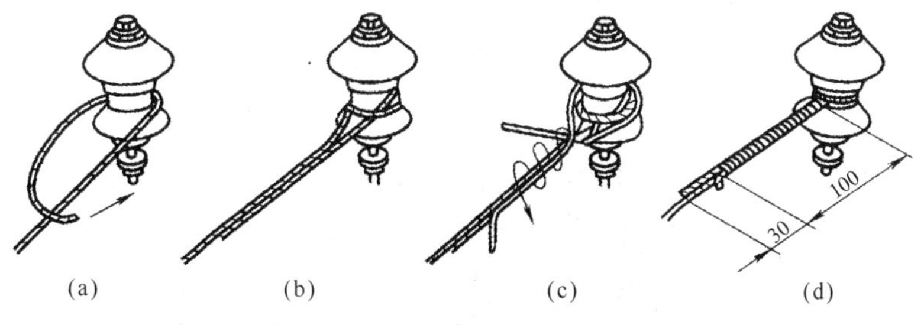

图 3－4　蝶式瓷瓶始终端支点的绑扎法

3－7　怎样进行导线在针式瓷瓶上的绑扎作业？

答：导线在针式瓷瓶上的绑扎作业应掌握以下要点：

① 在导线绑扎处包缠 150mm 长的铝箔带（图 3－5a）。

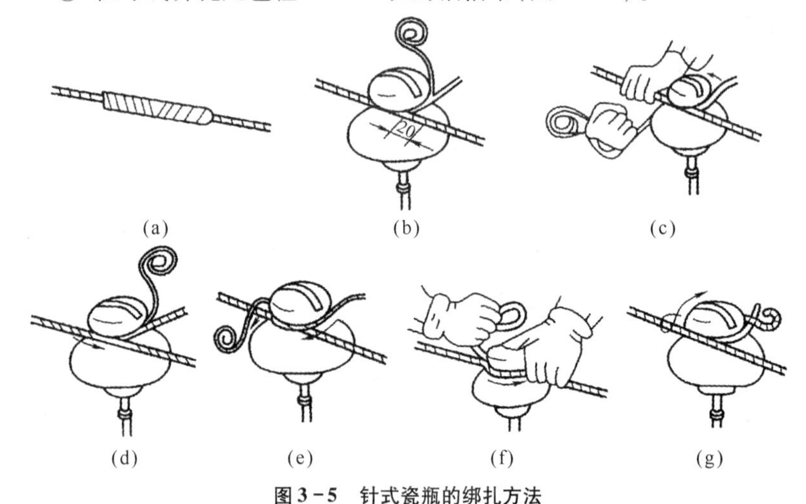

图 3－5　针式瓷瓶的绑扎方法

② 把扎线短的一端在贴近瓷瓶处的导线右边缠绕 3 圈，然后与另一端扎线互绞 6 圈，并把导线嵌入瓷瓶颈部嵌线槽内（图 3－5b）。

③ 把扎线从瓷瓶背后紧紧地绕到导线的左下方（图 3－5c）。

④ 把扎线从导线的左下方围绕到导线右上方，并如同上法再把扎线绕瓷瓶 1 圈（图 3－5d）。

⑤ 把扎线再围绕到导线左上方（图 3－5e）。

⑥ 将扎线绕到导线右下方，使扎线在导线上形成 X 形的交绑状（图 3－5f）。

⑦ 把扎线围绕到导线左下方，并贴近瓷瓶处紧缠导线 3 圈后，向瓷瓶背部绕去，与另一端扎线紧绞 6 圈后，剪去余端（图 3－5g）。

3－8　墙上凿孔和安装紧固件常用哪些工具？怎样进行凿孔作业？

答：室内配线常需要在室内外砖墙，混凝土墙或水泥预制件上凿孔并埋设紧固件，为电气线路及其装置的安装或固定建立支持点。

常用打孔工具选用与打孔方法如下：

（1）墙孔凿　墙孔凿是手工打墙孔的简易工具。各种墙孔凿的打孔方法及选用原则分别介绍如下。

① 圆榫凿如图 3-6a 所示，又称麻线凿或鼻冲，用来凿打混凝土墙的榫孔。常用规格以直径分有 6mm、8mm 和 10mm 三种。操作时要不断转动凿身，并频繁拔出墙面排屑。

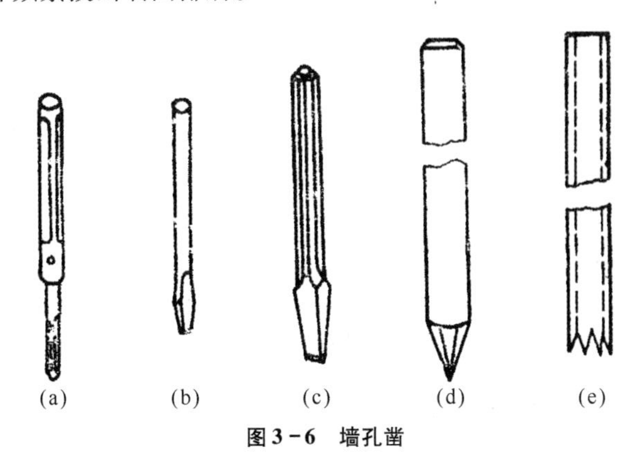

图 3-6　墙孔凿

② 小扁凿如图 3-6b 所示，用来凿打砖墙方形榫孔，适于电工用的凿口宽度为 12mm。使用时要频繁拔出凿子排屑，并随时观察墙孔打得是否符合要求。

③ 大扁凿如图 3-6c 所示，用来凿打较大、较深的角钢支架和撑脚等埋设孔，凿子宽一般为 16mm，使用方法与小扁凿相同。

④ 长凿用来打线路穿墙孔。图 3-6d 所示的凿子由中碳圆钢制成，用来打混凝土墙通孔，由无缝钢管制成的凿子，用来打砖墙通孔。錾子直径有 19mm、25mm 和 30mm 三种，长度通常有 300mm、400mm 和 500mm 多种，使用时应不断旋转排屑。

(2) 冲击钻　冲击钻是手提式电动打孔工具。使用时把调节开关拨到"钻"位，可作为普通手电钻使用；把调节开关拨到"锤"位，可用来冲打砖墙或混凝土墙孔。冲孔直径一般为 6~16mm。有的冲击钻还可以调节转速。在对锤或钻调速或调档时，均应停转后方可进行。冲孔时钻头应与墙面保持垂直，并尽量做到不要上下左右晃动。

(3) 电锤　电锤是一种专用的墙孔冲打工具(图 1-19)。电锤的工作原理是通过活塞的往复运动，利用气压来形成冲击，具有较大的冲击力，一般用于大直径的墙孔或是穿墙孔的冲打，不适用于小墙孔的冲打。使用电锤可提高工作效率，但冲击力和后坐力较大，使用电锤冲打墙孔时，要做好防护工作，最好有专人在一旁防护，以免发生意外。

3-9 怎样打穿墙孔、埋设穿墙套管?

答: 当电气线路需穿越墙壁或楼板时,要打穿墙孔,并在孔中埋设保护线路用的穿墙套管。穿墙孔径应与穿墙套管的管径相适应,当快打穿通的墙孔时应轻敲慢打,以防另一面墙大块脱落损坏墙壁。对户内、外间的穿墙孔,其户外一侧应略倾向地面。穿墙埋好穿墙套管后,用水泥砂浆浇封固定。

3-10 怎样打支架埋设孔与埋设支架?

答: 当鼓形瓷瓶线路需要角钢支架支撑时,要在墙上凿打支架埋脚固定孔,孔深一般为 100 ~ 150mm,孔径大小以能放入支架埋脚为宜。为了使支架能承受足够的拉力,支架埋脚应破开转脚(图 3-7)。支架埋脚进入孔内以后,埋脚四周必须紧嵌石块或砖块加固,空隙间水泥砂浆充分填满,待其完全凝固后方可架线。

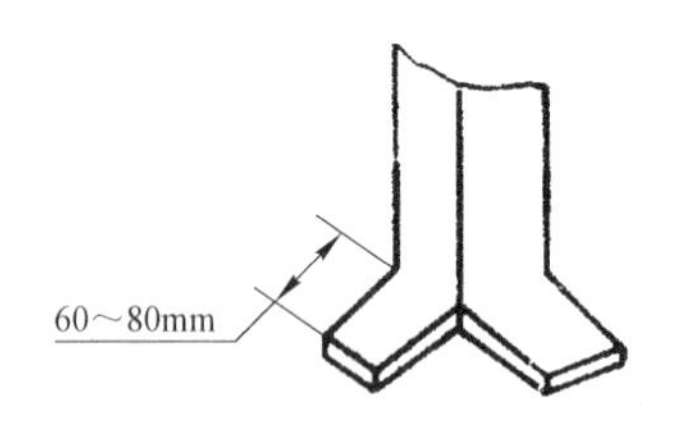

图 3-7 支架埋脚加固方法

3-11 怎样打榫孔与安装木榫或胀管?

答: 电气线路及其装置需用木榫或胀管来固定时,要先在墙上凿打榫孔,然后进行木榫或套管安装。

① 打榫孔及安装木榫。榫孔的深度一般为 20mm 左右,榫孔大小:对于方孔其边长取 12mm 左右为宜,对于圆孔其孔径取 8 ~ 10mm 即可。如果是靠手工凿打榫孔,宜在安装现场根据榫孔的实际大小配制木榫,木榫通常用干燥的细皮松木制成,其结构如图 3-8a 所示。木榫孔的凿打及木榫的安装如图 3-8b、c 所示。

② 安装胀管。胀管有塑料胀管和金属胀管两种。安装胀管前,先在划定位置钻孔,孔的大小应与胀管粗细相同,孔的深度应略长于胀管长度。塑料胀管的安装如图 3-9a 所示;金属胀管一般用来固定比较笨重的铁壳开关或配电箱支架,其安装方法如图 3-9b 所示。

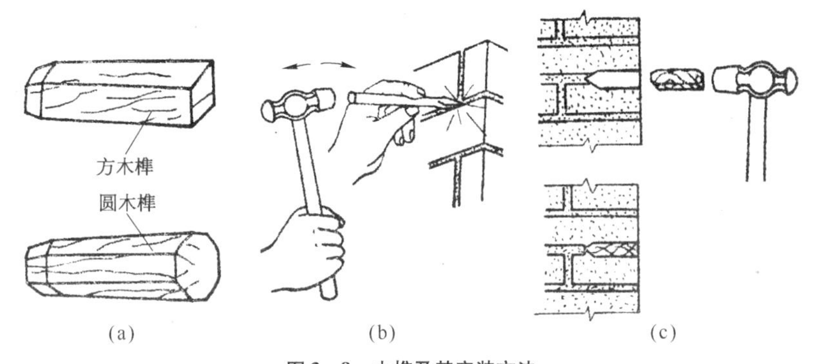

图 3-8　木榫及其安装方法

（a）木榫及其制作；（b）凿木榫孔；（c）木榫安装

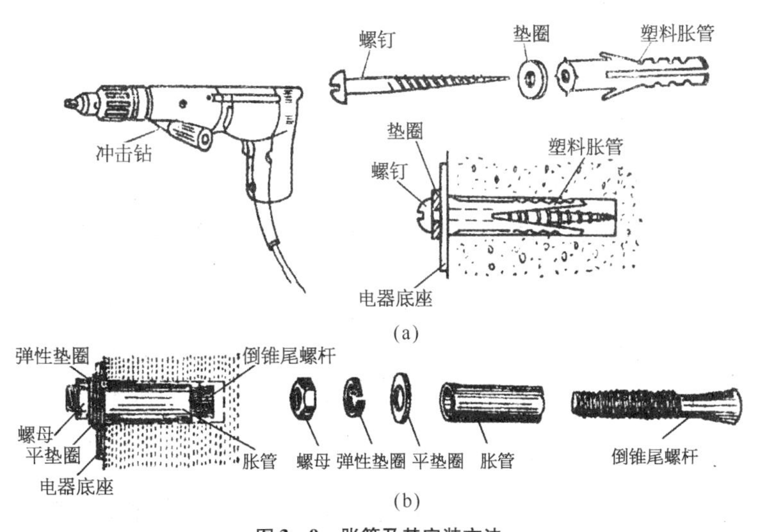

图 3-9　胀管及其安装方法

（a）塑料胀管及其安装；（b）金属胀管及其安装

3-12　怎样用梯子进行登高作业？

答：（1）登高梯子　电工常用的梯子有直梯和人字梯两种，图 1-10a 所示梯子通常用于户外登高作业，图 1-10b 所示梯子通常用于户内登高作业。

（2）使用要点

① 直梯两脚各绑扎胶皮之类防滑材料，人字梯应在中间绑扎两道防自动滑开的安全绳。在光滑坚硬的地面上使用梯子时，梯脚应加胶套或胶垫。在泥土地面上使用时，梯脚最好加铁尖。

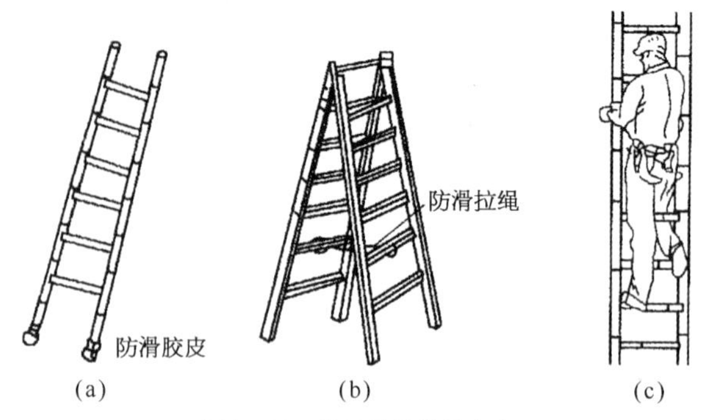

图 3-10　梯子及其使用方法

（a）直梯；（b）人字梯；（c）梯子登高作业站立姿势

② 使用时为避免靠梯翻倒，其梯脚与墙之间距离不得小于梯长的1/4。为了避免滑落，其间距离不得大于梯长的1/2。直梯靠在墙上的角度（竹梯与地面之间的夹角）应在66°～75°。

③ 电工在梯上作业时，为了扩大人体作业的活动幅度，不致因用力过猛而站立不稳，必须按图1－10c所示方法站立。登在人字梯上操作时，切不可骑马或站立，以防人字梯两脚自动滑开时造成严重工伤事故。骑马站立姿势在操作时也极不灵活。

④ 在梯子上作业时，梯顶一般不低于作业人员的腰部，或作业人员站在距梯顶不小于1m的横挡上作业。切忌站在梯子的最高处或上面一、二级横挡上作业，以防朝后仰面摔下。

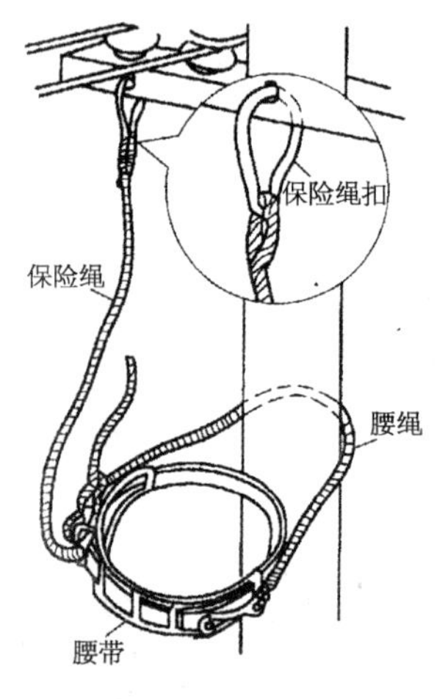

图 3-11　保险绳和保险扣的使用方法

3－13　登高作业应使用哪些必备物品？

答：（1）腰带、保险绳和腰绳及其使用

腰带、保险绳和腰绳是电杆登高操作必备用品。腰带用来系挂保险绳、腰绳和吊物绳。使用时应系结在臀部上，而不是系在腰间，否则操作时既不灵活又容易扭伤腰部。保险绳用来防止万一失足人体下落时坠地摔伤。使用时，一端可靠地系结在腰带上；另一端用保险钩挂在牢固的横担或抱箍上，防止腰绳窜出电杆顶端，造成工伤事故。其使用方法如图3－11所示。

(2) 电工工具夹　电工工具夹是户内外登高操作时的必备用品，用来插装活扳手、钢丝钳、螺钉旋具和电工刀等工具。有插装一件、三件和五件工具的各种规格，电工工件夹用皮带系在腰间使用。

3-14　室内配线有哪些基本要求和方式?

答: 室内配线的基本方式和要求如下:

(1) 配线的基本方式　根据配线环境条件的不同，室内配线有明配和暗配两种基本方式。导线沿建筑物表面敷设称明配线，导线敷设在顶棚内等看不见的地方或用电线管埋设在墙或地坪内称暗配线。室内线路常用的配线方式有塑料护套线配线、线管配线、线槽配线和桥架配线等。选择配线方式时，应根据室内环境的特征和安全要求等因素决定。如图3-12所示为塑料护套线配线示意图。

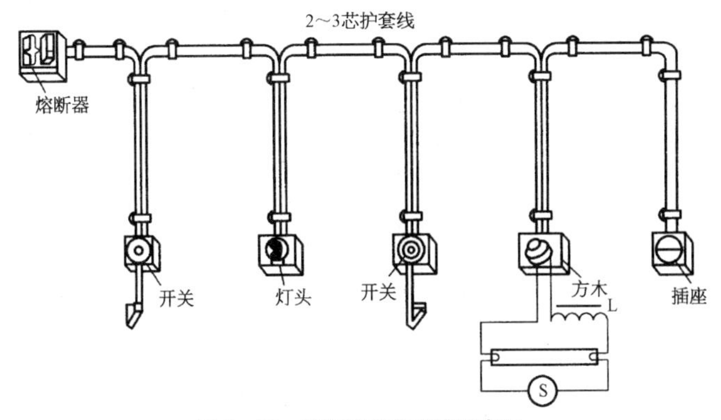

图3-12　塑料护套线配线示意图

(2) 配线的基本要求　线路布置应经济合理、整齐美观，要保证安装质量，使电能传送安全可靠。

3-15　怎样进行室内配线作业?

答: 室内配线作业的基本步骤和方法如下:

(1) 配线准备

① 组织准备:根据线路敷设方法及线路和设施的固定要求，制定出具体施工方案、人员的配备和分工，并制定出临时用电安全措施。

② 材料及器材准备:根据工程施工图及其技术要求，提出材料、器材和施工设备清单。

③ 现场勘查:按工程施工图及其技术要求进行现场勘查,首先确定线路上的用电器具或设施的安装位置和线路敷设路径。要求线路尽可能的沿房屋线脚、墙角、横梁等处敷设,搞清线路明配、暗配的部位,并确定线路穿越墙壁和楼板的位置。

(2) 划线定位　可采用粉线袋弹出线路法划线或采用有刻度尺寸的直尺来划线。划线时,应与建筑物的线条平行或垂直,并与用电器具或设施的进线口对齐;线路穿过用电器具或设施的中心点时应画个"×"号;然后确定出线路起始、转角、分支和终端的固定位置;最后确定出线路直线段中间的固定位置。如果室内已粉刷,划线时应注意不要弄脏建筑物表面。

(3) 凿眼　当线路或设施在砖或混凝土等建筑面上,需要埋设穿墙套管或需要用角钢支架、木榫或胀管等固定时,应在固定点标定位置凿眼,凿眼方法及其工具的选用参见前述有关内容。

(4) 安装紧固件　根据线路和设施选定的固定方式,在各固定支持点装设绝缘支持物或在凿好的孔眼中埋设紧固件。

(5) 敷设导线　根据线路的敷设方式和技术要求敷设导线。

3-16　怎样进行室内配线作业的绝缘检查?

答: 当某一区域的照明线路和照明器具都已安装、接线完毕后,首先应进行线路的绝缘检查,线路的绝缘检查可在照明配电箱内进行。检查前,切断电源总开关,取出各分路熔断器的熔丝,摘除线路上所有的灯泡(管),用500V兆欧表检测各分路线间绝缘和线路对地绝缘。检查线间绝缘时,兆欧表两表笔应分别触及分路熔断器的电源出线(即负载)接线桩上,检测线路对地绝缘时,兆欧表的一支表笔固定接在接零(或接地)保护线上,另一支表笔触及在分路熔断器的电源出线接线桩上。一般线路绝缘电阻应不低于0.22MΩ,穿入钢管的线路不低于0.5MΩ。

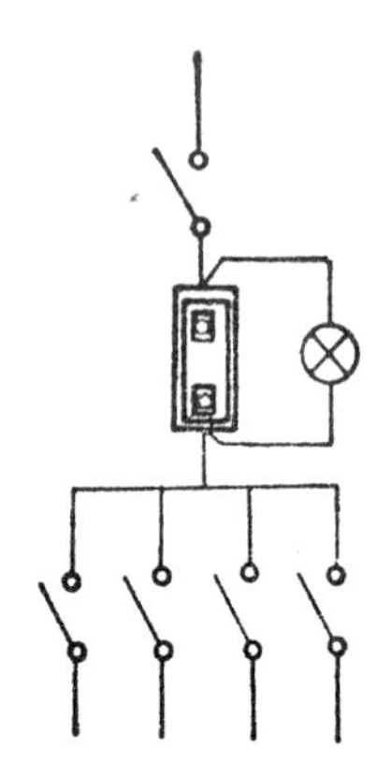

图3-13　室内照明线路竣工后的通电检查示意图

3-17　怎样进行室内配线作业的通电检查和试验?

答: 室内照明线在安装完毕试送电之前,须用校验灯跨接在总熔丝座两端,对线路进行通电检查(图3-13),以检验线路有无接错,防止通电时发生损毁灯具和附件的事故。检查方法和步骤如下：

① 断开总开关及各分路开关。

② 取下总熔丝盖(即取下总熔丝)。

③ 将校验灯(220V,100W以上)跨接在总熔丝座电源进、出线端。

④ 合上总开关,如线路正常,校验灯应不亮。

⑤ 逐一合上分路开关。每合上一路都要观察校验灯的亮度。正常情况是合上第一路时,校验灯不亮或微红,每多合上一路,亮度就应有所增加,直至合上所有分路开关时,校验灯亦不能达到正常亮度。但当合上某一路开关时,校验灯突然达到正常亮度,则说明该分路有短路故障,应及时排除后继续检查。若校验灯超过正常亮度,则应马上断电,这是两根相线短路的象征。

⑥ 线路经检查正常后,拆下校验灯,插上总熔丝盖,便可进行试送电。

3-18 瓷夹、瓷瓶配线有哪些应用特点？有哪些作业要点？

答： 1）瓷夹、瓷瓶配线的特点和应用

瓷夹、瓷瓶配线适用于干燥场所,是一种传统的配线方式。导线截面积在10mm²及以下时,可采用瓷夹配线,导线截面积在25mm²及以下时,应采用瓷瓶配线。

2）瓷夹、瓷瓶配线的作业要点

（1）瓷夹和瓷瓶的固定

① 用木螺钉固定。在木结构(包括木榫)上,可直接用木螺钉固定瓷夹和瓷瓶。

② 用胀管固定。首先安装好胀管,然后卸下螺钉或螺母,将瓷夹或瓷瓶固定在胀管上。

③ 用黏接剂固定。在配线的建筑物面上(包括钢结构),瓷夹和瓷瓶可采用环氧树脂来黏接固定。黏接前应清除建筑物黏接面上的油污、铁锈或粉尘,然后在瓷夹或瓷瓶底部均匀地涂上一层黏接剂,黏接时用手边压边转动,使其与黏接面保持良好的接触,黏接好后养护1~2d,便可敷线。环氧树脂黏接剂一次调制不要过多,以防黏接剂凝固而造成浪费。

④ 用角钢支架固定。角钢支架仅适用于瓷瓶配线,一般照明或动力母线的瓷瓶多采用角钢支架来固定。

（2）敷线

① 敷线前,必须把成卷的导线放开(称为放线),并调直,然后方可敷

线。放线时，严禁使导线产生急弯或拧绞打结。

② 线路上有交叉敷设时，放完线应套入绝缘套管，以便在线路交叉或分支处与相交导线进行绝缘隔离。

③ 导线在瓷夹或瓷瓶上固定时要拉紧，线路与线路之间或线路及建筑物线条之间要求横平竖直。

④ 敷线时，应先将导线的一端固定。如果导线弯曲，应调直。然后将导线的另一端固定，最后把两端之间的中间导线固定。

⑤ 若需要导线穿越墙壁或楼板时，应事先将导线穿入穿墙套管或穿楼板的钢管，并固定后方可紧固其他支承点。

⑥ 导线穿钢管时，钢管两端必须安放橡胶护线圈，以防割破导线绝缘层。

⑦ 瓷夹线路的转弯、转角、分支、交叉、进入槽板或电线管和木台的做法如图 3－14 所示；穿越墙壁的做法如图 3－15 所示。

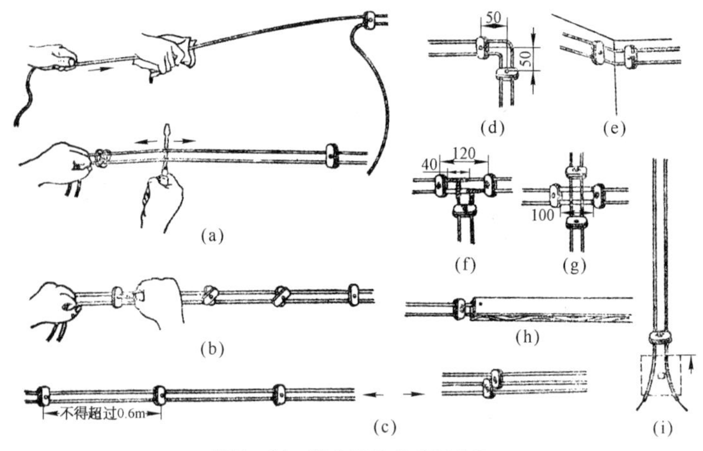

图 3－14　瓷夹线路的敷设方法

（a）导线勒直；（b）瓷夹旋紧；（c）直线敷设；（d）转角敷设；（e）拐角敷设；（f）分支敷设；（g）交叉敷设；（h）进线槽敷设；（i）进木台敷设

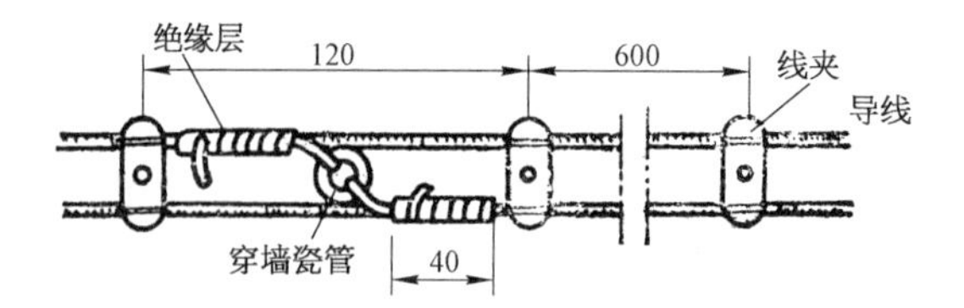

图 3－15　瓷夹线路穿越墙壁的方法

⑧ 瓷瓶线路的分支、转弯、交叉、进入插座和穿墙做法如图 3－16 所示。在瓷瓶上绑扎平行导线时，应绑扎在瓷瓶的同侧或外侧（图3－17）。

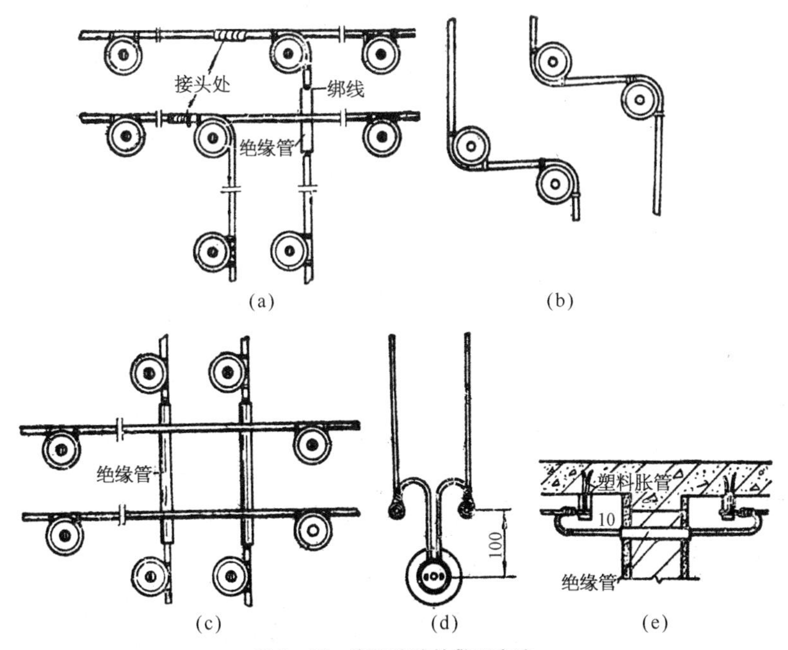

图 3－16　瓷瓶线路的敷设方法

（a）分支敷设；（b）转弯敷设；（c）交叉敷设；
（d）进插座敷设；（e）穿墙敷设

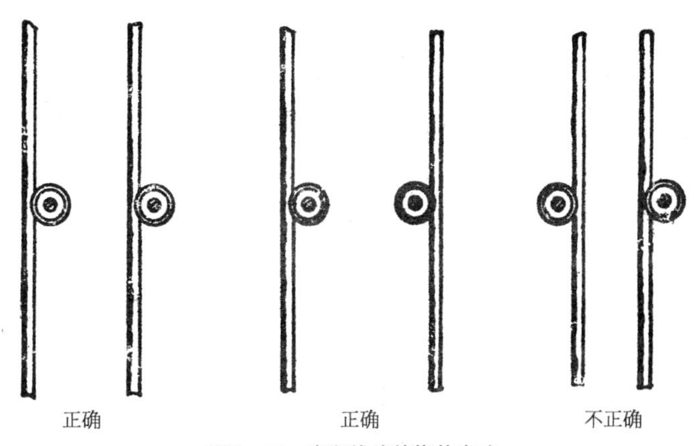

图 3－17　瓷瓶线路的绑扎方法

3－19 桥架配线有哪些应用特点？桥架有哪些结构形式？

答：（1）桥架配线的特点和应用　桥架配线由于其零部件标准化、通用化，架空安装及维修较方便，因此广泛应用于工业电气设备、厂房照明及动力、智能化建筑的自控系统等场所。

（2）桥架的结构形式　桥架由1.5mm厚的轻型钢板冲压成形，并进行镀锌或喷塑处理。桥架的规格型号种类繁多，但结构大致相同。桥架上面配盖，并配有托盘、托臂、二通、三通、四通弯头、立柱、变径连接头等辅件（图3－18）。

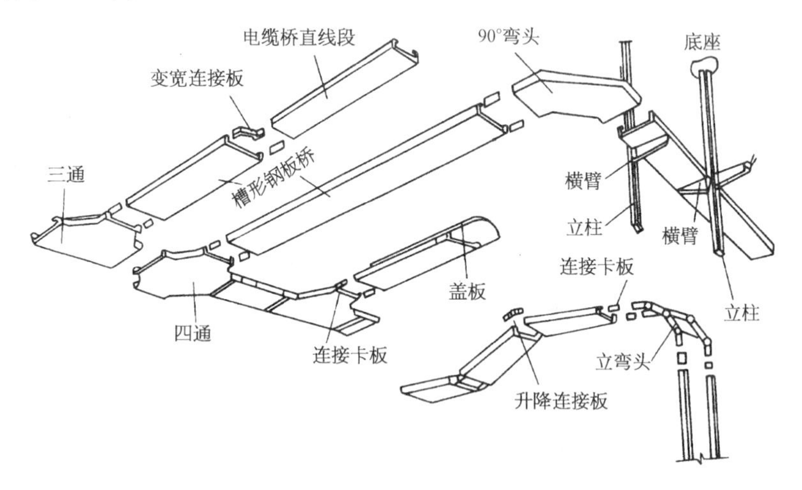

图3－18　桥架的基本构件

3－20 桥架配线有哪些安装形式？

答：桥架配线的安装形式　桥架配线的安装形式很多，主要有悬空安装、沿墙或柱安装、地坪支架安装等几种。图3－19所示为桥架配线的组合安装形式。

3－21 线管配线有哪些应用特点？线管配线有哪些基本要求和方法？

答：1）线管配线的特点与应用

线管配线有耐潮、耐腐、导线不易受机械损伤等优点，适用于室内外照明和动力线路的配线。所用管材有钢管和塑料管两种，安装形式有明装和暗装。暗装通常需要在土建时预埋好线管和接线盒。

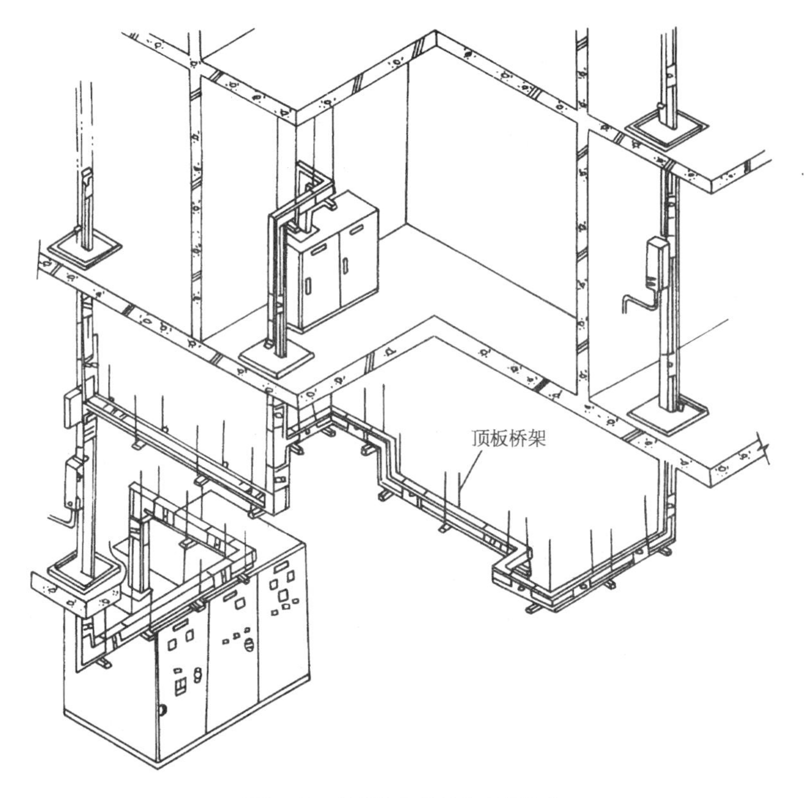

图 3－19　桥架配线的组合安装形式

2）线管配线的基本要求和方法

线管明装时要求横平竖直、管路短、弯头少。暗装时，首先要确定好线管进入设备器具盒（箱）的位置，计算好管路敷设长度，再进行配管施工。在配合土建施工中将管与盒（箱）按已确定的安装位置连接起来，并在管与管、盒（箱）的连接处，焊上接地跨接线，使金属外壳连成一体（图 3－20）。

3－22　怎样进行线管的连接？

答：（1）钢管与钢管的连接　钢管与钢管之间的连接，无论是明装管还是暗装管，最好采用管箍连接（图 3－21）。管口毛刺必须清除干净，避免损伤导线。为了保证管接口的严密性，管子的丝扣部分，应顺螺纹方向缠上麻丝，再用管钳拧紧。

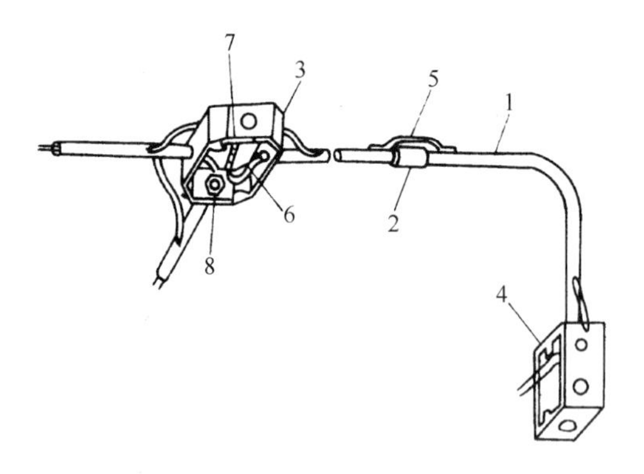

图 3-20　线管暗装的示意图

1—线管；2—管箍；3—灯位盒；4—开关盒；5—跨接接地线；6—导线；7—接地导线；8—锁紧螺母

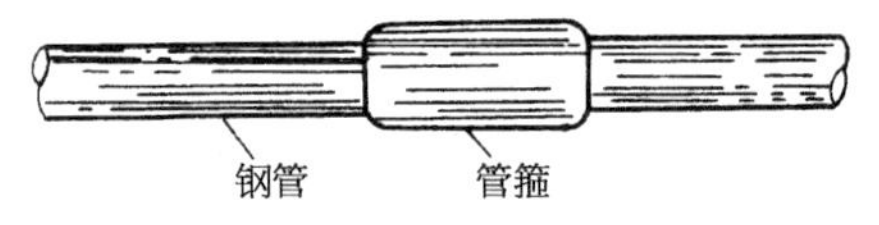

图 3-21　用管箍连接钢管

(2) 钢管与接线盒的连接　钢管的端部与各种接线盒连接时,应在接线盒内各加一个薄形螺母(或锁紧螺母)(图 3-22)。

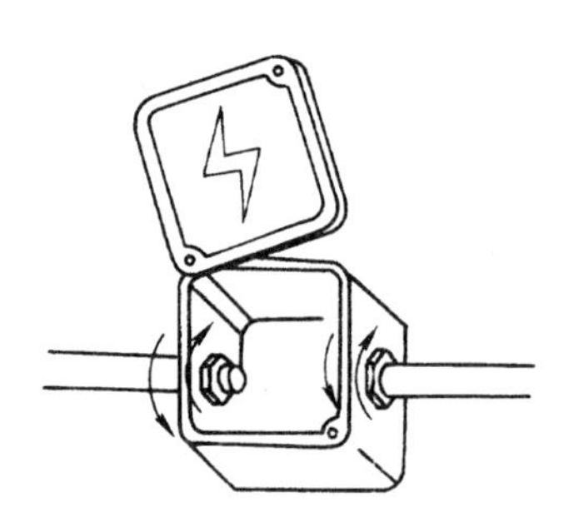

图 3-22　线管与接线盒的连接

(3) 硬塑料管的连接　直径 50mm 及以下的塑料管可用直接加热后进行连接的方法。连接前先将管口倒角,然后用喷灯、电炉等热源对插接段加热软化后,趁热插入外管并迅速冷却(图 3-23)。也可采用套管连接法,将两根塑料管在接头处加专用套管完成(图 3-24)。

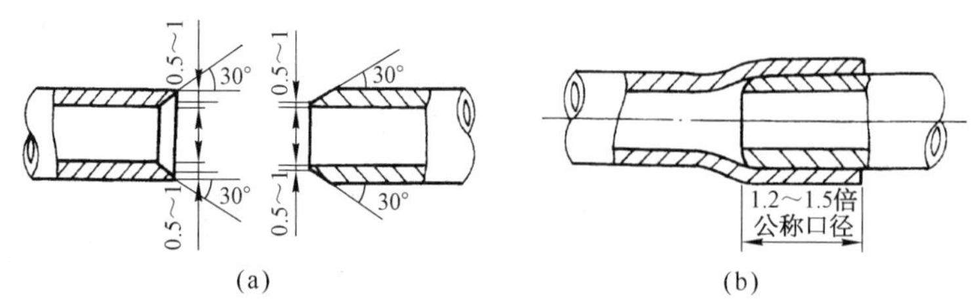

图3-23　塑料管的直接加热连接方法

(a) 管口倒角；(b) 插入连接

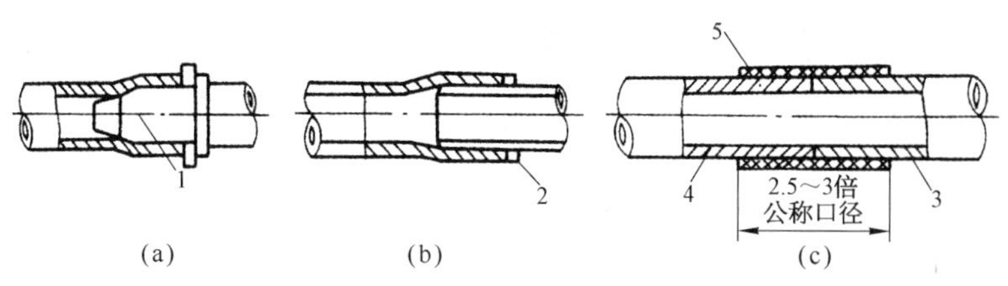

图3-24　塑料管的套管连接方法

(a) 胀管插接；(b) 接管焊接；(c) 套管连接

1—成型模；2—焊缝；3、4—接管；5—套管

3-23　怎样进行线管的弯管和固定作业?

答: ① 钢管的弯曲通常用专用的弯管器。常用弯管器有简易管弯器及液压弯管器。其中液压弯管器需根据不同管径配用成型的模具,使用非常方便。需要注意的是,薄壁管在弯曲时管内要灌沙;有缝管弯曲时应将焊缝放在弯曲的侧面中心层位置。

② 线管的固定方法。

(a) 线管明线敷设时应采用管卡支持,在线管进入开关、灯座、插座和接线盒孔前300mm处和线管弯头两边,都需要用管卡加以固定(图3-25)。

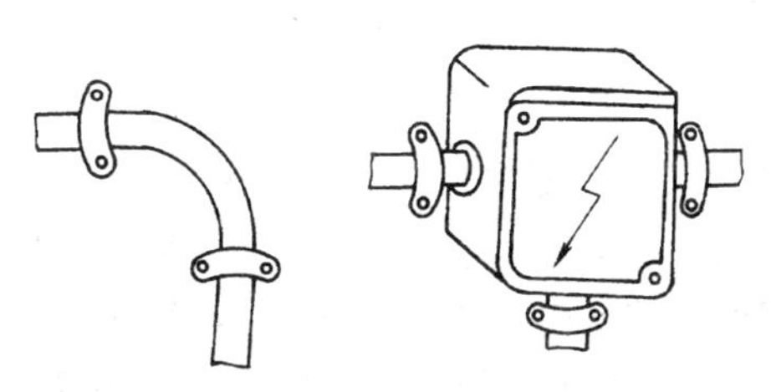

图3-25　线管用管卡固定的方法

(b) 线管在墙内暗线敷设时,一般在土建砌砖时预埋,否则应在砖墙上留槽或开槽,然后在砖缝内打入木榫并用铁钉固定。

3－24 怎样进行线管配线的扫管和穿线作业?

答: ① 穿线前先清扫线管,用压缩空气或在钢丝上绑擦布,将管内杂质和水分清除。

② 如图3－26所示,导线穿入线管前,应在线管口套上护圈,截取导线并剖削两端导线绝缘层,做好导线的标记,之后将所有导线与钢丝引线缠绕,一个人将导线送入,另一个人在另一端慢慢牵拉,直到穿入完毕。

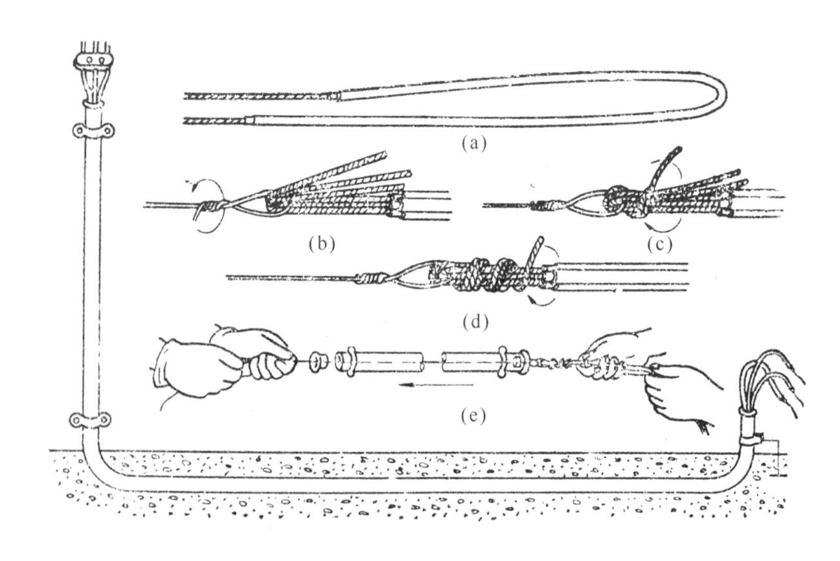

图3－26 钢管穿线的方法和步骤

(a) 勒直导线和剖出线头; (b)～(d) 线头标记和绑扎铅丝;
(e) 穿入线管和套上木圈

3－25 塑料护套线有哪些特点与应用方法?

答: 塑料护套线的特点与应用如图3－27所示,塑料护套线是一种具有塑料保护层的双芯或多芯绝缘导线,具有防潮、线路造价低和安装方便等优点,可以直接敷设在墙壁、空心板及其他建筑物表面,此种方式广泛用于室内电气照明线路及小容量生活、生产等配电线路的明线安装。塑料护套线配线是一种使用塑料线卡和铝制夹片(俗称钢精夹头)作为导线支持物的配线方式,其中线卡的形式有铁钉(水泥钉)固定式和黏接剂固定式两种(图3-27)。铝制夹片与护套线的配合选用见表3-2。

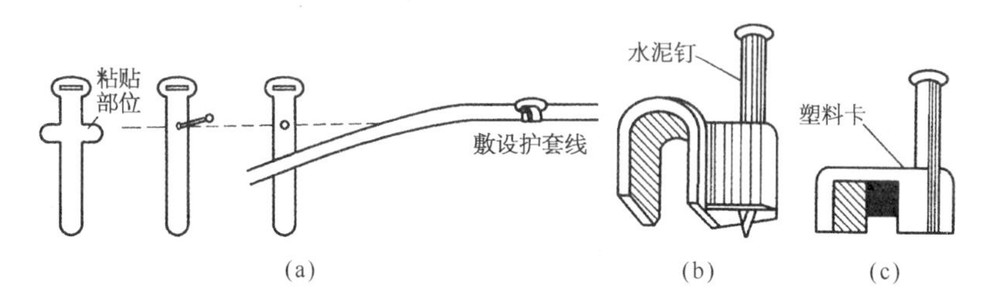

图3-27 塑料护套线固定支持物

(a) 铝制夹片及其固定方法;(b)(c) 塑料卡钉

表3-2 铝制夹片与护套线的配合表

护套线型号(心数×截面积)	钢精扎头规格			
	0号	1号	2号	3号
	可夹根数			
BVV-70(2×1.0)	1	2	2	3
BVV-70(2×1.5)	1	1	2	3
BVV-70(3×1.5)		1	1	2
BLⅣV-70(2×2.5)		1	2	2

3-26 塑料护套线配线有哪些基本方法与注意事项?

答:(1) 基本配线方法

① 确定线路走向及各电器的安装位置。

② 用弹线袋划线,按护套线的安装要求,每隔150~200mm划出固定线卡的位置。

③ 在距开关、插座和灯具50~100mm处都需设置线卡的固定点。

④ 在铁钉不可直接钉入的墙壁上配线时,必须先打孔安装木榫,以确

保线路安装紧固。

⑤ 将护套线一端固定,然后按住固定端,勒直并收紧护套线,依次固定各个线卡。

(2) 配线注意事项

① 使用塑料护套线配线时,铜芯的截面积应大于 0.5mm^2,铝芯的截面积应大于 1.5mm^2。

② 护套线不可在线路上直接连接,可通过瓷接头、接线盒或借用其他电器的接线柱连接。

③ 护套线转弯时,转弯弧度要大,以免损伤导线,转弯前后应各用一个线卡支持。

④ 护套线路与地面间的距离不得小于 0.15m,穿越楼板距离地面低于 0.15m 处,应加钢管或硬塑料管保护,以免导线受到损伤。

3-27 塑料护套线敷设有哪些作业步骤?

答: ① 释读护套线线路的敷设技术和工艺,准备工具和器材。

② 按要求标划线路走向,同时标出支持点(每个铝夹片)、木台以及接线盒的安装位置。

③ 依次钉上铝夹片:若是水泥墙可用环氧树脂或万能胶水粘贴专用铝夹片作为支持点。

④ 放线和敷线:展直护套线,按需要长度剪下,按图 3-28 方法逐段勒直、收紧护套线,并依次把整个线路用铝轧片夹住。

⑤ 剥去伸入木台内 10mm 后的线头护套层以及接线盒的线头护套层。

⑥ 安装木台和接线盒(实际施工应在接线盒上加装保护盒)。

⑦ 校正整个线路的安装,按图和工艺文件检查敷线作业质量。

⑧ 清理现场,搞好剩余材料的回收和利用。

3-28 线槽配线有哪些应用特点?

答: 线槽配线方式广泛用于电气工程安装、机床和电气设备的配电板或配电柜等的明装配线,也适用于电气工程改造时更换线路以及各种弱电、信号线路在吊顶内的敷设。常用的塑料线槽材料为聚氯乙烯,由槽底和槽盖组合而成。线槽具有安装维修方便、阻燃等特点。

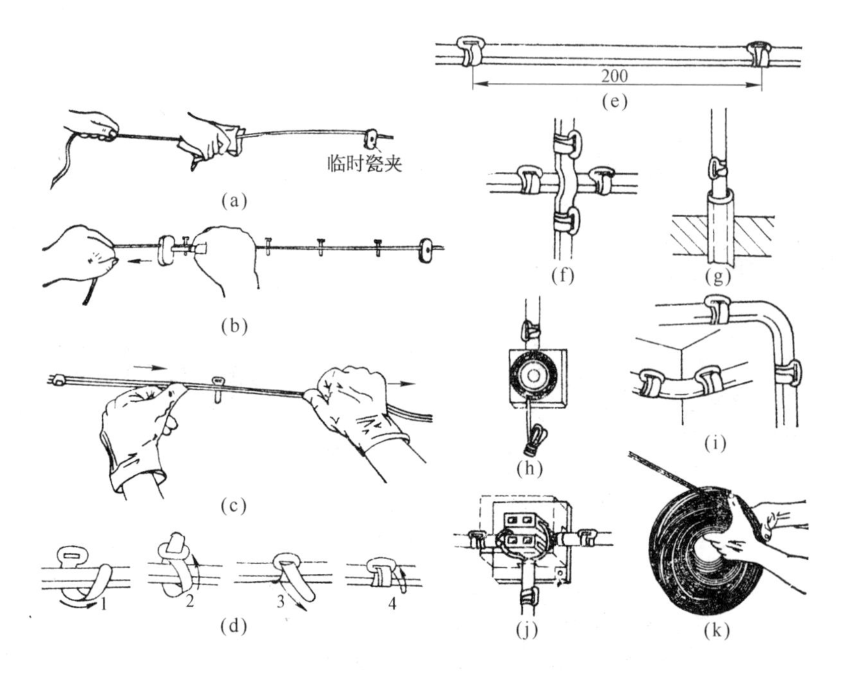

图 3－28　护套线路的敷设方法

(a) 导线勒直方法；(b) 导线长距离收紧；(c) 导线短距离收紧；(d) 铝制夹片夹持步骤；(e) 直线定位；(f) 十字叉定位；(g) 进管子定位；(h) 进木台定位；(i) 转角的定位；(j) 线头的连接；(k) 放线的方法

3－29　线槽配线有哪些基本方法？

答：① 塑料线槽选用时，可根据敷设线路的情况确定线槽的规格。

② 线槽配线时，应先铺设槽底，再敷设导线(即将导线放置于槽腔中)，最后扣紧槽盖。

③ 通常使用如图 3－29 所示的塑料胀管来固定槽底。

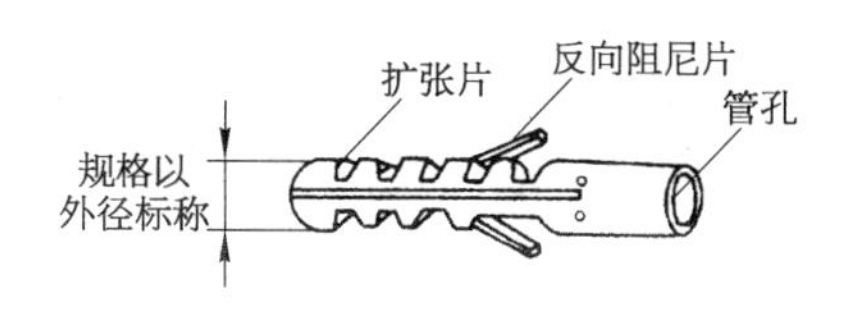

图 3－29　塑料胀管的结构

④ 各种线槽的敷设方法如图 3－30 和图 3－31 所示。

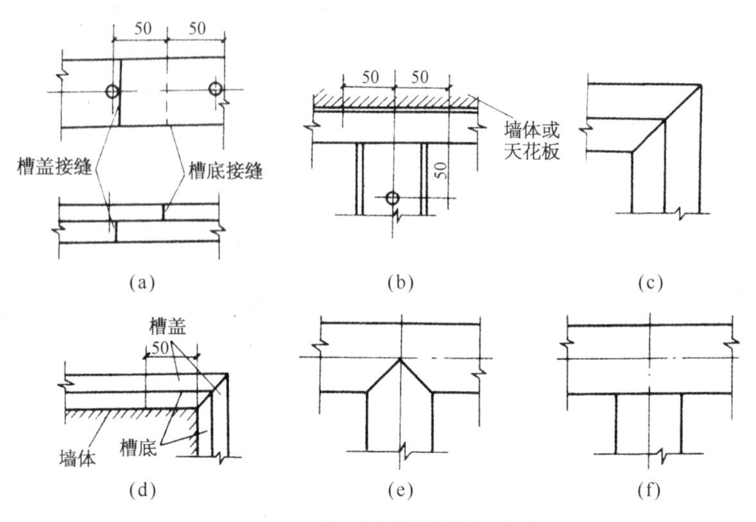

图 3－30　常用塑料线槽的敷设方法

(a) 槽底和槽盖的对接；(b) 顶三通槽接头；(c) 槽盖平拐角；

(d) 槽底和槽盖外拐角；(e)(f) 槽盖分支接头

⑤ 槽底接缝与槽盖接缝应尽量错开。

3－30　线槽配线作业有哪些基本步骤和要点?

答:(1) 作业准备　释读技术图样和文件,设定槽板线路的敷设基本方法,准备工具和器材。

(2) 设定线路走向　标划线路走向,同时标出槽板支持点和木台的安装位置。

(3) 截取和安装槽板　按需要长度截取槽板,并按图 3－30 中不同方法,在准备装上槽板的地方依次安装所有槽底板。

① 同一平面上槽转角的弯制,是把槽板、盖板的端口以 45°角斜锯后拼成直角。

② 不在同一平面上的槽板转角弯制,是把槽底、盖板在转弯方向处削成 A 形或 V 形(不可削断,要留出 1mm 长的连接处),略加热后再弯接而成。

③ 十字交叉的连接,应把垂直方向的槽板截成两段,再拼接于水平槽之间;过桥线应用瓷管或塑料管套住。

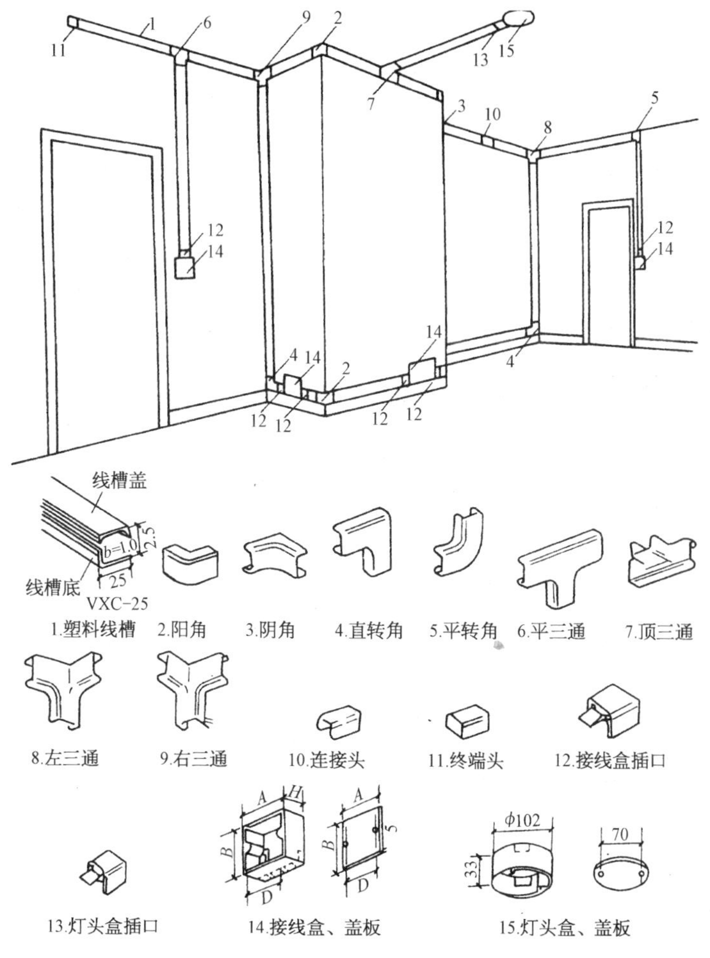

图 3－31　用塑料线槽的配线方法

④ T字分支连接,应在水平方向槽底板下面开一条凹槽,把电线引出再嵌入垂直方向槽中。

(4) 敷线和扣板　一面敷线,把线嵌入槽底板线槽内,同时扣上盖板。

(5) 安装底座　安装线路上所有底座(如塑料底座或木台),槽板应完整进入木台内约5mm。

(6) 检查校正　校正敷线质量,按技术要求检查、校正后做好结束工作。

（7） 作业注意事项

① 槽板线路的敷设，在实际施工中应尽量避免相互交叉、弯制转角应保证槽板强度。

② 遵守操作规程，注意用电安全。

3－31 照明电路安装和检修应掌握哪些方法和内容？

答：掌握照明电路施工图释读的基本方法。照明线路的安装，包括照明器具的安装和基本电路的配置；照明线路的检修，包括一般照明线路的检修和特殊照明线路的检修。

照明电路安装应熟悉常用电器照明设备、器具的种类和基本结构；掌握照明装置的安装基本方法。熟悉几种基本照明电路的基本接法及技术要求；掌握一控一和双控一白炽灯电路安装的基本方法。熟悉典型复合照明电路的特点；掌握典型复合照明电路接线和校验的基本方法。

照明电路的基本检修应掌握室内一般照明电路线路故障和灯具附件检修的基本方法。掌握室内复合照明电路线路故障和灯具附件检修的基本方法。

3－32 常用照明设备有哪些类型？常用照明设备有哪些特性？

答：（1） 常用照明设备类型 常用电气照明设备有两大类：一类是热辐射光源，如白炽灯、碘钨灯等；另一类是气体放电型光源，如荧光灯、高压钠灯等。

（2） 常用照明设备的特性 常见电光源的特性见表3－3。特性参数包括：额定功率、平均寿命、启动稳定时间、功率因数、光源色调和所需附件。其中功率因数中有电感负载的功率因数就比较低。

表3－3 常用电光源的特性参数

特性参数	白炽灯	荧光灯	碘钨灯	高压汞灯	高压钠灯	金属卤化物灯
额定功率(W)	10～1 000	6～125	500～2 000	50～1 000	250～400	400～1 000
平均寿命(h)	1 000	2 000～3 000	1 500～5 000	3 000	2 000	2 000
启动稳定时间	瞬时	1～3s	瞬时	4～8min	4～8min	4～8min
再启动时间	瞬时	瞬时	瞬时	5～10min	10～20min	10～15min
功率因数	1	0.4～0.9	1	0.44～0.67	0.44	0.4～0.61

（续表）

特性参数	白炽灯	荧光灯	碘钨灯	高压汞灯	高压钠灯	金属卤化物灯
光源色调	偏红色	日光色	偏红色	淡色～绿色	金黄色	白色光
所需附件	无	镇流器、起辉器	无	镇流器	镇流器	镇流器、触发器

3－33 白炽灯的结构组成是怎样的？有哪些基本应用特点？

答：（1）白炽灯基本结构　如图3－32所示，白炽灯有螺口式和插头式两种，基本结构包括灯头、玻璃支架、引线、灯丝、玻璃壳。螺口式灯头与插口式灯头相比较，螺口式灯头的点接触和散热性能较好，插口式灯头具有振动时不易松脱的特点。功率40W以上的白炽灯，玻璃壳内抽成真空，并充入氩气或氮气等惰性气体，使钨丝不易挥发。

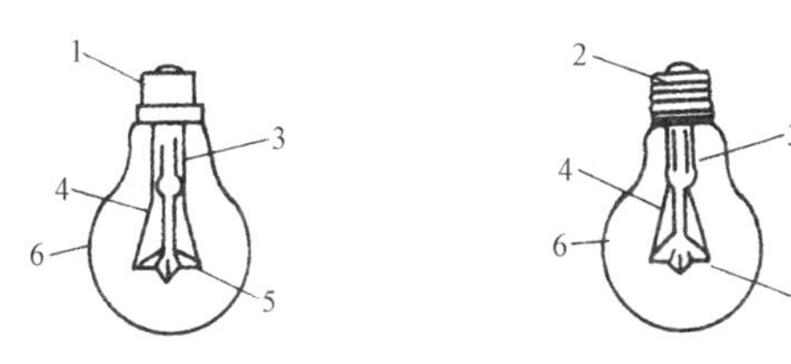

图3－32　白炽灯的构造

1—插口灯头；2—螺口灯头；3—玻璃支架；4—引线；5—灯丝；6—玻璃壳

（2）白炽灯的基本特点　白炽灯具有结构简单、使用方便、成本低廉、点燃迅速和对电压使用范围宽；发光效率低（2%～3%的电能转换为可见光）、光色较差等基本特点，白炽灯不耐振动，平均寿命为1 000h左右。

3－34 荧光灯的结构组成是怎样的？有哪些基本应用特点？

答：（1）荧光灯的基本结构　如图3－33所示，荧光灯由灯管、镇流器、启辉器、灯架和灯座组成。灯管由玻璃管、灯丝和灯丝引出脚等组成，灯丝上涂有电子粉，玻璃管内抽成真空后充入水银和氩气，管壁涂有荧光粉；镇流器是带有铁心的电感线圈，电子镇流器已经基本替代了电感式镇流器；启辉器由氖泡、纸介电容、出线脚和外壳组成。节能新型荧光灯外形结构有U形、H形、O形和W形等多种形式。

（2）荧光灯的基本特点　荧光灯能发出近似日光的灯光，节能效果

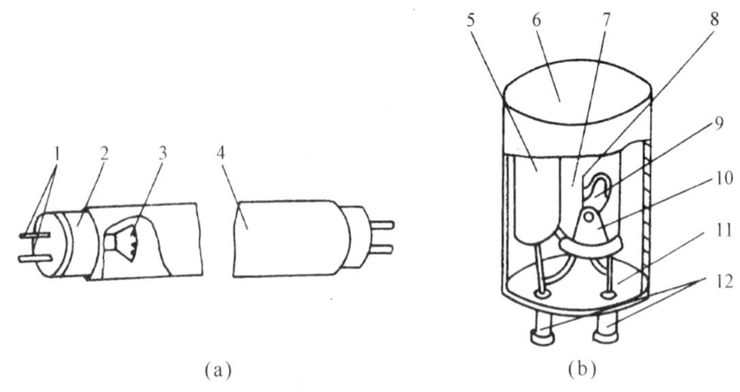

图 3－33　荧光灯的结构

（a）荧光灯管的构造；（b）启辉器的构造

1—灯脚；2—灯头；3—灯丝；4—玻璃管；5—电容器；6—铝壳；7—玻璃泡；8—静触片；9—动触片；10—涂铀化物；11—绝缘底座；12—插头

好，节能型的荧光灯采用了发光效率高的三基色荧光粉，一个 7W 的三基色节能荧光灯发出的光通量与一个 40W 的白炽灯相当，与普通荧光灯相比，具有发光效率高、体积小、形式多样、使用方便等特点。电子镇流器具有节电、启动电压较宽、启动时间短（0.5s）、无噪声、无频闪现象、正常工作环境温度范围宽（15～60℃）、使用方便、故障率低等特点。

3－35　荧光灯基本工作原理是怎样的？

答：荧光灯的基本工作原理如图 3－34 所示，合上开关 5，荧光灯通电后，电源电压经镇流器 4、灯丝，在启辉器的 U 形动、静触片 2 间产生电压，引起辉光放电；放电时产生的热量使动触片膨胀，与静触片相接，接通电路，使灯丝预热并发射电子；由于动、静触片的接触，使两片间电压为零而

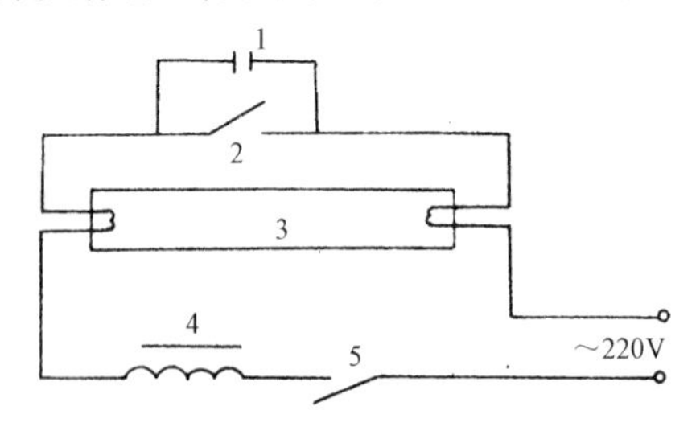

图 3－34　荧光灯的电路图

1—启辉器电容；2—U 形双金属片；3—灯管；4—镇流器；5—开关

停止辉光放电，动触片冷却并复位后脱离静触片；断开瞬间，镇流器4两端产生自感现象出现反电动势，反电动势加在灯管3两端，使灯管内的惰性气体被电离而引起两极间弧光放电，激发产生紫外线；紫外线激发灯管内壁上的荧光粉，发出近似日光的灯光。电容器1的作用是消除启辉器断开时产生的无线电波对周围无线电设备的干扰。

3－36 碘钨灯有哪些结构和应用特点？

答：(1) 碘钨灯的基本结构　如图3－35所示，碘钨灯由灯脚、外壳、灯丝和支持架等组成。外壳为耐高温的圆柱状石英管，两端灯脚为电源触点，管内中心是螺旋状灯丝(钨丝)，放置在灯丝支持架上。灯管内抽成真空后，充入了微量的碘。

(2) 碘钨灯的基本特点　碘钨灯具有结构简单、体积小等优点，主要缺点是使用寿命短、工作温度高。安装碘钨灯时，灯管必须保持水平，水平倾斜角应小于4°。灯管发光时温度很高，必须将其安装在专用的有隔热装置的金属灯架上。接线时靠近灯架处的导线要加套耐高温管。

(3) 基本工作原理　碘钨灯通电后，当灯管内温度升高至250～1 200℃后，碘和灯丝蒸发出来的钨化合成具有挥发性碘化钨，当碘化钨靠近灯丝的高温(1 400℃)处时，又被分解为碘和钨，钨停留在灯丝表面，碘又回到温度较低的位置，如此循环往复，可提高灯管的发光效率，延长灯丝的使用寿命。

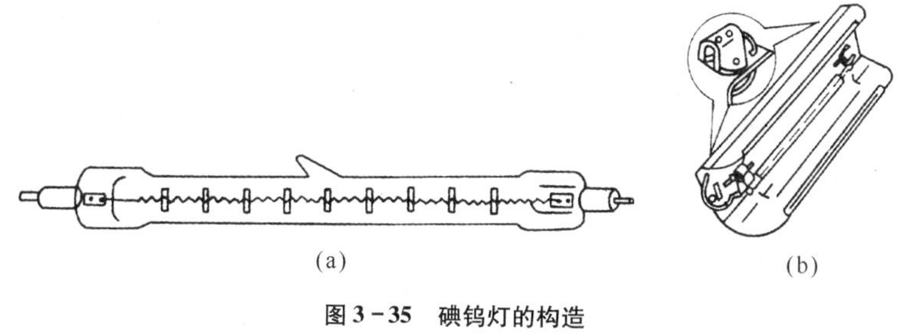

(a)　　(b)

图3－35　碘钨灯的构造

(a) 碘钨灯；(b) 灯架

3－37 高压汞灯和金属卤化物灯有哪些结构和应用特点？

答：(1) 基本结构　如图3－36所示，照明高压汞灯主要由放电管、玻璃外壳和灯头组成，内壁涂有荧光粉，放电管内有辅助电极和引燃极，管内还充有汞和氩气。如图3－37所示，金属卤化物灯的结构与高压汞灯相似,所不同的是石英管中除了充有汞、氩气之外,还充有金属卤化物(以碘化物为主)。

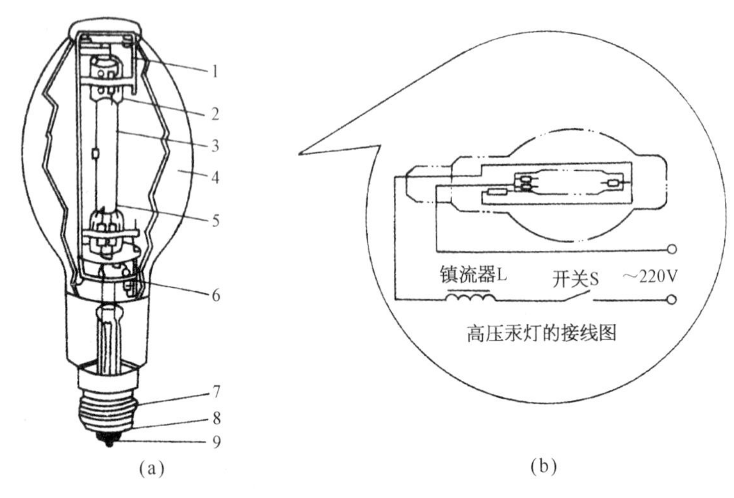

图 3-36　高压汞灯的构造

(a) 照明荧光高压汞灯;(b) 高压汞灯接线图

1—金属支架;2—主电极;3—放电管;4—玻璃泡体;

5—辅助电极(触发极);6—电阻;7、9—电源触点;8—绝缘体

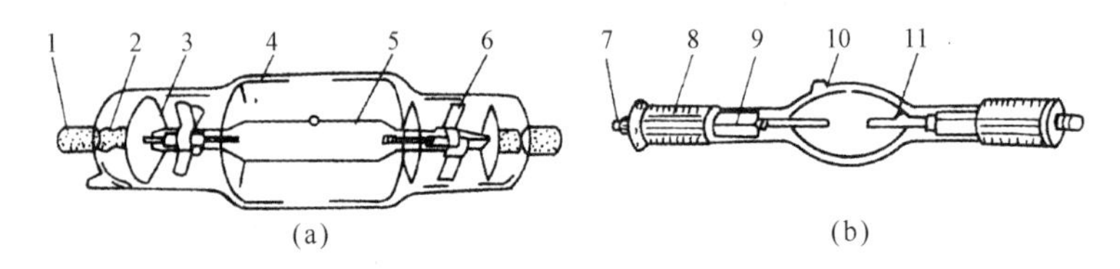

图 3-37　金属卤化物灯的构造

(a) 钠铊铟金属卤化物灯;(b) 镝金属卤化物灯

1、7—灯脚;2—引线;3—云母片;4、10—玻璃泡体;

5—放电管;6—支架;8—灯头;9—铝箔;11—电极

(2) 基本特点　高压汞灯和金属卤化物灯属于气体放电光源,与普通的荧光灯相比,具有结构简单、使用和维护方便等特点,多用于生产车间、街道、广场、车站和建筑工地等场所。金属卤化物灯的特点是:发光效率高,光色接近自然光;显色性好,能让人真实地看到被照物体的本色;悬挂高度不低于 14m;使用场所的电压变化不超过额定电压的 ±5%;需要配置专用的变压器或触发器。

3－38 高压汞灯和金属卤化物灯基本工作原理是怎样的？

答：高压汞灯在接通电源后，引燃极和辅助电极之间首先产生辉光放电，使放电管温度上升，水银逐渐蒸发，当达到一定程度时，主、辅两电极之间产生弧光放电，使放电管内的汞汽化产生紫外线，从而激发玻璃外壳内壁的荧光粉，发出较强的荧光，灯管开始稳定工作。在引燃极上串联了一个较大的电阻(15～100kΩ)，当主、辅两极间放电导通后，辅助极和引燃极之间停止放电。金属卤化物灯在放电时，是利用金属卤化物的循环作用，不断向电弧提供金属蒸气，向电弧中心扩散。由于金属原子的参加，被激发的原子数目大大增加，而且金属原子在电弧中受激发而辐射该金属特征的光谱线，以弥补高压汞蒸气放电辐射中的光谱不足，发光效率大大增加。由于金属的激发电位比汞低，放电以金属光谱为主。若选择不同的金属，按一定的配比，就可以获得不同的颜色。

3－39 常用电气照明用具有哪些种类？

答：(1) 灯座 灯座又称灯头，品种繁多，常用的灯座有螺口吊灯座、插口吊灯座、管接式瓷制螺口灯座等，可根据使用场合进行选择。选用时应注意灯座的耐压和负载功率。常用灯座的耐压为250V，负载功率按型号而不同，如E27型灯座负载功率为300W；E40型灯座负载功率为1 000W。

(2) 开关 照明电路用的开关品种很多，常用的有拉线开关、平开关、台灯开关、暗装单联单控开关、暗装双联单控开关等，可根据使用场所进行选择。

(3) 插座 插座的品种也很多，常用的插座有单相圆形两极插座、单相矩形三极插座、带开关单相两极插座；双联单相两极、三极插座；暗式通用五孔插座等。可根据安装方式、安装场所、负载功率大小等参数合理选用。

(4) 灯具 灯具的种类繁多，常用的灯具有配照型、深照型、防爆型、广照型、斜照型和立面投光型等。

3－40 怎样安装灯座？

答：(1) 平灯座的安装 平灯座上有两个接线桩，一个与电源的中性线连接；另一个与来自开关的一根(相线)连接。为了使用安全，应把电源的中性线的线头连接在连接螺纹圈的接线桩上，把来自开关的连接线线头连接在中心簧片的接线桩上(图3－38)。

(2) 吊灯座的安装 吊灯灯座必须用两根绞合的塑料软线或花线作

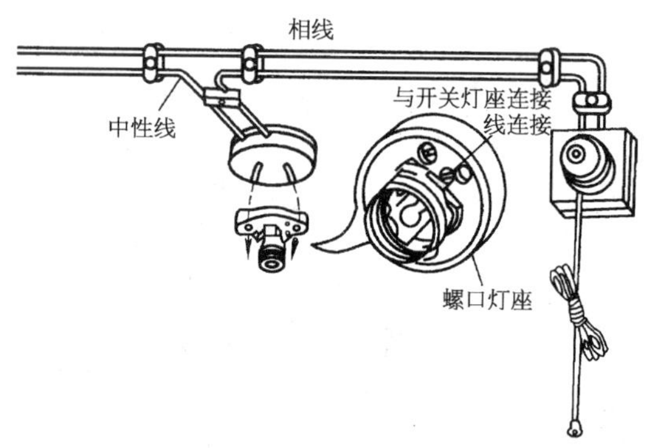

图 3-38　螺口平灯座的安装

为与挂线盒(又称为吊线盒)的连接线。当塑料软线穿入挂线盒盖孔内时,为使其能承受吊灯的重量,应打个结扣。然后分别接到两个接线桩上,罩上挂线盒盖。接着将下端塑料软线穿入吊灯座盖孔内,也打个结扣,再把两个接线头连接到吊灯座上的两个接线桩上,最后罩上灯座盖即可。具体安装方法如图 3-39 所示。

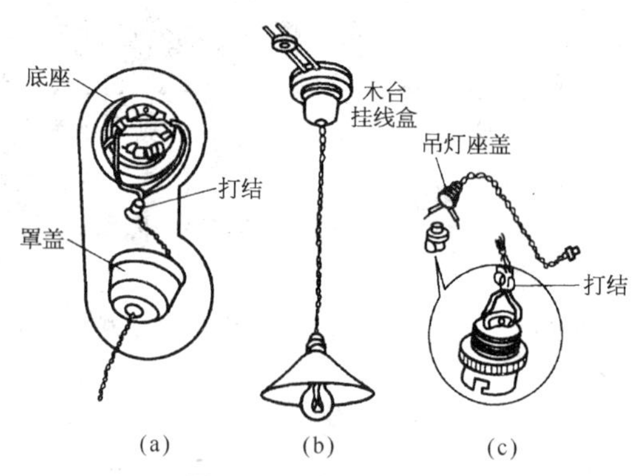

图 3-39　吊灯座的安装
(a) 挂线盒接线;(b) 装成的吊灯;(c) 吊灯座安装

3-41　怎样安装开关?

答: 为了用电的安全,照明灯具接线时应将相线接进开关。

(1) 单联开关的安装　拉线开关和平开关安装时都要注意方向,拉线开关的拉线应自然下垂,平开关应让色点位于上方。

(2) 双联开关的安装　双联开关一般用于两处控制一只灯的线路。双联开关控制一只灯的接线如图 3-40 所示。

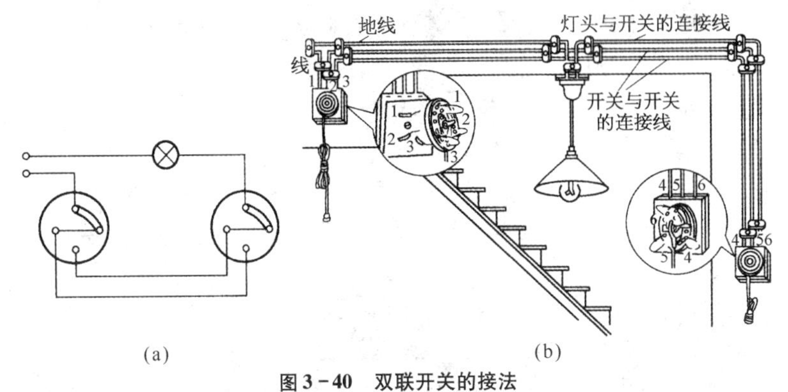

图 3-40　双联开关的接法

（a）接线原理图；（b）安装示意图

3-42　怎样安装插座？

答： 插座的接线如图 3-41a 所示，单相三孔插座的接线规定为：左孔接工作零线，右孔接相线（俗称“左零右火”），中间孔接保护线 PE。工程中采用 TN-S 方式供电系统（即三相五线制）供电时，有专用保护线 PE，常用的插座接线方法如图 3-41b 所示。三相四线插座的上中孔接保护线 PE，下面三个孔分别为 L1、L2、L3 三根相线。

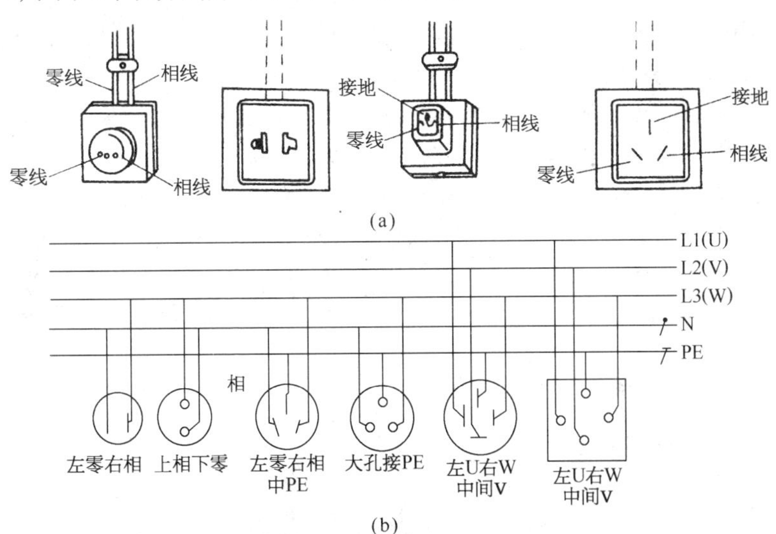

图 3-41　插座的安装和接线

（a）明装、暗装插座的接线；（b）TN-S 供电系统中插座的连接

3－43　基本照明电路的配线作业有哪些基本技术要求？

答：对于室内配线及照明器具的安装，由于配线方式不同，实际走线和接线的要求也不同。如线夹（瓷夹或塑料夹）或瓷瓶的配线允许线路上有接头，但槽板或护套线配线则不允许有接头，而应将接头埋设在固定开关、插座或灯座的木台内。不论采用何种配线方式，都要从安全用电出发，不可违反照明器具的接线原则，即相线必须进开关，零线必须进灯头（灯座）。

3－44　照明线路的接线有哪些作业技术要求？

答：① 在接线中开关、插座或灯头附近若有线路接头，应埋设在相应的木台中并包缠好绝缘，严禁接头与接头之间短路（图 3－42）。

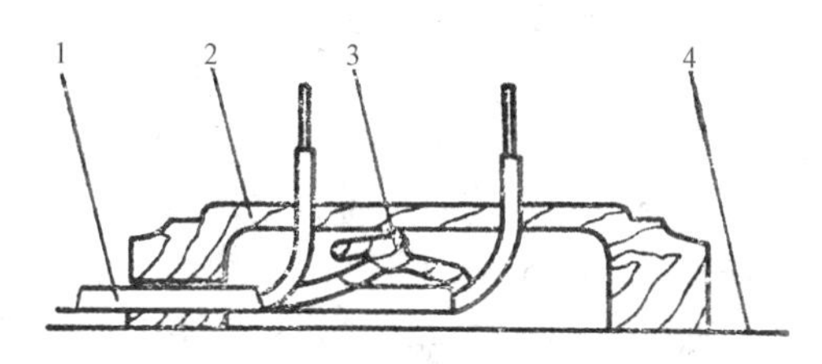

图 3－42　接线头埋入木台示意图

1—绝缘导线；2—木台；3—包绝缘的线路接头；4—建筑物安装面

② 若两线头并头后需要和接线桩连接时，可先将两线头拧成麻花状，再弯制出连接圈后与接线桩连接。

③ 由于铝导线在空气中极易被氧化且在表面形成电阻率较高的氧化层，使导线接头处过热，因此连接铝芯导线时，一般用铝连接管进行压接，严禁拧接。10mm^2 及以下的小截面单股铝芯线压接用压接钳如图 3－43a 所示，铝连接管如图 3－43b 所示，铝连接管外形尺寸见表 3－4。

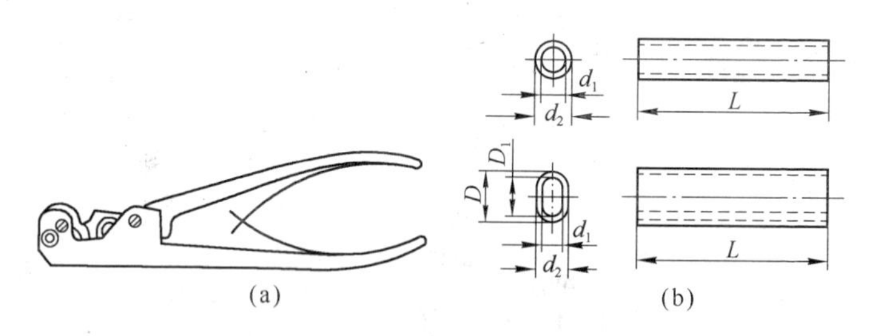

图 3－43　压接钳和铝连接管

（a）单股铝导线压接钳；（b）小截面铝连接管外形尺寸

表 3-4　小截面铝连接管尺寸　(mm)

连接管形式	导线截面 (mm^2)	铝线外径	铝连接管尺寸					压接尺寸		压后尺寸 E
			d_1	d_2	D_1	D	L	B	C	
圆形	2.5	1.76	1.8	3.8			31	2	2	1.4
	4	2.24	2.3	4.7			31	2	2	2.1
	6	2.73	2.8	5.2			31	2	1.5	3.3
	10	3.55	3.6	6.2			31	2	1.5	4.1
椭圆形	2.5	1.76	1.8	3.8	3.6	5.6	31	2	8.8	3.0
	4	2.24	2.3	4.7	4.6	7	31	2	8.4	4.5
	6	2.73	2.8	5.2	5.6	8	31	2	8.4	4.8
	10	3.55	3.6	6.2	7.2	9.8	31	2	8	5.5

3-45　怎样进行铝芯导线的套管压接作业？

答：单股铝芯导线直线管压接如图 3-44a 所示，并头管压接如图 3-44b 所示。压接前，先把导线两端头的绝缘层剥去 40～45mm，然后将铝连接管内管和导线表面氧化膜及油垢清除干净，涂以中性凡士林油膏。采用圆形连接管时，导线两线头各插入到连接管的一半处，使其线端顶线端，采用椭圆形连接管时，两线头插入后各露出连接管 2～3mm。用压接钳压接时应压到必要的极限尺寸，使其接触紧密，并使所有压坑的中心线处在同一直线上。连接管上压坑的位置及压坑的深度见表 3-4。单股铝导线在接线盒或木台中并头时的压接位置如图 3-44b 所示。

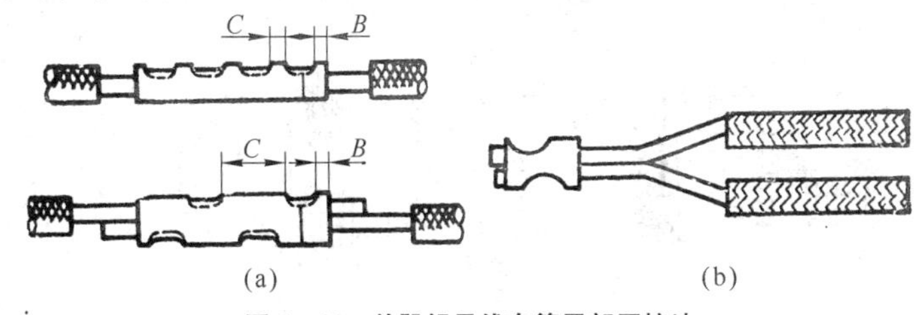

图 3-44　单股铝导线套管局部压接法

(a) 直线连接法；(b) 并头连接法

单股铝导线做直线和分支连接时，也可采用瓷接头进行连接。

3-46　怎样进行"一控一"电路接线？怎样进行"一控一"附加插座电路接线？

答：(1) 一控一电路接线法　一只单极开关控制一盏灯的电路的接

线方法如图 3 - 45 所示。

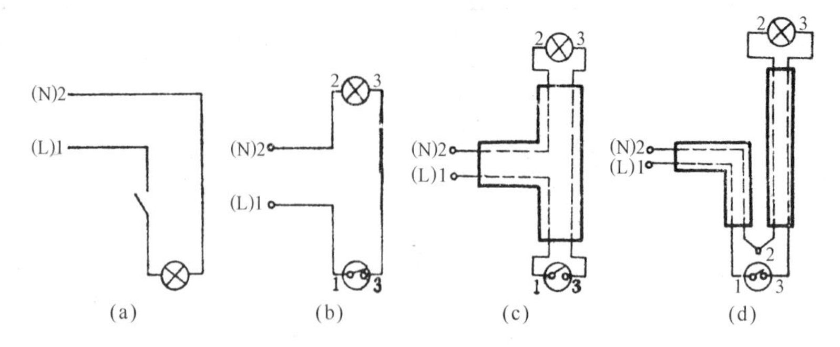

图 3 - 45 一控一电路接线示意图

（a）电气原理图；（b）线夹或瓷瓶配线；（c）槽板配线；（d）塑料护套线配线

（2）一控一附加插座电路接线法　一只单极开关控制一盏灯另外附加一只插座电路的接线方法（图 3 - 46）。注意插座和开关分装两地和共双连木的接线方法是不同的。

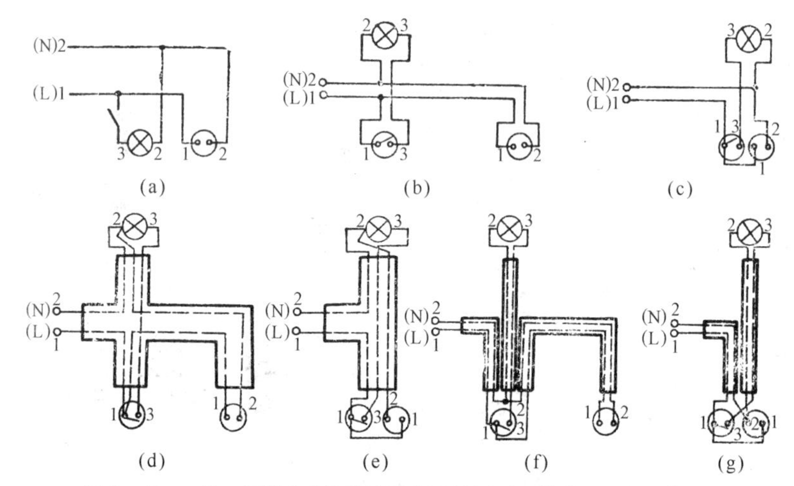

图 3 - 46 一控一附插座电路接线示意图（插座实际接线必须左零右相）

（a）电气原理图；（b）（c）磁夹或瓷瓶配线；

（d）（e）线槽配线；（f）（g）塑料护套配线

3 - 47　怎样进行“多控多”电路接线？怎样进行“双控一”电路接线？

答：（1）二控二（或多控多）电路的接线法　用两只单极开关分别控制两盏灯或用多只单极开关分别控制多盏灯的电路的接线法如图 3 - 47

所示。注意开关分装两地和共双连木的接线方法是不同的。

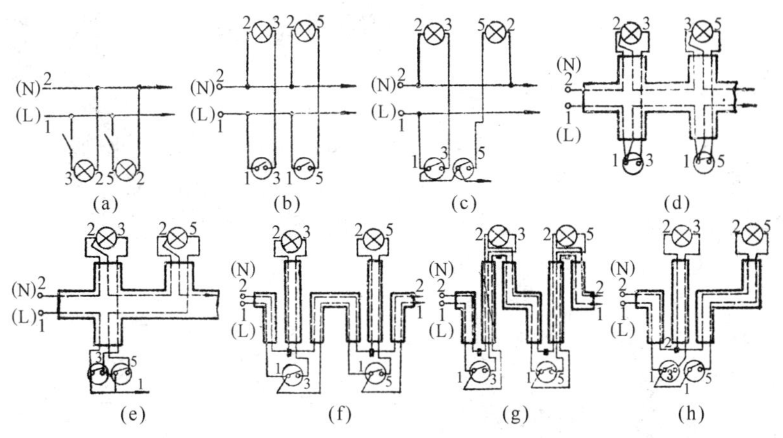

图 3－47　二控二(或多控多)电路接法

(a) 电气原理图；(b)(c) 磁夹或瓷瓶配线；(d)(e) 线槽配线；(f)(g)(h) 塑料护套配线

(2) 双控一电路的接线法　当走廊照明灯需要在走廊两端控制其亮熄或楼道灯需要在楼上楼下控制其亮熄时，可采用两只双连开关来实现。其接线方法有两种：一种是可采用相线经过两只开关的接线法，另一种是可采用相线进一只开关的接线法(图 3－48)。

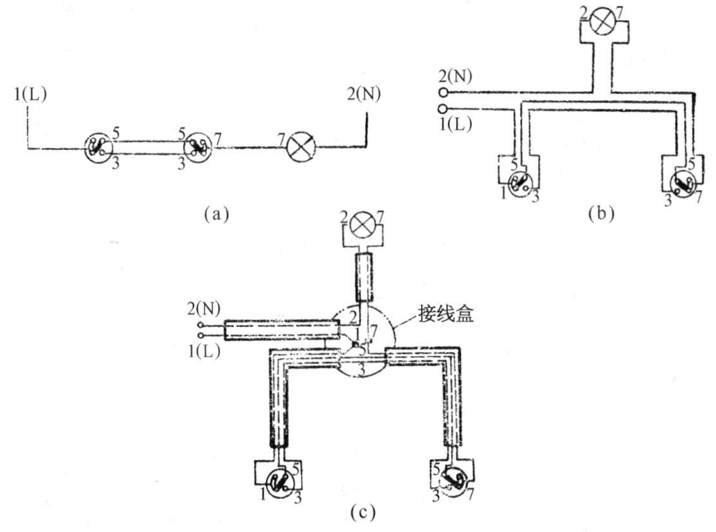

图 3－48　双控一相线进一个开关的接法

(a) 电气原理图；(b) 线夹或瓷瓶配线；(c) 塑料护套线配线

3-48 什么是复合照明电路？怎样安装复合照明电路？

答：（1）复合照明电路　多种照明和用电器具共用同一电源的较复杂的电路一般称为复合照明电路。

（2）典型复合照明电路安装示例　如图3-49所示复合电路中，双连开关SA_1、SA_2在两地同控一盏日光灯FL的关断和接通，另外附加一只明装一单相双孔插座XS_1和单相三孔插座XS_2。将这些用电器具接在同一电源上，采用塑料护套线配线。图中XS_2的保护接零线来自熔断器FU前的零线（PEN）接线桩（图3-49a）。

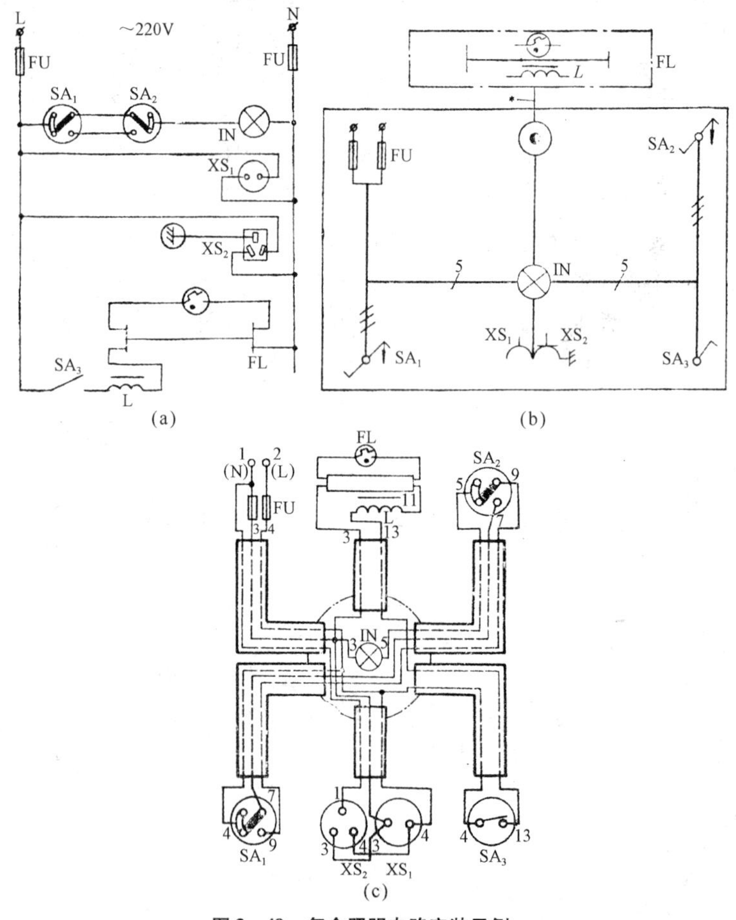

图3-49　复合照明电路安装示例一

（a）电气原理图；（b）模拟安装图；（c）实际接线图

根据护套线线路的敷设要求，线路上不应有接头和分支，线路的接头和分支应装在接线盒和分线盒内，或装在固定开关、插座、灯头的木台中。图3－49c所示是护套线安装接线示意图，该电路的电源引线直接进入白炽灯IN的木台会使接线更为方便。

3－49　怎样安装小单元复合照明电路系统？

答：如图3－50a所示电路，是一个具有用电计量装置的单相照明电路，日光灯开关控制线直接从日光灯挂线盒的木台中引出，电源进线端安装了一只单相电能表，这样就构成了一个完整的小单元照明系统。虽然该电路采用护套线配线，但电源进线点仍选在各电器接线的汇交点，即直接进入白炽灯IN的木台，这样接线比较方便，其实际电路接线如图3－50c所示。该电路的重点是单相电能表板的安装，其操作要求如下。

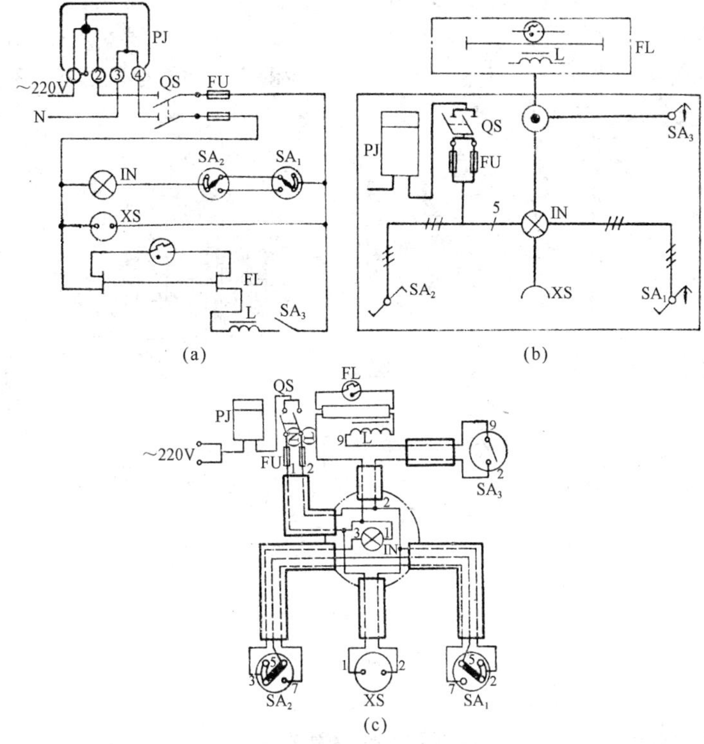

图3－50　复合照明电路安装示例二

（a）电气原理图；（b）模拟安装图；（c）实际接线图

(1) 表板的选用和安装　表板是支撑和固定电能表和配电装置(例如闸刀开关和熔断器等)的一块干燥无裂纹的实心木板,其四周和正面必须涂漆防潮。其规格:对于单相电能表表板的长×宽×厚为300mm×200mm×20mm;对于三相电能表表板的长×宽×厚为420mm×250mm×200mm;表板一般安装在电源进户点的室内侧,安装地点必须干燥、无振动、无腐蚀气体的侵蚀。为使表板安装牢固,其四角均应有固定点。在砖墙或混凝土墙上固定时,一般采用金属胀管比较可靠。

(2) 电能表及配电装置的安装

① 5A以下的单相电能表一般和配电装置共用一块表板(俗称通板)。为了使线路的走向简洁而不混乱以及保证配电装置安全工作,电能表必须装在配电装置的左方或下方。为便于抄表,应把电能表(中心尺寸)安装在离地面1.4~1.8m的位置上。电能表表身必须与地面垂直安装,不可平装或有纵向或横向的倾斜,否则会影响计数的准确性。

② 电能表的电源线必须从电能表的左下方进入接线盒,电源出线从接线盒引出后直接与右上方的开关进线桩相接。电能表电源线及开关连接线必须明敷,不可进入表板板底暗敷(图3-51)。

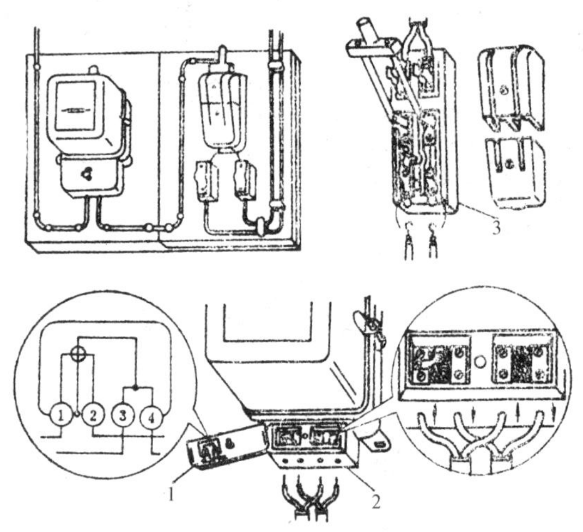

图3-51　单相电能表和闸刀开关的安装

1—电能表接线盒盖;2—电能表接线;3—闸刀开关接线

③ 电能表接线时,电压线圈必须并接在相线和零线上,而电流线圈必须串接在相线上,若二者接错,则会烧坏电流线圈。单相电能表电源进出

线有两种接线形式，一种是1、3进线，2、4出线（图3－51），即相线从1进、从2出，零线从3进、从4出；另一种接线法是1、2进线，3、4出线。国产单相有功电能表统一规定采用前一种排列形式。电能表接线盒盖一般都附有电源接线图，在实际接线时必须按电能表所附电源接线图进行接线。

3－50 室内低压动力装置安装包括哪些内容？

答：室内低压动力装置安装是电工常见的工作内容。在安装作业中，应重点掌握单台小型三相异步电动机安装与手动直接启动装置安装、动力线管配线的安装操作方法和低压动力装置的保护措施。

3－51 动力线管配线有哪些特点？动力线管配线应注意哪些要点？动力线管配线有哪些基本步骤？

答：（1）*动力线管配线的特点* 动力线管配线与一般的照明线管配线相比，有较高的绝缘性能等方面的要求。把绝缘导线穿在管内，称为线管配线。与照明线路线管配线类似的是动力线管配线也有明配和暗配两种。明配是把线管敷设在墙上等明露处，要求配得横平竖直，整齐美观。暗配是把线管埋设在墙内、楼板内或地坪内等看不见的地方，不要求横平竖直，只要求管路短，弯头少。

（2）*动力线管配线应注意的要点*

① 穿管导线的绝缘强度不低于500V，对导线最小截面积规定：铜芯线为$1mm^2$，铝芯线为$2.5mm^2$。

② 线管内导线不准有接头，绝缘层损坏后经包缠恢复其绝缘的导线也不准穿入管内。

③ 除直流回路导线和接地线外，不得在钢管内穿单根导线。

（3）*动力线管配线的基本步骤* 通常是先选好管子，并对管子进行一系列的加工，然后敷设管路，最后把绝缘导线穿在管内，并与各种电气设备或设施连接。

3－52 怎样进行动力线管的选择、除锈与涂漆、切割作业？

答：（1）*选择线管* 在潮湿和有腐蚀气体侵蚀的场所进行明配或暗配时，可选用管壁较厚（壁厚3mm，管径以内径计）的水煤气管；在干燥场所进行明配或暗配时，可选用管壁较薄（壁厚1.5mm，管径以外径计）的电线管；在腐蚀性较大（例如电镀车间等）的场所进行明配或暗配时，可选用硬塑料管。为便于穿线，对管径大小的要求一般为管内导线的总截面积（包括绝缘层），不应超过线管内径截面积的 40%。

（2）除锈与涂漆　配管前，应对管子进行除锈涂漆。管内壁除锈可用圆形钢丝刷，其两端各绑一根钢丝穿过线管，来回拉动钢丝刷便可清除管内壁的铁锈（图 3－52）；管外壁则可用钢丝刷打磨或用电动除锈机除锈。除锈后，管子内外壁均应涂以油漆或沥青漆，但埋设在混凝土中的线管，其外表面不要涂漆，否则会影响混凝土的结构强度。在除锈过程中，如果发现管壁有砂眼、裂缝及压扁或局部大片塌陷等情况，应将有缺陷的部位锯掉。

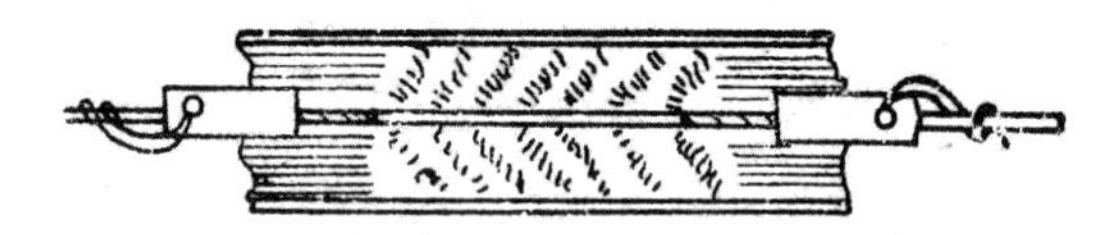

图 3－52　用钢丝刷清除管内壁的铁锈

（3）锯管　若需按实际长度可用钢锯或切割机锯管，锯割时应使管口平整，并要锉去毛刺和锋口。

3－53　怎样进行动力线管的弯管作业？

答：① 线管配线应尽量减少弯头，否则会给穿线带来困难。但当线路需改变方向、线管非弯不可时，为便于穿线，线管的弯曲角度 α 一般不应大于 90°（图 3－53）。对线管弯曲半径 R 的要求，明配时不小于管径 D 的 6 倍，暗配时不小于管径的 10 倍。

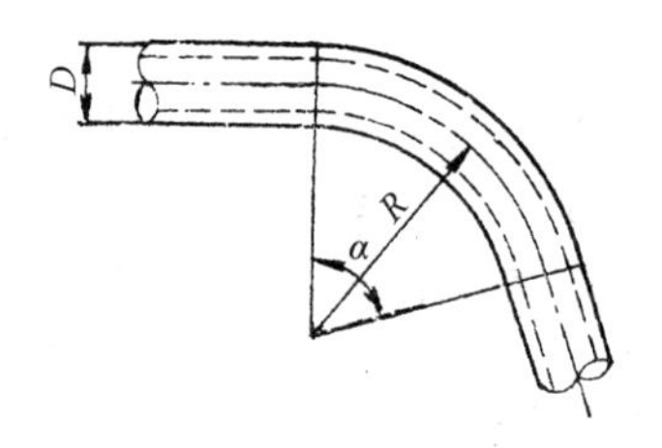

图 3－53　管子弯头

D—线管外径；α—弯曲角度；R—弯曲半径

② 对钢管和电线管的弯曲，当管径小于或等于 25mm 时可采如图 3－54a 所示的方法用弯管器弯管。操作时，先将线管需要弯曲部位的前端放在弯管器的卡口内。弯管时，要逐渐移动弯管器的扳弯位置，每次移

动的距离不可太长，扳转的角度不宜过大，用力不应过猛，否则会弯裂或弯瘪线管。另外还可用图 3－54b 所示的方法进行弯管。当管径较大而难以弯制时，可采用电动或液压顶管机弯管。若条件不具备时，可采用将管内灌满砂子再加热弯曲的方法（图 3－55）。

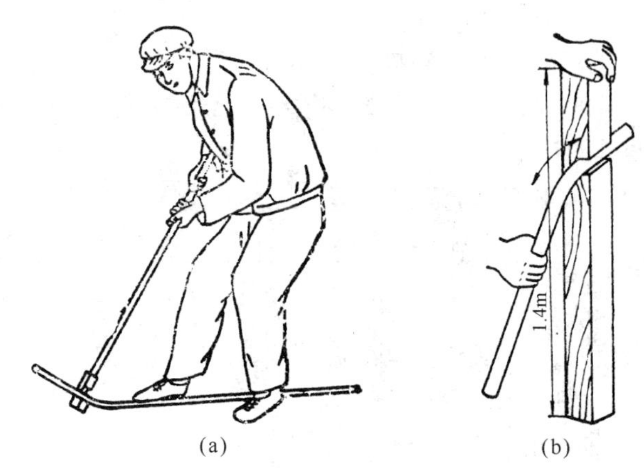

图 3－54　手工弯管方法

（a）用弯管器弯管；（b）利用木模槽弯管

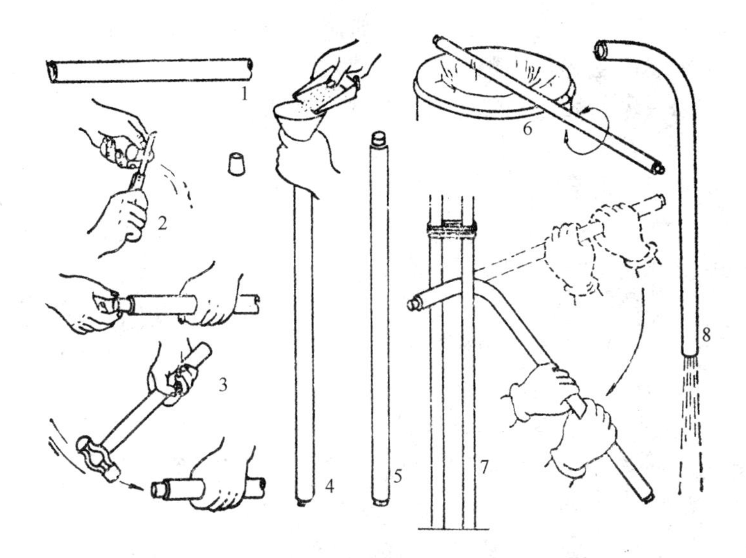

图 3－55　直径较大的电线管灌沙弯曲操作步骤

1—截取管子；2—制作木榫；3—安装木榫；4—灌沙；5—木榫封口；6—加热；7—弯管；8—排沙

③ 对硬塑料管可采用热弯法弯曲。弯管前先将管子放在电烘箱或电炉上加热，边加热边转动管子，待管子柔软时，把管子放在胎具内弯曲成型。管径较大（50mm 以上）的硬塑料管，为防止弯扁或粗细不匀，可在管内填满砂子加热后按上述方法弯制。

3－54 怎样进行动力线管的套螺纹作业？

答：管子与管子或管子与接线盒连接时，需要在管口进行套螺纹（俗称套丝）。操作时应掌握以下要点：

① 对钢管套螺纹时，可用管子套螺纹绞板加工。常用的规格有 $1/2 \sim 2$ 和 $2\frac{1}{2} \sim 4$ 两种。选用板牙时必须注意，管径是以内径还是以外径标称的，否则无法应用。

② 套螺纹时，先将线管固定在龙门压架上，再把绞板套在管口，然后调整绞板的活动刻度盘，使板牙符合需要的距离。

③ 调整绞板上的三个支持脚，使其紧贴线管，这样套螺纹时不会乱丝扣。

④ 调整好绞板后，手握绞板手柄，平稳地向里推进，按顺时针方向转动。

⑤ 操作时要均匀用力，并及时浇油，以便冷却板牙和保持丝扣光滑。

⑥ 螺纹长度应等于管箍（又称束结）长度的一半加 1 ~ 2 牙。

⑦ 第一次套螺纹完毕后，松开板牙，再调整其距离，使其距离比第一次稍小一点，然后再套一次。

⑧ 当第二次螺纹快要套完时，稍微松开板牙，边转边松，使其成为锥形丝扣。

⑨ 套螺纹完毕，应用管箍试旋。

3－55 怎样进行动力线管的连接作业？

答：动力线管的连接方法视管子材质而定，通常有管箍连接法、套管焊接法和接头粘接法等。钢管与钢管的连接：无论是明配管还是暗配管，一般均采用管箍连接，尤其是埋地和防爆线管（图 3－56）。为了保证管接口的严密性，在线管的螺纹上应涂以白漆，缠上麻丝，用管子钳拧紧，并使两管端面紧贴吻合。在干燥场所，管径在 50mm 及以上的钢管连接，可采用加套焊接法。连接时，将管子从套筒两端插入，对准中心线后进行焊接，不允许采用不加套筒的对头焊接法。

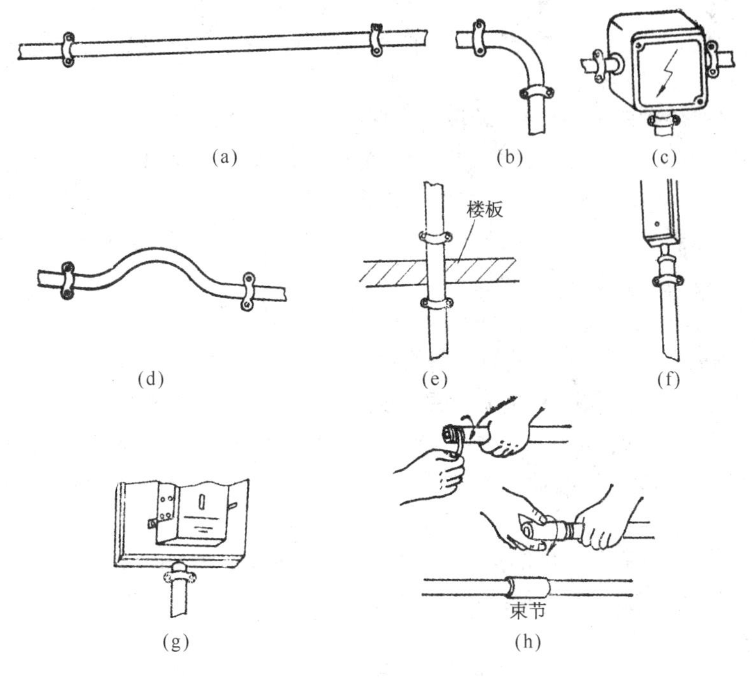

图 3－56　线管连接和定位方法

（a）直线部分；（b）拐弯部分；（c）进入接线盒；（d）跨越部分；（e）穿越楼板（或墙）；（f）与槽板连接；（g）进入木台；（h）线管连接

3－56　怎样安装动力线路的分闸刀开关？

答：刀开关是一种手动控制电器，有闸刀开关和铁壳开关两种，通常用于控制单台小容量（7kW 以下）电动机的直接启动和停车。闸刀开关结构如图 3－57 所示，安装要点如下：

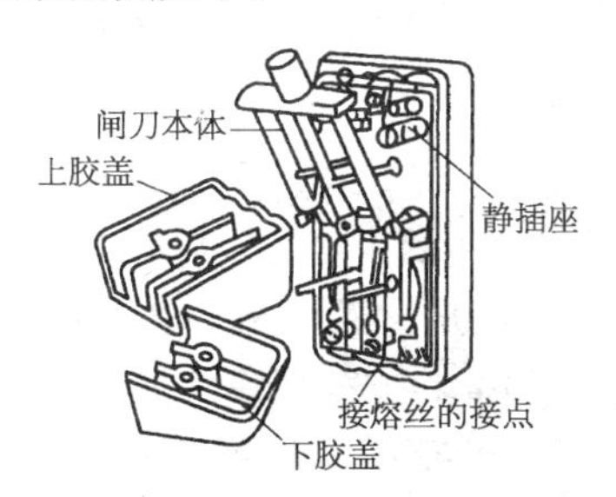

图 3－57　三极闸刀开关结构

① 闸刀开关和熔丝联合使用时，应将闸刀开关装在电源方，将熔丝装在负载方。这样，当闸刀断开时，熔丝及负载线路就没有电压，可保证装换熔丝或检修线路的安全。

② 安装闸刀开关时，底板应垂直于地面。手柄向上是接通电源，不能倒装或平装。如果位置装反了，由于振动或其他偶然原因，刀闸可能会自动下落造成误合闸而引起事故。安装时应拧紧闸刀开关各接线件的螺钉，刀闸和静触头夹座接触不应歪扭，否则这些部位会因接触不良而严重过热，甚至会打火引起电火灾。

3－57 怎样安装动力线路的铁壳开关？

答：铁壳开关又称负荷开关。铁壳开关由闸刀开关和熔断器组合，装在铁皮（或铸铁）保护外壳内。由于刀闸在机械上装有速断弹簧，能有效地切断负载电流，因而铁壳开关可以带负荷拉闸。安装中应掌握以下要点：

① 铁壳开关的内部接线方式有两种：一种是100A以上的铁壳开关，其接线如图3－58a所示；另一种是容量在100A以下的铁壳开关，其接线如图3－58b所示。

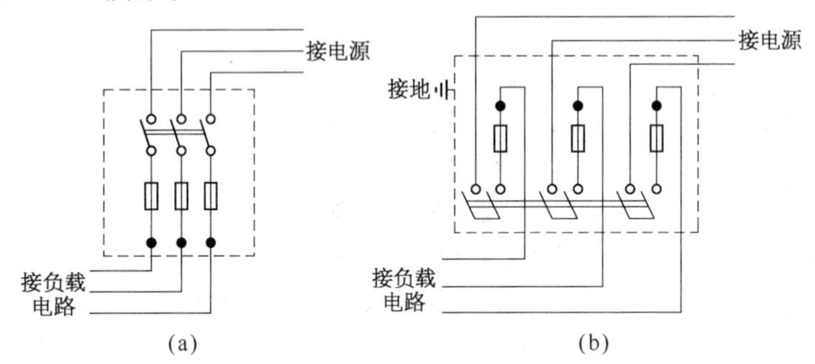

图3－58 铁壳开关的两种接线方式

（a）100A以上铁壳开关接线图；（b）100A以下铁壳开关接线图

② 铁壳开关各接线桩上有接线标号。标有L_1、L_2、I_3的端子接电源进线，标有T_1、T_2、T_3的端子接负载引出线。在墙上安装时，应垂直安装铁壳开关。先将开关底板固定在墙上，安装方法和步骤如图3－59所示。在支架上固定铁壳开关时，应事先将支架埋设在墙上，然后用六角螺栓将开关固定在支架上。安装高度以操作方便和安全为原则，一般离地面1.3～1.5m。注意将开关外壳和钢结构支架保护接零或接地。

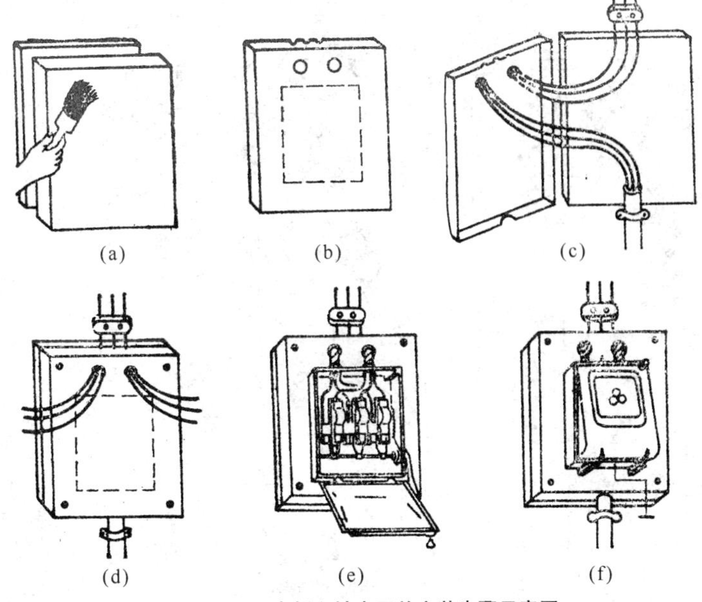

图 3-59　配电板和铁壳开关安装步骤示意图

（a）清洁整理；（b）划线钻孔；（c）木台背面开槽；

（d）穿线安装木台；（e）安装铁壳开关；（f）接线后关闭铁壳

③ 安装铁壳开关时，电源进线和负载引出线应分别穿过铁壳开关顶端和下缘的孔眼（100A 以下的铁壳开关，进出线孔均设置在开关的顶端），进出线孔均应加设木制护线圈或橡皮护线圈。如果用线管敷线，从线管引出的电源线和负载线应分别用绝缘带包缠或套绝缘套管后再进入铁壳开关。

3-58　怎样进行动力线路三相四线制电能表的安装和接线？

答：三相四线制电能表有 8 个接线柱，按由左向右编序，1、3、5 接线柱是电源相线的接线柱，2、4、6 是电能表的相线出线接线柱，7 为电源中性线 N 的进线接线柱，8 为电能表的中性线出线的接线柱（图 3-60）。三相四线制电能表安装后的配电板及其连接方法如图 3-61 所示。

3-59　什么是低压配电箱？怎样制作和安装木制配电箱（板）？

答：低压配电箱是由开关厂或电器制造厂生产的成套配电箱，也有自制的非成套配电箱。非成套配电箱有明装式和暗装式两种。

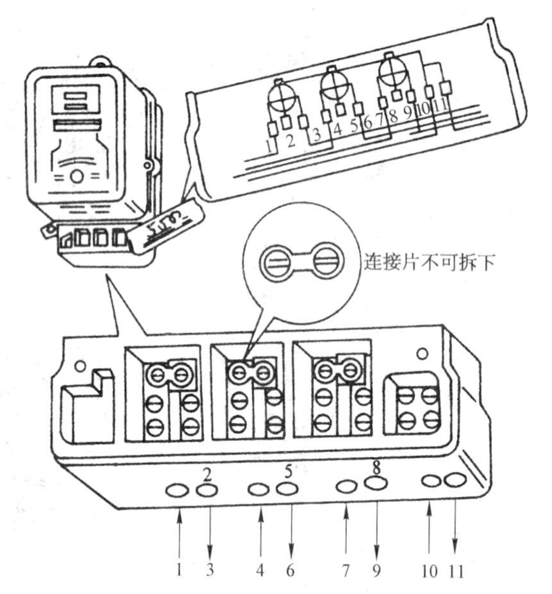

图 3-60　三相四线制电能表的接线方法

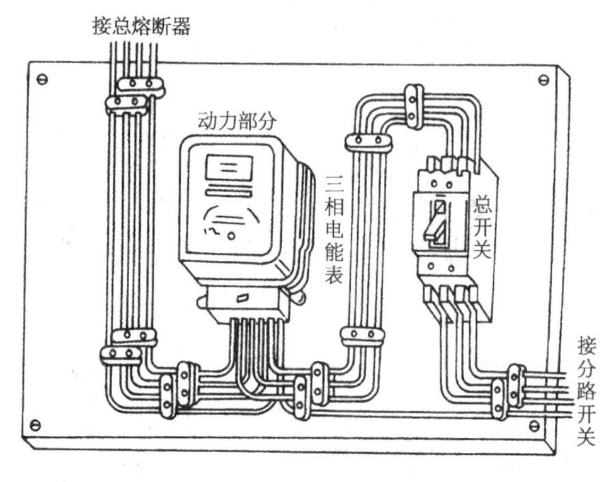

图 3-61　三相四线制电能表的配电板安装接线示意图

低压木制配电箱的制作分配电板(盘面)和箱体两大部分。盘面用厚度 25mm 以上、质地良好的木板,并涂以防潮漆。木制配电板主要是根据设计的电气设备的布置位置和配电箱回路数进行制作,如图 3-62 所示是一种常见的形式。木制配电板上各电器之间必须有一定的间距,各电器元件的间距见表 3-5。

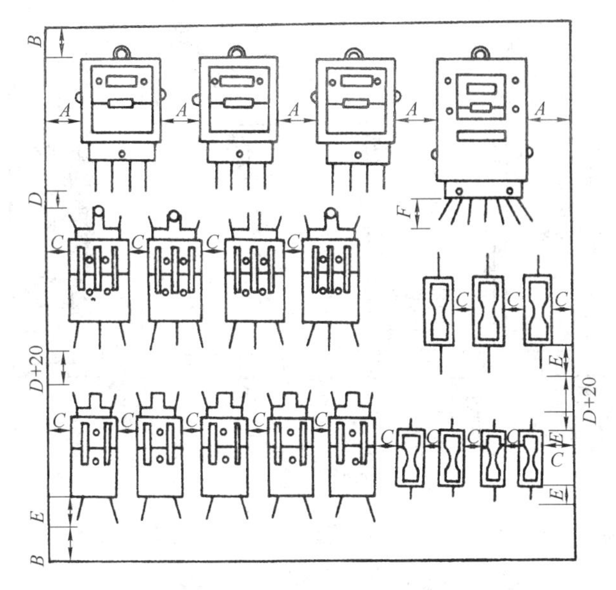

图 3-62　木制配电板电器元件排列间距

表 3-5　木制配电板电器元件的间距　（mm）

间距	最小尺寸	间距	最　小　尺　寸		
A	60 以上	*E*	电器规格	10 ~ 15*A*	20 以上
B	50 以上			20 ~ 30*A*	30 以上
C	30 以上			60*A*	50 以上
D	20 以上	*F*	80 以上		

3-60　低压成套配电箱有哪些常用类型?

答: 低压成套电力配电箱(俗称动力配电箱)的型号很多,常用的有 XL(F)-15 型、XL(R)-15 型等,其外形如图 3-63 所示。

① XL(F)-15 型电力配电箱系户内装置,箱体由薄钢板弯制焊接而成,为防尘式安装,箱门上装有电压表,指示汇流母线电压。箱内电器敞开式安装,主要有 400A 额定电流的刀开关;RM3 型熔断器。主要用于工厂交流 500V 及以下的三相交流电力系统配电。

② XL(R)-15 型电力配电箱系户内装置,为嵌入式安装。箱体用薄

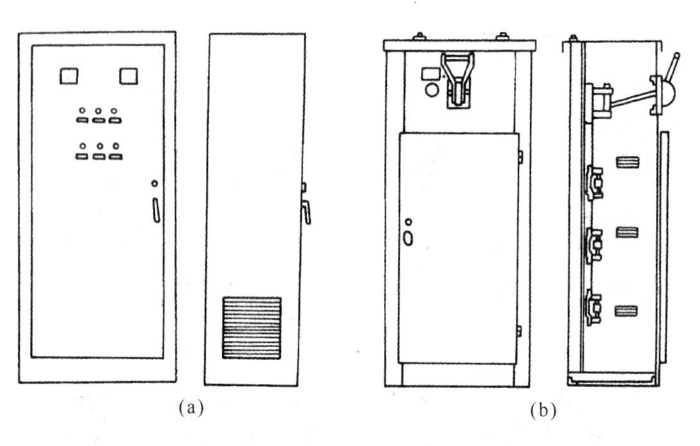

图 3-63　电力配电箱外形

(a) 基本形式；(b) XL(F)-15 外形

钢板弯制焊接而成封闭形，主要有箱、面板、低压断路器、母线及台架等。适用于交流 500V 以下，50Hz 三相三线及三相四线电力系统电力配电，该电力配电箱兼有过载和短路保护装置。

3-61　怎样安装低压配电箱？

答：① 低压配电箱的安装高度，除了施工图中有特殊要求以外，暗装时底口距地面 1.4m；明装时为 1.2m。明装电能表的应为 1.8m。

② 在 240mm 厚的墙内暗装配电箱时，其后壁用 10mm 厚的石棉板及直径 2mm 的铁丝、孔洞为 10mm 的铁丝网钉牢，并用 1∶2 水泥浆抹好以防开裂。

③ 配电箱外壁与墙接触的部分均需涂防腐油，箱内壁及板面均涂灰色油漆。铁制的配电箱应先涂上樟丹油再涂油漆。

3-62　低压动力配线和装置有哪些保护措施？如何应用？

答：为了防止触电事故，低压用电设备的金属外壳、框架都必须用导线与保护系统的干线可靠地连接。

保护系统有接零和接地两种。保护接零适用于配电变压器中性点接地的三相四线制系统，有专用配电变压器的工厂一般都采用保护接零，保护接地适用于配电变压器中性点不接地的三相四线制系统，多用于矿山井下供电系统。

3－63 什么是保护接零系统？

答：保护接零系统中的保护接零（PE）总线，最好和零线一样直接从变压器中性点接地处引出。但现在大都没有这样做，而是从车间零线重复接地处和工作零线（N）同时引出。用电设备的金属外壳或框架都应该用导线与这根保护接零干线（PE）可靠地连通（图3－64a）。

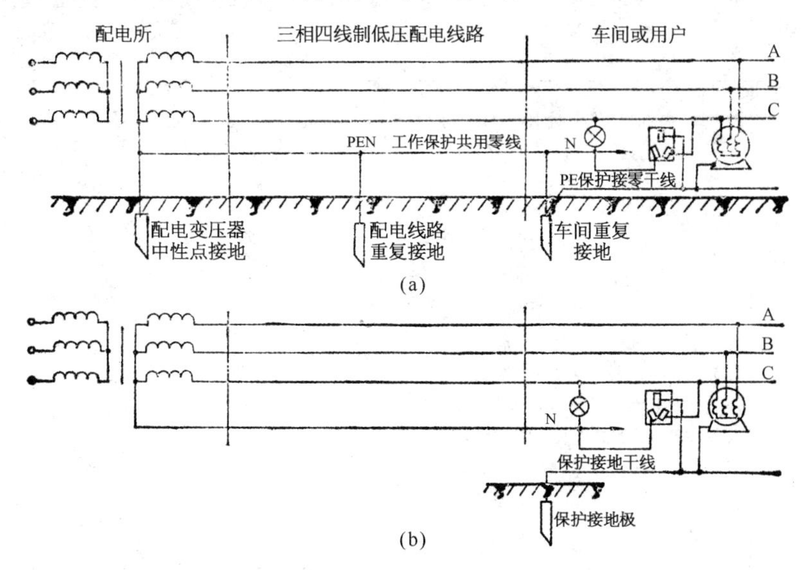

图3－64 保护接零和保护接地系统

（a）中性点接地的保护接零系统；（b）中性点不接地的保护接地系统

3－64 什么是保护接地系统？低压配电系统有哪些接地形式？

答：保护接地系统中，用户如有共同的保护接地极（接地网）和与接地极连接的保护接地总线，则用电设备的金属外壳或框架应用导线可靠地与这根保护接地总线连通（图3－64b）。如果没有共用的接地极及接地总干线，则用电设备应各做一个接地极并与设备外壳连通，这种情况只是少数用电设备不多或极其分散的用户才采用。目前低压配电系统主要有IT、TN、TT三种，其中TN系统又有TN－S、TN－C－S、TN－C三种，低压配电系统的接地形式见表3－6。

表3-6 低压配电系统的接地形式

名称	方法	用途	图示
TT系统	三相四线制中性点直接接地，将电气装置的金属外壳(图中虚线方框)直接接地	低压公用电网及农村集体电网等小负荷系统	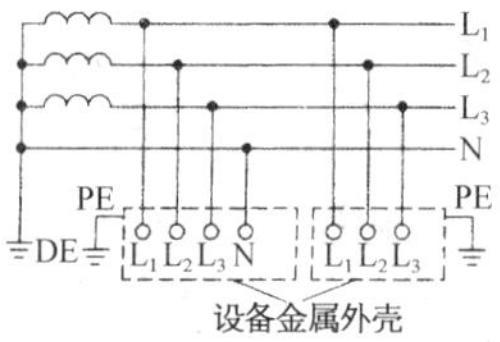L_1 L_2 L_3 N PE PE DE L_1 L_2 L_3 N L_1 L_2 L_3 设备金属外壳
TN系统	TN-C系统 三相四线制中性点直接接地，整个系统的中性线与保护零线是合一的系统，其PEN线严禁开路，也不准装开关或熔断器，如用绝缘的PEN线，必须用下列方法之一加以标志：(1) 导线通常用黄/绿双色，端头要作淡蓝色标记；(2) 导线通常用淡蓝色，端头要作黄/绿双色标记，PEN线必须按可能遭受的最高电压加以绝缘，以避免杂散电流，但成套开关设备和控制设备内部的PEN线不需要绝缘	高压用户在低压电网中采用保护接零的系统	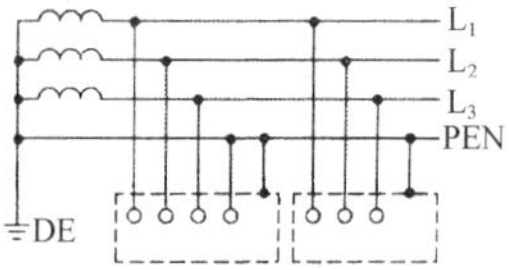L_1 L_2 L_3 PEN DE
	TN-S系统 三相五线制中性点直接接地，整个系统的中性与保护零线是分开的系统	高压用户在低压电网中采用保护接零的系统用于环境条件较差场所(此系统安全可靠，我国正在逐步推广采用)	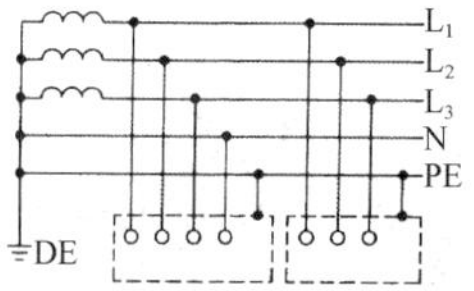L_1 L_2 L_3 N PE DE
	TN-C-S系统 三相四线制中性线直接接地，整个系统中有一部分中性线与保护零线是合一的系统，而在末端分开	高压用户的低压电网中采用保护接零的系统，且末端环境较差场所	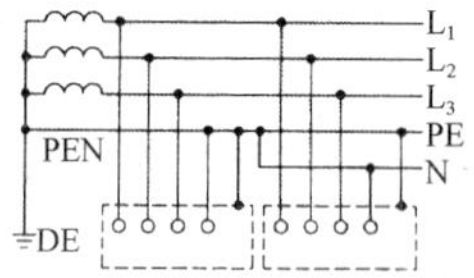L_1 L_2 L_3 PE N PEN DE

(续表)

名称	方　　法	用　　途	图　　示
IT 系统	具有独立接地极的 IT 系统 三相三线制中性点不接地或经过高阻抗接地，将电气装置的金属外壳直接接地	用于不准停电的煤矿、熔炼炉等场所	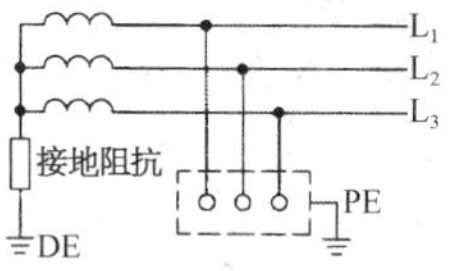 L_1 L_2 L_3 接地阻抗 PE DE
	具有公共接地极的 IT 系统 三相三线制中性点经过高阻抗的接地极与电气装置的金属外壳接地极共用		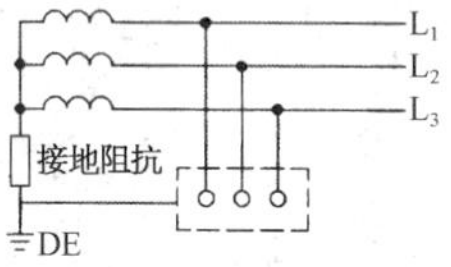 L_1 L_2 L_3 接地阻抗 DE

3－65　钢管配线怎样采用保护措施？

答：进行钢管配线时，钢管应与保护接零（或接地）干线连通，与保护干线连通的钢管本身又可作为其终端设备的保护连接线。配线钢管同时也是开关外壳的保护接零（或接地）连接线。其具体做法是在开关下面线管管口上装一只金属夹头，用 2.5mm^2（最小不得小于 1.5mm^2）的绝缘铜线将开关外壳的接地桩和线管金属夹头用螺钉压接；在线管接电机的出线口也装一只金属夹头，用上述同样规格的绝缘导线与保护接零（或接地）干线连通，而电机机座应单独用一根连接线和保护接零（或接地）干线连通。连接导线两端应加装接线耳。金属夹头和接线耳必须经过镀锌、镀铜或镀锡的防锈处理，连接处的线管表面不应有漆层、铁锈或其他污垢。管路中如有管箍接头、接线盒等机械连接点，则需用跨接线使其连通，以保证其与保护系统连接的连续性。

3－66　怎样进行接地极的安装？

答：若现场没有接地极（或按地网）和保护接零（或接地）干线，可自行安装人工接地体（图 3－65）。接地干线可用规格为 4mm × 25mm 的镀锌扁钢，接地极可用钢管或 5mm × 50mm × 50mm 的角钢。将接地极垂直打入地下不得浅于 2m；接地干线水平埋入地下在 300mm 以下；接地极顶端应稍低于地平面，四周应留出便于安装接地线的小水泥坑（水泥阀箱），如图 3－65 中的方框虚线所示。接地线的安装及各连接部位的处理如前所述。

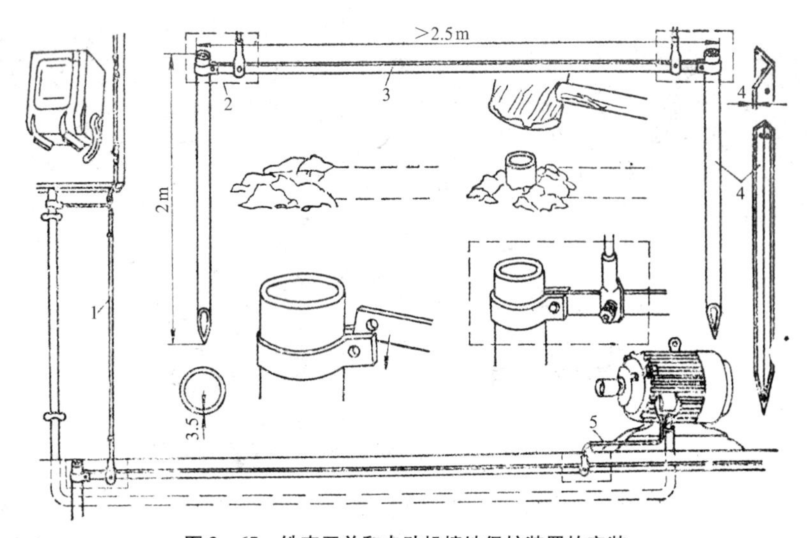

图 3-65　铁壳开关和电动机接地保护装置的安装

1、5—接地线；2—水泥阀箱；3—接地干线；4—接地极

人工接地体的接地电阻不得大于4Ω,若接地电阻达不到要求,应采用减小接地电阻的措施,如采用增加接地的支数或增加接地极的长度等。

3-67　什么是三相异步电动机控制线路？常用的控制线路有哪几种？

答: 用电动机拖动生产机械时,必须有相应的电气线路来控制电动机,以实现生产机械的各项功能要求。实现简单功能的电气线路叫基本环节电路。任何复杂的电气线路,都是由一些基本环节电路组成的。电动机常见的控制线路有以下几种:点动控制线路、单向运转控制线路、双向运转控制线路、位置(行程)控制线路、顺序控制线路、多地控制线路、减压启动控制线路、调速控制线路和制动控制线路。掌握基本环节电路的安装和检测,是电工掌握机床等设备的电气安装、检修技术的基本技能。

3-68　怎样释读电气线路图？怎样布置控制电器安装的位置？

答: (1) 电气线路图　按其用途可分为电气原理图和电气接线图两种。电气原理图反映电气线路的各项控制、保护功能,是安装、调试和分析机床电气故障的技术依据。电气接线图反映了线路中各种控制和保护器件的电气结构实体、安装位置及器件间接线的实际走向。电气接线图是将原理图具体化的结果，是配线的实际用图。释读电动机控制电气原理可如图 3－66 所示和见表 3－7。

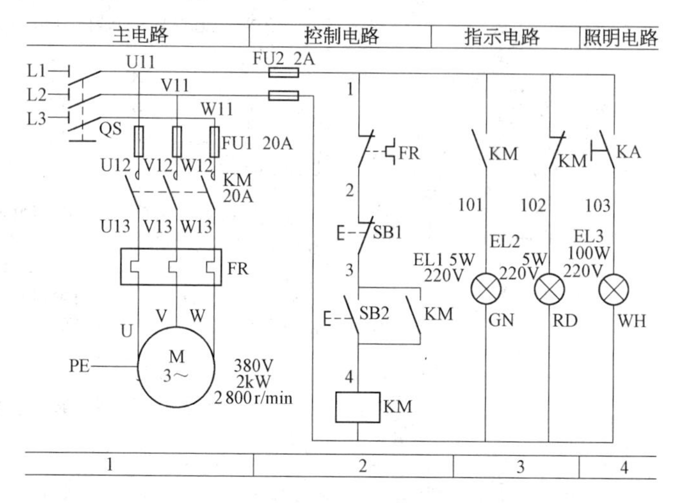

图 3－66 电动机单向连续运转控制电路

表 3－7 单向连续运转控制电路释读分析

电路功能	电 路 图	符号	各元件名称和在电路中的作用
主电路	L1 L2 L3 QS U11 V11 W11 FU1 U12 V12 W12 KM U13 V13 W13 FR U V W M 3～	QS	隔离开关。决定整个电路的通断，断开后方便电路安装与维修
		FU1	熔断器。对主电路进行短路保护
		KM	交流接触器主触头。闭合时为主轴电动机供电
		FR	热继电器的热元件。对主轴电动机进行过电流保护，当电流超过规定值一定时间后推动控制电路中的常闭触头断开，从而使接触器主触头断开，电动机停止运转
		M3～	主轴电动机（三相交流笼型异步电动机）。是整个电路的执行元件

（续表）

电路功能	电路图	符号	各元件名称和在电路中的作用
控制电路	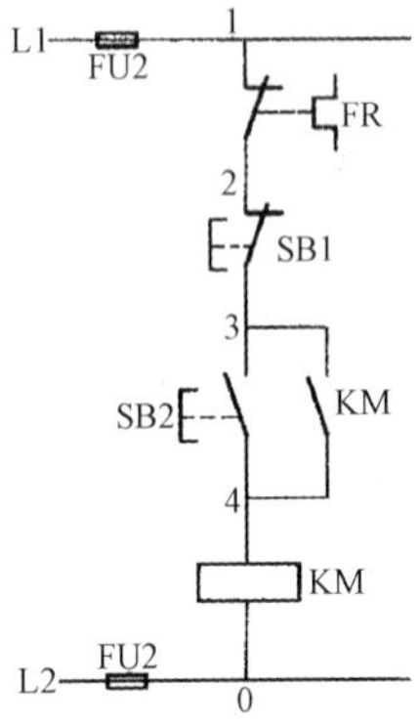 L1 FU2 1 FR 2 SB1 3 SB2 KM 4 KM L2 FU2 0	FU2	熔断器。控制电路和辅助电路的短路保护元件
		FR	热继电器常闭触头。当主轴电动机长时间过流时在热元件驱动下断开，使 KM 线圈断电，从而断开主电路
		SB1	停止按钮。按下后 KM 线圈断电使主电路断开
		SB2	启动按钮。按下后 KM 线圈通电，吸合后 KM 辅助触头闭合实现自锁（即 SB2 释放后使控制电路仍然接通）
		KM 常开触头	KM 常开触头，当 KM 线圈通电后闭合对 SB2 实行自锁
		KM 线圈	交流接触器电磁线圈，通电后其常闭触头断开，常开触头闭合
指示电路	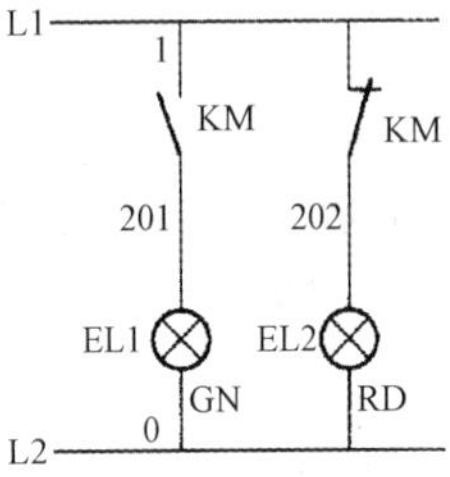 L1 1 KM KM 201 202 EL1 EL2 GN RD L2 0	KM (1－201) 常开触头	KM 常开触头。KM(1－201)吸合后 EL1 亮，指示电路处于工作状态
		KM (1－202) 常闭触头	KM 常闭触头。KM(1－202)常态时 EL2 亮，指示电路处于停止状态，KM 线圈通电时 KM(1－202)断开 EL2 灭指示电路正在工作
		EL1	工作指示灯
		EL2	停止指示灯
照明电路	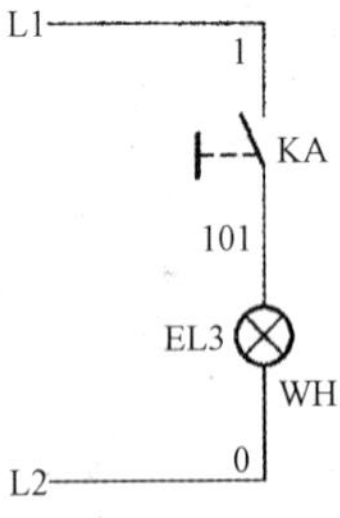 L1 1 KA 101 EL3 WH L2 0	KA	照明灯开关。闭合时 EL3(照明灯)亮
		EL3	照明灯

（2）电气安装位置　在机床电气安装中，除了要将电源开关、按钮、主令开关等装在便于操作位置上，以及将限位开关、压力继电器、速度继电器等（因与设备部件或运动相关）装在一定位置以外，其余器件大都集中在一块或几块控制板上。控制板是联系电源、电动机、主令和信号装置的枢纽，是电器最多、线路最为集中的部位。

3－69　释读和绘制电气线路图应掌握哪些基本方法和要点？

答：电气接线图释读和绘制　释读或绘制电气接线图首先应以电气原理图主电路为线索，确定各电器的安装位置。然后对照电气原理释读或绘制电气接线图。

（1）绘制的基本方法

① 主电路从电源到电动机端子，一般要依次经过电源开关控制板的电源进线接线板、熔断器、接触器常开主触头、热继电器及出线接线板。

② 电动机和电源开关属于板外电路，可不画出，其余电器应依次排列在控制板上。为方便配线和检修，同类电器（例如三只熔断器）应排成一列，左右留出 10～15mm 的空间距离，不宜太近或太远。太近，不便于配线或维修；太远，则松散不美观。不同类型的电器，前后之间的距离也不宜太远或太近，以不妨碍配线为原则。

③ 电气接线图中的电器，主要是画出其电气结构件如触头、线圈等。所以，电器布置图中电器的轮廓尺寸和安装距离，在电气接线图上只能作大体的参考。在不改变电器位置关系的前提下，以能清晰地画出接线图，并能据此进行实际配线为准。

（2）释读或绘制电气接线图注意点

① 同一电器中所有元件（例如同一接触器的主、辅触头和线圈），应根据线路走向按实体轮廓集中在一起。各元件的图形符号应和电气原理图中的符号相同。

② 主电路用粗实线表示，控制回路用细实线表示。连接导线应按横平竖直排列，转弯处应成直角。按主、控电路分类，凡同类（主或控）电路同一配线路径的若干根连接线，应合并成一根汇总线（即所谓集束表达方式）。当从某一接线桩引下来的导线进入或离开汇总线时，进、出汇交点应用倾斜线表达，以示出导线的来路和去向。

③ 各元件接线桩标号，应和电气原理图中的相应线端标号一致；通过

导线直接短接的若干个接线桩的接线标号应相同。

④ 按钮、行程开关、速度继电器等安装在控制板外的电器,一律放在板外;板内与板外电器有连接关系时,一律通过板上的接线板相接。

⑤ 绘制接线图之后,应进行复查:各接线桩的标号,与电气原理图是否一致,接线标号相同的接线桩之间,连线是否完成了每根连接线两端的绘制,接线标号是否相同。

3-70 如何进行控制线路安装作业?

答: 1）安装准备

(1) 清点和检查电气元件　根据电器布置图和元器件清单,清点电气元件。查种类、数量、型号规格及元件功能是否正常或损坏,否则应进行修理或更换。

(2) 电气元件的安装　根据电器布置图,将电气元件,用螺钉牢固地安装在控制板指定位置。由于电器的安装孔大都在陶瓷或胶木压制品上,拧螺钉时,不可用力过大,否则会损坏安装孔。

(3) 制作标号牌　连接导线之前,线端均应套上相应的标号牌、编码套管,标号牌常用聚氯乙烯管(塑料管)制作。也可采用二氯乙烷加适量龙胆紫(即紫药水)制成的混合液体,作为标号牌的书写墨水。

2）配线

(1) 线材下料　放线应不使导线发生拧绞,将导线放开后,根据实际需要长度剪断、拉直。主电路的导线截面按电动机的容量选择;控制电路的导线一般采用截面积为 $1mm^2$ 铜芯线(BVR);按钮线一般采用截面积为 $0.75mm^2$ 铜芯线(BVR);接地线一般采用截面积为 $1.5mm^2$ 铜芯线(BVR)。

(2) 配线操作　配线时,主、控电路分开走线,走向相同的,应紧贴安装板集束走在一起;直线部分超过200mm时,应每隔70mm左右,扎一个铝片卡;转弯时,直角应弯成小圆弧,转弯前后均应扎一个铝片卡,以防松散;不能将铝片卡直接扎在导线上,中间应包缠一层塑料片作保护。

多根导线汇集成线束走线时,导线的排列应使线束整齐,其截面尽量扎成矩形或正方形。

(3) 接线操作　接线前,线头绝缘层的剖削最好采用剥线钳操作。线头与接线桩的连接参见第二章有关内容。

3）不通电自检

① 核对接线桩的接线标号是否与接线图完全一致,连接导线有无接

错或漏接。

② 检查各元件安装是否牢固,线头与接线桩连接是否有脱落或松动,标号牌有无漏套、书写不清、装倒等不规范的现象。

③ 检测主电路是否接通及控制电路功能是否正常。

④ 通电试车将电源线接入控制板,合闸时,先合电源开关 QS,后按启动按钮 SB;分闸时,先按停止按钮 SB,后断电源开关 QS。

3-71 什么是直通支路和绝对通路?不通电检查断路点有哪些常用的检查方法?

答:(1)*直通支路和绝对通路* 由许多电器通电元件串联而成、线路上没有任何间断点(常开触点或开关)的电流通路称为直通支路;而没有串接任何通电元件的电流通路,称为绝对通路,例如机床床身或管线线路的金属保护管等。

(2)*应用电阻法检查直通支路的断路点* 用万用表依次测量直通支路上各点的电阻,若测到某点,万用表的指针无指示,则线路断路点必在该点与前一有指示点之间。这种根据各点电阻的指示情况,来寻找断路点的方法叫电阻法。

(3)*应用开路法检查多条并联直通支路断路点* 当有两条或多条直通支路并联时,若要应用开路法检查其中某条是否有断路点,应将其余并联直通支路断开,常闭触头隔断可采用垫入绝缘纸等方法。

(4)*应用短接法检查多条并列直通支路断路点* 为检查并列的直通支路断路点,可用短接法进行检查。检查前,应先测各直通支路有无短路并予以消除后,用万用表由近及远逐段检查。首先从最靠近短接端的第一接线板开始,查各接线端子是否彼此通路,不通的条、段,便是断路点所在处。

如果多路并列的直通支路上有一条与之并列的绝对通路,则借用绝对通路并应用短接法寻找断路点更为方便。检测前,将绝对通路与各并列直通支路短接,检测时,只要各并列直通支路相对于绝对通路,使万用表有指示,则说明通路;若无指示,则说明该支路断路。

3-72 怎样应用电压分阶测量法检查控制电路故障?

答:应用电压分阶测量法测量检查时,先把万用表置于交流电压500V 的挡位上,然后按图3-67 所示方法进行测量。操作时,先断开主电

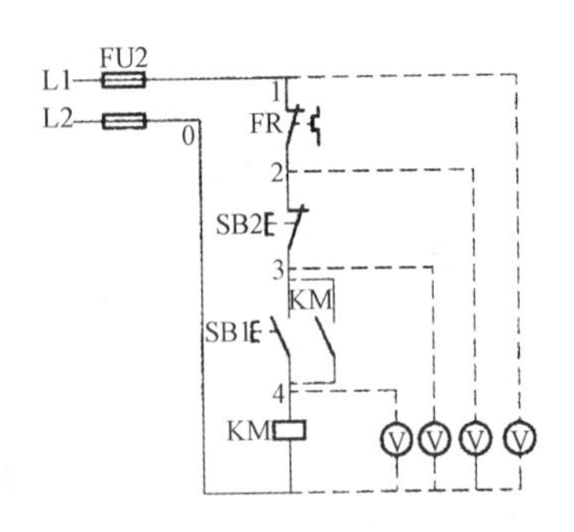

图 3-67　电压分阶测量法示意

路,然后接通控制电路的电源。若按下启动按钮 SB1 时,接触器 KM 不吸合,则说明控制电路有故障。检测时需要两人配合进行,一人先用万用表测量 0 和 1 两点之间的电压,若电压为 380V,则说明控制电路的电源电压正常,然后由另一人按下 SB1 不放,一人把黑表棒接到 0 点上,红表棒依次接到 2、3、4 各点上,分别测量 0-2、0-3、0-4 两点间的电压 U_{0-2}、U_{0-3}、U_{0-4},根据测量结果即可找出故障点(表 3-8)。

表 3-8　电压分阶测量法查找故障点

故障现象	测试状态	U_{0-2}	U_{0-3}	U_{0-4}	故　障　点
按下 SB1 时, KM 不吸合	按下 SB1 不放	0	0	0	FR 常闭触头接触不良或不闭合
		380V	0	0	SB2 常闭触头接触不良或不闭合
		380V	380V	0	SB1 常开触头接触不良或不能闭合
		380V	380V	380V	KM 线圈断路

3-73　怎样应用电阻分阶测量法检查控制电路故障?

答: 应用电阻分阶测量法测量检查时,首先把万用表的转换开关置于倍率适当的电阻挡,然后按图 3-68 的方法进行测量。操作时,先断开主电路,然后接通电源。若按下启动按钮 SB1 时,接触器 KM 不吸合,则说明控制电路有故障。检测时,首先切断控制电路电源,然后一人按下 SB1 不放,另一人用万用表依次测量 0-1、0-2、0-3、0-4 各两点之间的电阻值,根据测量结果即可找到故障点(表 3-9),表中 R 为接触器线圈的直流电阻。

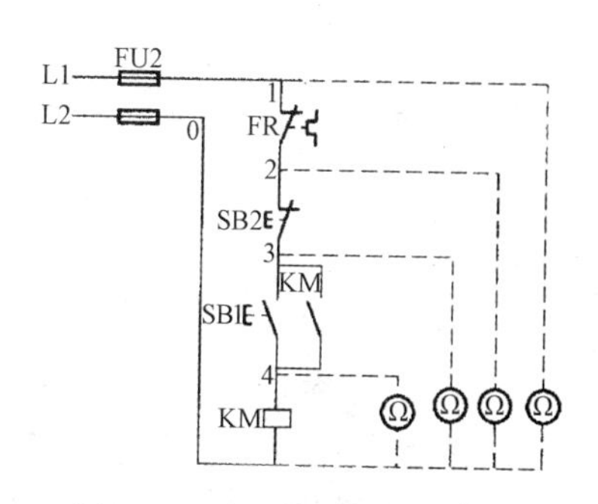

图 3－68 电阻分阶测量法示意图

表 3－9 电阻分阶测量法查找故障点

故障现象	测试状态	R_{0-1}	R_{0-2}	R_{0-3}	R_{0-4}	故 障 点
按下SB1时，KM不吸合	按下SB1不放	∞	R	R	R	FR常闭触头接触不良或已分断
		∞	∞	R	R	SB2接触不良或已分断
		∞	∞	∞	R	SB1接触不良或不能闭合
		∞	∞	∞	∞	KM线圈断路

3－74 怎样释读接触器自锁单向运转控制线路的控制功能和结构原理？

答：(1) 线路控制功能和结构原理

① 接触器自锁单向运转控制线路可实现电动机的连续运转。

② 工作过程及主要元器件在电路中的作用见表3－10。

(2) 释读要点

① 欠电压保护是指当线路电压下降到某一数值（一般指低于额定电压58%以下）时，电动机能自动脱离电源停转。接触器是依靠电磁吸力动作的电器，欠电压时电磁吸力不足，所有触头都会恢复常态。

② 失电压保护是指电动机在正常运行中，由于外界某种原因引起突然断电时，能自动切断电源；当重新供电时，保证电动机不会自行启动的一种保护。接触器在失电时所有触头都恢复常态，SB1也已解锁，保证恢复供电电动机不会自动启动。

表 3－10　接触器自锁单向运转控制线路的结构和原理

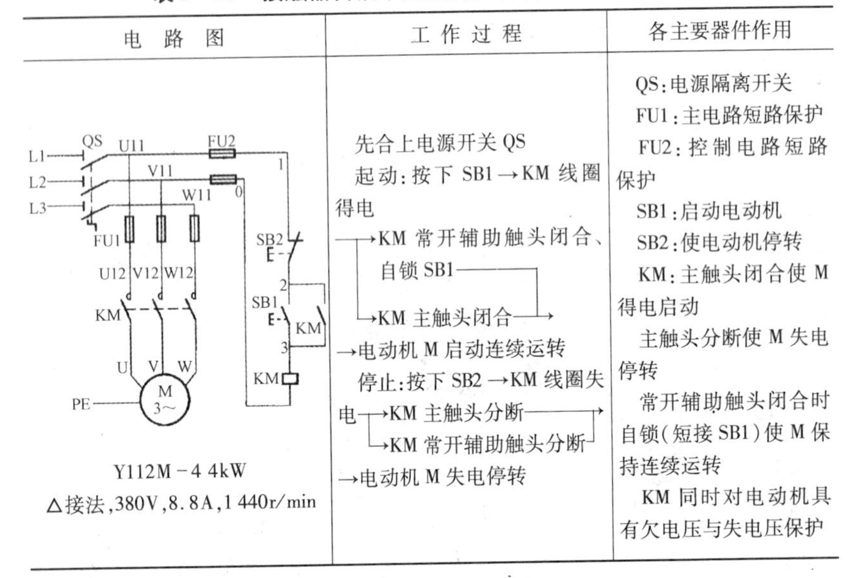

电　路　图	工　作　过　程	各主要器件作用
Y112M－4 4kW △接法,380V,8.8A,1 440r/min	先合上电源开关 QS 起动:按下 SB1→KM 线圈得电 →KM 常开辅助触头闭合、自锁 SB1 →KM 主触头闭合 →电动机 M 启动连续运转 停止:按下 SB2 →KM 线圈失电→KM 主触头分断 →KM 常开辅助触头分断 →电动机 M 失电停转	QS:电源隔离开关 FU1:主电路短路保护 FU2:控制电路短路保护 SB1:启动电动机 SB2:使电动机停转 KM:主触头闭合使 M 得电启动 主触头分断使 M 失电停转 常开辅助触头闭合时自锁(短接 SB1)使 M 保持连续运转 KM 同时对电动机具有欠电压与失电压保护

3－75　怎样进行接触器自锁单向运转控制线路的安装和自检?

答:(1) 接触器自锁单向运转控制线路的安装接线要点　安装接线方法如图 3－69 所示,操作时应掌握以下要点:注意按钮接线位置,若错接,会产生控制回路直通,控制回路只能点动,不能自锁;与接触器线圈相通的 3 号线接按钮位置 3 时,控制回路功能才能正常。

(2) 接触器自锁单向运转控制线路的不通电自检

① 主电路的检查:以接触器 KM 的常开主触头为分界线,分别检查其电源方(与电源进线接线板直通的一方)和负载方(与电动机接线板直通的一方)。无论是哪方,都是三条并列的直通支路,可用短接法或电阻法检查各根相线的断路点。

② 控制回路的检查:检测时,万用表测试点一般应放在控制回路的电源进线端。

(a) 按下 SB1,万用表有指示,说明控制回路接通。但万用表接上测试点就有指示,则按钮接线有误。

(b) 按下 KM 的铁心,万用表有指示,说明自锁接对,若无指示,则可能是自锁触头接触不良或有接线错误。

(c) 按住 KM 的铁心,万用表若有指示,再按 SB2,万用表指针返回∞

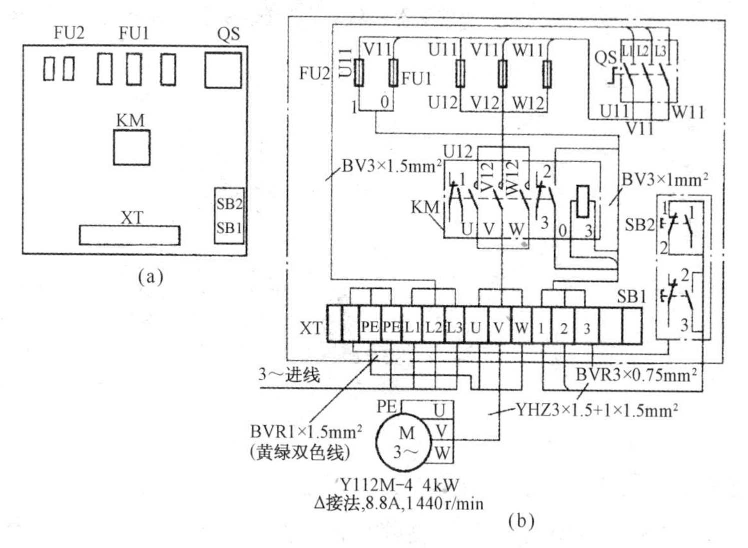

图 3－69 接触器自锁单向运转控制线路安装示意图

(a) 安装位置图; (b) 安装接线图

位,说明停止按钮接对。

(3) 通电试车注意事项

① 被试电动机外壳接地(或接零)必须良好。

② 电动机绕组必须按其铭牌要求连接成△形或Y形。

③ 电机启动和停车要求,见前述有关内容。

3－76 怎样释读热过载保护的接触器自锁单向运转控制线路的控制功能和结构原理?怎样进行接线和自检?

答: (1) 接触器自锁单向运转控制线路控制功能和结构原理

① 过载保护是指当电动机出现过载时能自动切断电动机电源,使电动机停转的一种保护。最常用的过载保护是由热继电器来实现的。在接触器自锁单向运转控制线路中增加一个热继电器 FR,并把其热元件串接在三相主电路中,把常闭触头串接在控制电路中便构成了具有过载保护的接触器单向运转控制线路。

② 工作过程及主要元器件在电路中的作用见表 3－11。

(2) 接线要点　自锁触头 KM 必须与点动按钮 SB1 的常开触头并接。

(3) 不通电自检　测试点为 U11、V11。

表 3－11 具有过载保护的接触器自锁单向运转控制线路的结构和原理

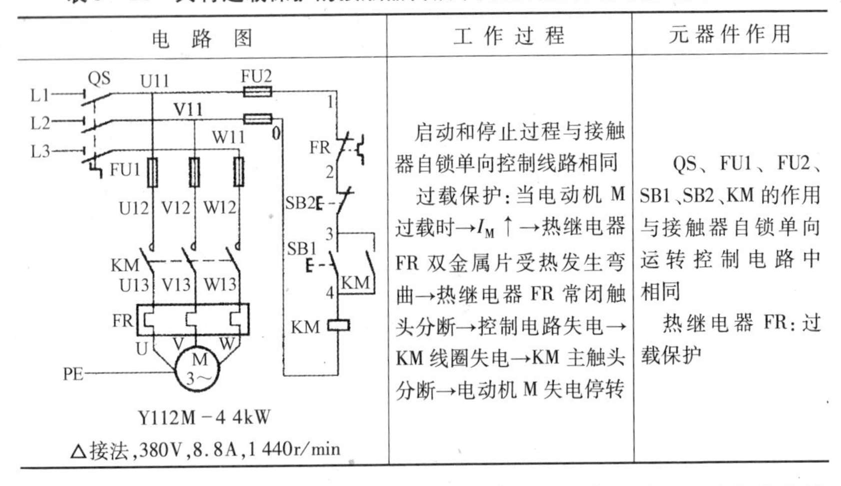

电　路　图	工　作　过　程	元 器 件 作 用
Y112M－4 4kW △接法,380V,8.8A,1 440r/min	启动和停止过程与接触器自锁单向控制线路相同 过载保护:当电动机 M 过载时→I_M↑→热继电器 FR 双金属片受热发生弯曲→热继电器 FR 常闭触头分断→控制电路失电→KM 线圈失电→KM 主触头分断→电动机 M 失电停转	QS、FU1、FU2、SB1、SB2、KM 的作用与接触器自锁单向运转控制电路中相同 热继电器 FR:过载保护

① 按 SB1,万用表有指示,说明控制回路接通;若无指示,则应首先检查 FR 的常闭触头是否恢复闭合。

② 按住 KM 的铁心,万用表有指示,说明线路自锁良好。

③ 按 SB2,万用表指针返回∞位,说明 BS2 的常闭触点与 KM 自锁触头接对。

3－77 怎样释读转换开关控制双向运转控制线路的控制功能和结构原理?怎样进行安装接线和自检?

答:(1) 电路的工作原理与结构　转换开关控制双向运转控制线路如图 3－70 所示。

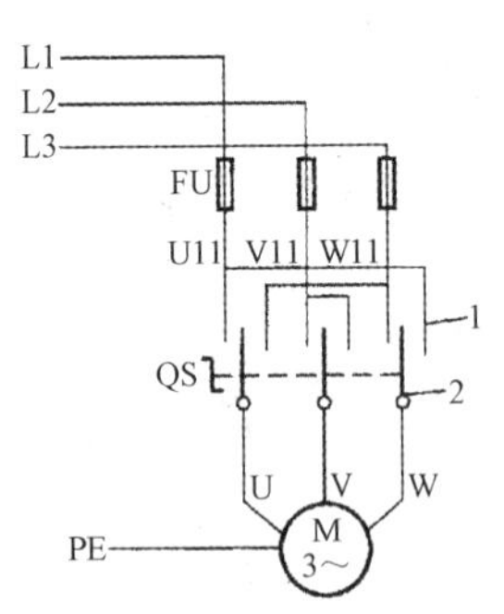

图 3－70　转换开关双向运转控制线路

① 当手柄处于“停”位置时,QS 的动静触头不接触,电路不通,电动机不转。

② 当手柄扳至“顺”位置时,QS 的动触头与左边的静触头接触,电路按 L1－U、L2－V、L3－W 接通,输入电动机定子绕组的三相交流电源电压的顺序为 L1、L2、L3,电动机正转。

③ 当手柄扳至“倒”位置时,QS 的动触头与右边的静触头接触,电路按 L1－W、L2－V、L3－U 接通,输入电动机定子绕组的三相交流电源电压的顺序为 L3、L2、L1,电动机反转。

本电路中的电动机，是通过转换开关改变其电源相序来实现正反转控制的。接线前，判明转换开关各接线桩与电源及电动机的接线标号是本例的关键。

（2）安装接线要点　将转换开关从“顺”位置扳到“倒”位置时，电动机有两个接线桩的电源相序发生了互换。

（3）不通电自检　无论将转换开关扳到哪一挡，任意两电源相线之间不能相通：任意两电机引线接线桩之间不能相通。

（4）通电试车注意事项　电机及电源与转换开关连接妥后，开车前，将转换开关置“停”位；开车时，先合电源开关，再将转换开关扳到“顺”（或“倒”）位置，使电机运转；若要反转，则必须将转换开关回复“停”位置，待电机停稳后，再扳到反方向位置；停车时，先将转换开关回复“停”位置，后断电源开关。

3－78　怎样释读接触器连锁双向运转控制线路的控制功能和结构原理？怎样进行安装接线和自检？

答：接触器连锁双向运转控制线路如图 3－71 所示，结构原理如下：

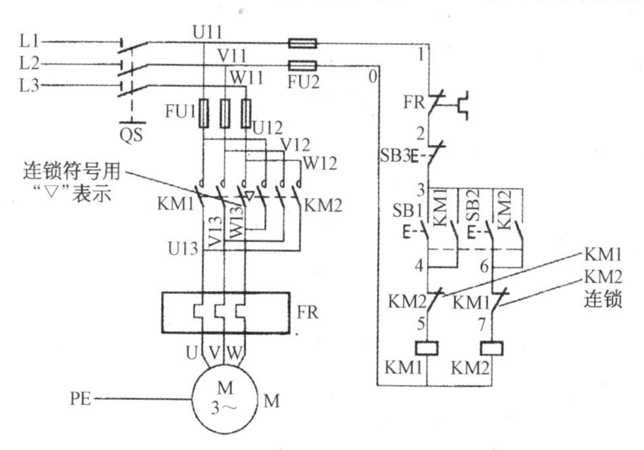

图 3－71　接触器连锁双向运转控制线路

（1）结构组成　线路的双向运转装置是由两个同型号、同规格的接触器 KM1、KM2 组成，在控制电路中控制按钮也是由两个启动按钮 SB1、SB2 和停止按钮 SB3 组成。KM1、KM2 主触头接通的电源相序不同，KM1 按 L1－L2－L3 相序接线，KM2 按 L3－L2－L1 相序接线。SB1 和 KM1 线圈等组成正转控制线路；SB2 和 KM2 线圈等组成反转控制线路。为避免两个接触器同时得电动作造成电源短路，在正反转控制电路中分别串接对方接触器的一副常闭（动断）辅助触头，实现连锁。

（2）工作过程（合上电源开关 QS）

① 正转控制：按下 SB1，KM1 线圈得电，KM1 主触头闭合、常开触头闭合自锁、常闭触头分断对 KM2 线圈连锁，电动机 M 得电启动正转。

② 反转控制：按下 SB3，KM1 线圈失电，KM1 主触头分断、常开触头分断解锁、常闭触头恢复闭合解除对 KM2 的连锁，电动机 M 失电停转；再按下 SB2，KM2 线圈得电，KM2 主触头闭合、常开触头闭合自锁、常闭触头分断对 KM1 线圈连锁，电动机 M 得电反转。

（3）接线要点　接线操作参见图 3－72，注意掌握以下要点。

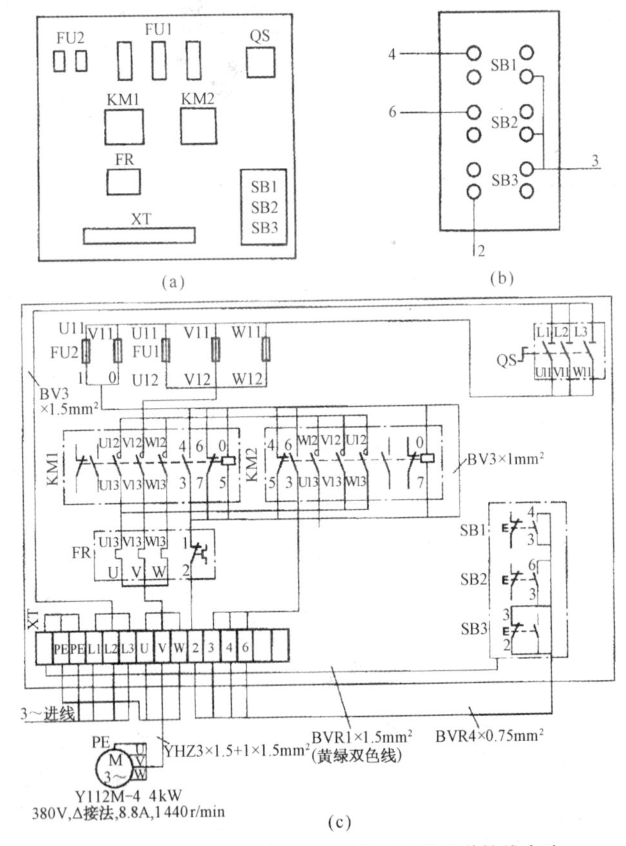

图 3－72　接触器连锁双向运转控制线路安装接线方法

（a）安装接线图；（b）按钮接线图；（c）安装位置图

① 主电路的反转接触器 KM2 的负载方，第 1、3 相应倒相，否则不能实现电机正反转。正、反转接触器主触头对应接线桩可架空连接（俗称“飞线”）。

② 控制回路正、反转连锁接线必须正确，注意串接为连锁；并接为自锁。

(4) 不通电自检　卸掉 FU2 在 V11 相的熔体，切断控制回路与主电路之间的电源通路，卸开正、反转接触器之间的 0 号连线，切断它们之间的电流通路（检测完毕恢复其接线）。检测时，先检测与 FR 相通的支路。

① 第一测试点：W12（FU1）、V11（2RD）。若线圈 KM1 支路与 FR 相通，则：

(a) 按 SB1，万用表有指示，说明控制回路接通，若无指示，则应首先检查 FU2、FR 是否通路。

(b) 按住（不要放手）KM1 铁心，万用表有指示，说明正转支路自锁良好：再按 KM2 铁心，万用表指针返回“∞”位，说明该支路连锁接对。

② 第二测试点：W12（FU1）、0（KM2）。

(a) 按 SB2，万用表有指示，说明反转支路接通。

(b) 按住（不要放手）KM2 铁心，万用表有指示，说明反转支路自锁良好；再按 KM1 铁心，万用表指针返回∞位，说明该支路连锁接对。

3－79　怎样释读按钮和接触器双重连锁控制线路的控制功能和结构原理？怎样进行安装接线和自检？

答：(1) 线路控制功能和结构原理　按钮和接触器双重连锁控制线路如图 3－73 所示，结构特点和工作过程如下：

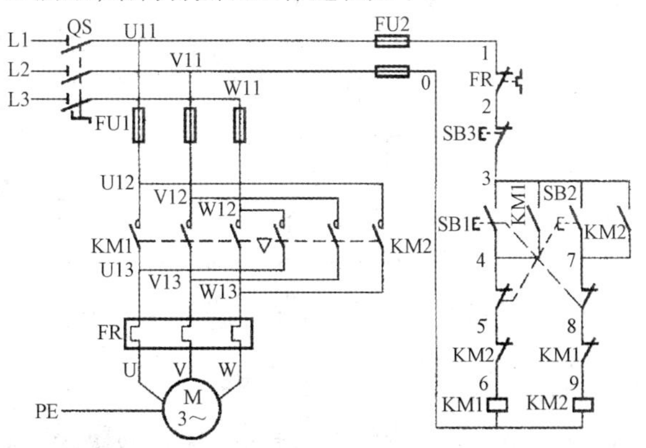

图 3－73　按钮和接触器双重连锁双向运转控制线路

① 双重连锁是将按钮连锁和接触器连锁有机组合，克服按钮连锁容易造成电源短路和接触器连锁换向操作不方便的不足，兼有接触器连锁和按钮连锁两种连锁控制线路的优点，操作方便，工作安全可靠。

② 工作过程（合上电源开关 QS）。

（a）正转控制：按下 SB1，SB1 常闭触头先分断对 KM2 线圈连锁、常开触头后闭合，KM1 线圈得电，KM1 主触头闭合、常开触头闭合自锁、常闭触头分断对 KM2 线圈双重连锁，电动机 M 得电启动连续正转。

（b）反转控制：按下 SB2，SB2 常闭触头先分断，KM1 线圈失电，KM1 主触头分断、常开触头分断解自锁、常闭触头闭合解除对 KM2 的连锁，电动机 M 暂时失电；此时 KM2 线圈得电，KM2 主触头闭合、常开触头闭合自锁、常闭触头分断对 KM1 线圈双重连锁，电动机 M 得电反转。

（2）*安装接线要点*　安装接线方法如图 3－74 所示，注意掌握以下要点：本电路与图 3－72 的电路比较，板内电器及主电路保持不变，但板内要改变某些接线桩的接线标号，板外增加两根按钮线并完成按钮连锁接线。

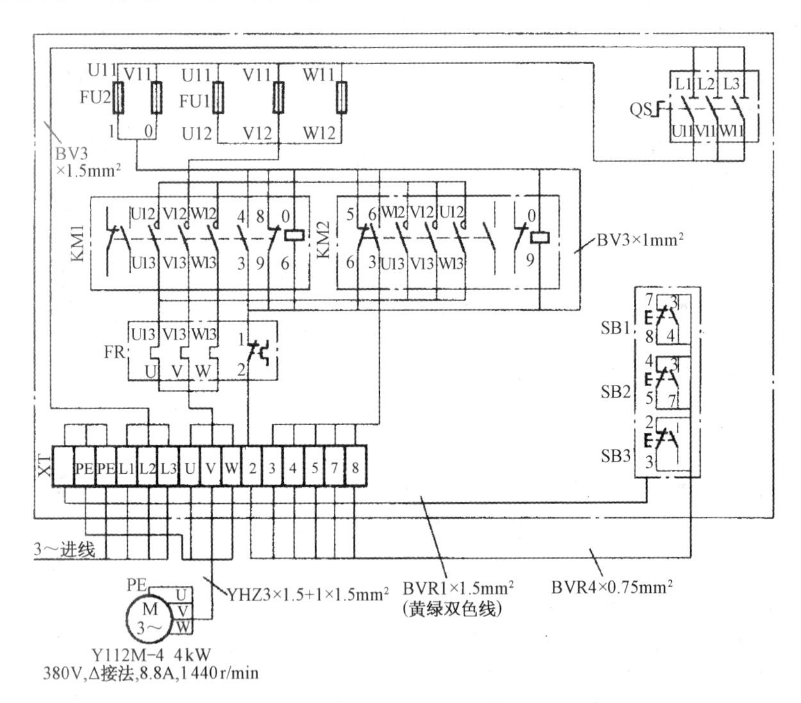

图 3－74　按钮和接触器双重连锁双向运转控制线路安装接线方法

改接按钮时,原按钮接线不动,只需将 SQ1、SQ2 的常闭触头添加接线标号,并按要求连接后即可。

(3) 不通电自检　为了检验按钮连锁是否接对,可按住 SB1,再按 SB2,万用表指针返回∞位,说明正转连锁接对;按住 SB2,再按 SB1,若万用表指针亦返回∞位,则说明反转连锁接对。

3-80　怎样释读按钮、接触器控制Y-△降压启动电路的控制功能和结构原理?怎样进行安装接线和自检?

答:(1) 电路的工作原理和结构　按钮、接触器控制Y-△降压启动电路如图 3-75 所示,电路结构和工作原理如下:

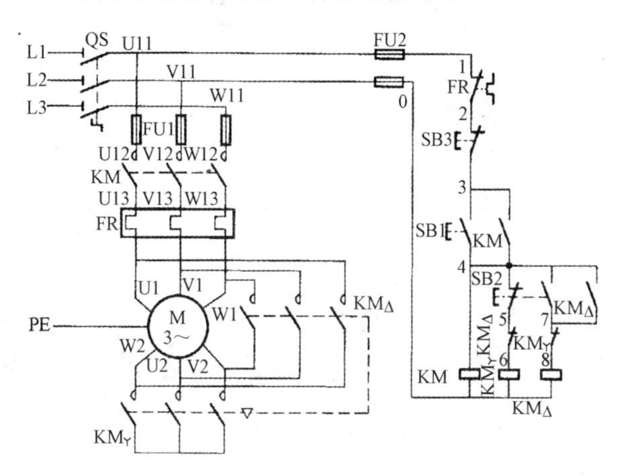

图 3-75　电动机按钮、接触器控制Y-△降压启动电路

① 合上电源开关 QS,电动机 M 主电路由 KM 控制,定子绕组接法由接触器 KM_Y 和 $KM_\triangle$ 控制,SB1 控制 KM 和 KM_Y 线圈实现降压启动;SB2 控制 KM_Y 线圈失电,$KM_\triangle$ 线圈得电,实现全压运行。按下 SB3 可使整个控制电路失电,使三个接触器所有触头恢复常态,电动机失电停转。

② SB1 由 KM 常开触头闭合自锁;SB2 由 $KM_\triangle$ 常开触头自锁;KM_Y、$KM_\triangle$ 由双方的常闭触头和按钮 SB2 双重连锁。SB1 接线位置(3-4)与 SB2 接线位置(4-5)保证 KM_Y、$KM_\triangle$ 的顺序控制。

(2) 安装接线要点

① 接线板上电机的六个接线端子标号不能弄错。在将电机的六个出线端接到接线板上之前,也必须判明无误。

② 线圈 KM_Y 支路和线圈 $KM_{\triangle}$ 支路连锁必须接线无误，否则会造成电源相间短路。

③ 板内、外的连线不能对换接错，否则电动机可能变为△启动、Y运行。

（3）不通电自检　切断 KM_Y、$KM_{\triangle}$ 两线圈所在支路的电流通路。

① 第一测试点：FU2 电源进线端。分别按下 SB1 及 KM 的铁心，万用表有指示，说明控制回路电源接通并自锁良好。

② 第二测试点：4－0（KM_Y）。

万用表接上测试点就有指示，说明线圈 KM_Y 支路接通；按下 SB2，万用表指针返回"∞"位，说明 SB2 的常闭触头接对；按下 $KM_{\triangle}$ 铁心，万用表指针亦返回"∞"位，说明该支路与线圈 $KM_{\triangle}$ 支路互锁接对。

③ 第三测试点：4－0（$KM_{\triangle}$）。

（a）按下 SB2，万用表有指示，说明其常开触头接对。

（b）按住 $KM_{\triangle}$ 铁心，万用表有指示，说明线圈 $KM_{\triangle}$ 支路自锁良好；再按 KM_Y 铁心，万用表指针返回"∞"位，说明该支路与 KM_Y 支路互锁接对。

④ 按下 $KM_{\triangle}$ 铁心，接线板上的 U_1-W_2、V_1-U_2、W_1-V_2 接线端子对应相通，说明 $KM_{\triangle}$ 主触头接线无误。

⑤ 按下 KM_Y 铁心，接线板上的 U_2、V_2、W_2 号接线端子互通，说明 KM_Y 主触头接线无误。

3－81　什么是电动机的机械抱闸制动？怎样进行机械制动控制电路的安装接线和自检？

答： 利用机械装置使电动机断开电源后迅速停转的方法称为机械制动，机械制动的常用装置是电磁抱闸制动器和电磁离合器，如图 3－76 所示。机械制动控制电路示例如图 3－77 所示。

1）机械抱闸制动控制电路的工作原理和结构

（1）断电制动

① 启动运转：合上电源开关 QS，按下 SB1，KM 线圈得电，KM 常开触头闭合自锁，主触头闭合，YB 线圈得电，衔铁与铁心吸合，闸瓦与闸轮分开，电动机得电运转。类似的电磁离合器制动方式，电动机得电运转，励磁线圈得电，动静铁心吸合，动静摩擦片分开，动摩擦片连同绳轮轴在电动机带动下正常运转。

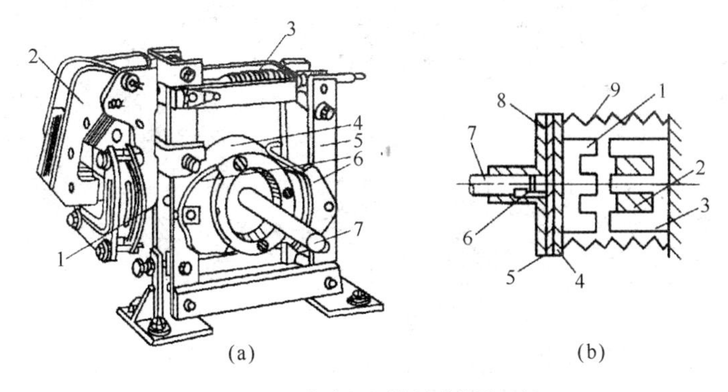

图 3-76　电动机机械制动装置示例

(a) 电磁抱闸制动器:

1—电磁线圈; 2—铁心; 3—弹簧; 4—闸轮; 5—杠杆; 6—闸瓦; 7—轴;

(b) 电磁离合器:

1—动铁心; 2—激励线圈; 3—静铁心; 4—静摩擦片;

5—动摩擦片; 6—键; 7—绳轮轴; 8—法兰; 9—制动弹簧

② 制动停转:按下 SB2,KM 线圈失电,KM 主触头分断,自锁常开触头分断,电动机 M 失电惯性运转,YB 线圈失电,衔铁与铁心分断,闸瓦抱紧闸轮,电动机 M 迅速制动停转。类似的电磁离合器制动方式,电动机 M 切断电源后,励磁线圈同时失电,制动弹簧将静摩擦片连同铁心推向动摩擦片,弹簧张力迫使动静摩擦片之间产生足够大的摩擦力,使电动机迅速制动。

(2) 通电制动

① 启动运转:合上电源开关 QS,KM1 线圈得电,KM1 主触头闭合、常开触头闭合自锁、常闭触头分断连锁,电动机 M 得电运转。

② 制动停转:按下 SB2,SB2 常闭触头先分断、常开触头后闭合,KM1 线圈失电,KM1 主触头分断、常开触头分断解自锁、常闭触头闭合,电动机 M 失电惯性运转、KM2 线圈得电,KM2 常闭触头分断连锁、常开触头闭合,YB 线圈得电,闸瓦抱紧闸轮,电动机 M 被制动迅速停转。

2) 安装接线要点　按常规进行安装接线,并注意以下要点。

① 安装电动机、电磁抱闸制动器时,电磁抱闸制动器应与电动机安装在固定的底座或座墩上,拧紧地脚螺栓并配备防松措施。制动闸轮与抱闸机构应保持同轴位置。

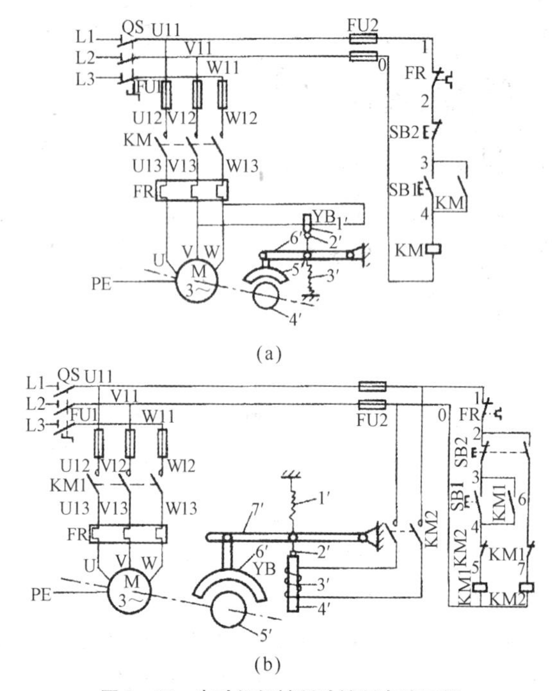

图 3－77　电动机机械制动控制电路示例

（a）电磁抱闸制动器断电制动与电磁离合器制动：

1′—线圈；2′—衔铁；3′—弹簧；4′—闸轮；5′—闸瓦；6′—杠杆；

（b）电磁抱闸制动器通电制动：

1′—弹簧；2′—衔铁；3′—线圈；4′—铁心；5′—闸轮；6′—闸瓦；7′—杠杆

② 可靠连接电动机、电磁抱闸制动器及各电器元件不带电的金属外壳的保护接地线。

③ 通电试车前，应对电磁抱闸制动器进行粗调。粗调时以在断电状态下用外力转不动电动机的转轴，而用外力将制动电磁铁吸合后，电动机的转轴能自由转动为粗调合格标准；通电试车时进行微调，通电带负荷运转状态下，电动机运转自如，闸瓦与闸轮无摩擦、无过热，而断电时能立即制动为微调合格标准。

3－82　怎样实现电动机的多地控制？怎样进行电动机多地控制电路的安装接线和调整检修？

答：（1）电动机多地控制电路的工作原理和结构　电动机的多地控

制线路如图 3－78 所示，结构原理如下：

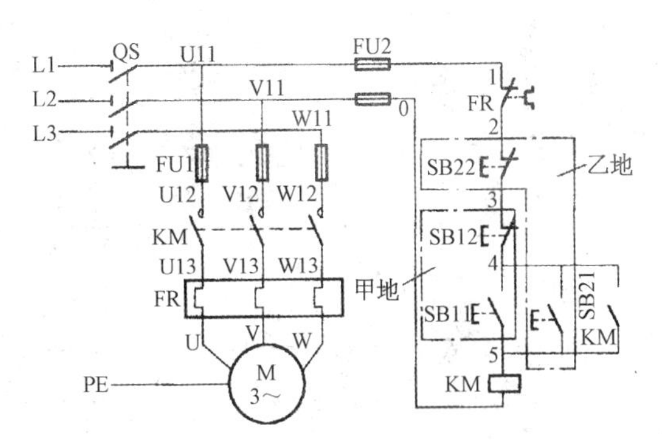

图 3－78　电动机两地控制线路

① 如图 3－78 所示的为电动机具有过载保护接触器自锁单向运转控制线路，可实现电动机在甲地和乙地控制电动机的启动和停止。控制线路中的 SB11（4－5）、SB12（3－4）为安装在甲地的启动和停止按钮；SB21（4－5）、SB22（2－3）为安装在乙地的启动和停止按钮。

② 线路的特点是：两地的启动按钮 SB11、SB21 并联，两地的停止按钮 SB12、SB22 串联，以实现在两地启动和停止同一台电动机。由此可见，对三地或多地控制，基本结构特点是各地的启动按钮并联，停止按钮串联即可实现电动机启动和停止的多地控制功能。

（2）调试中的常见故障检修

① 按下 SB11、SB21 电动机不启动：检查 SB11、SB21 触头（有故障进行检修）→检查 SB12、SB22 触头（有故障进行检修）→检查 FR 常闭触头（有故障进行检修）→检查 KM 线圈（有故障进行检修）→检查 KM 主触头（有故障进行检修）→检查 FU1（有故障进行检修）→检查 FR 热元件（有故障进行检修）。

② 电动机只能点动：检查 KM 自锁触头（有故障进行检修）→检查 KM 自锁触头接线（错接改正）。

③ 只能单地控制：检查 SB11 或 SB12（有故障进行检修）。

3－83　怎样实现电动机驱动移动部件的行程控制？怎样进行电动机驱动移动部件的行程控制电路的安装接线和自检？

答：行程控制线路如图 3－79 所示，线路组成与工作过程如下。

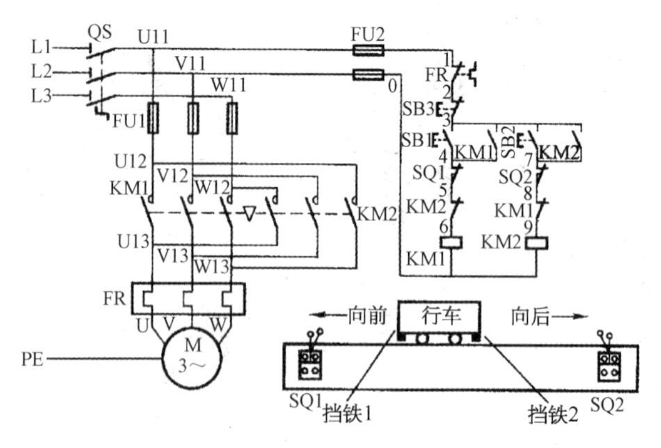

图 3-79　限位控制线路与行车控制示意图

（1）线路功能和组成　控制线路能实现对机械设备运动部件行程和位置的自动控制。实现行程和位置控制的主要电器是行程开关，行程开关能将机械信号转换为电气信号。常见的是利用生产机械运动部件上的挡铁与行程开关碰撞，使行程开关触头动作，来接通或断开电路，以实现机械设备运动部件的位置或行程的自动控制。

（2）工作过程（先合上电源开关 QS）

① 行车向前运动：按下 SB1，KM1 线圈得电，KM1 主触头闭合、常开触头闭合自锁、常闭触头分断对 KM2 线圈连锁，电动机 M 得电启动连续正转，行车向前运动，行车移动至限定位置，挡铁 1 碰撞限位开关 SQ1，SQ1 常闭触点分断，KM1 线圈失电，KM1 主触头分断、常开触头分断解自锁、常闭触头闭合解除对 KM2 的连锁，电动机 M 失电停转，行车停止向前运动。

② 行车向后运动：按下 SB2，KM2 线圈得电，KM2 主触头闭合、常开触头闭合自锁、常闭触头分断对 KM1 线圈连锁，电动机 M 得电启动连续反转，行车向后运动，行车移动至限定位置，挡铁 2 碰撞限位开关 SQ2，SQ2 常闭触点分断，KM2 线圈失电，KM2 主触头分断、常开触头分断解自锁、常闭触头闭合解除对 KM1 的连锁，电动机 M 失电停转，行车停止向后运动。

③ 行车中途停止：按下 SB3，KM1（或 KM2）主触头分断。电动机 M 失电停转，行车停止运动。

（3）接线要点　在图 3-74 的基础上，拆除按钮连锁接线，在 KM1 和

KM2 的控制支路中分别串接限位开关 SQ1 和 SQ2。

(4) 不通电自检　与图 3－74 控制电路基本相同,注意检测 SQ1、SQ2 的触头接触性能。如压下顶杆开关触头应分断,分开顶杆,触头应闭合,保证行程开关在电路中的分断和接通作用。

第四章　电动机和变压器的使用与检修

4－1　三相异步电动机由哪几部分组成？各部分的作用是怎样的？

答：三相交流异步电动机由定子和转子两大部分组成，定子和转子之间的气隙一般为0.25～2mm。

（1）定子　定子主要由定子铁心、定子绕组和机座等组成，定子是电动机的静止部分。

① 定子铁心是电动机磁路的一部分并放置定子绕组。为了减小定子铁心的损耗，铁心一般用厚度0.35～0.5mm，表面有绝缘层的硅钢冲片叠装而成。

② 定子绕组的作用是通入三相对称交流电，产生旋转磁场。定子绕组由漆包线或铜条制成。

③ 机座的作用是固定定子铁心、支撑转子及散热。机座由铸铝、铸铁及钢板等材料制成。

（2）转子　转子由转子铁心、转子绕组、转轴、风叶等组成，转子是电动机的旋转部分。

① 转子铁心也是电动机磁路的一部分并放置转子绕组。转子铁心一般用0.5mm厚且相互绝缘的硅钢冲片叠压而成，为了改善电动机的启动及运行性能，笼型异步电动机转子铁心一般采用斜槽结构。

② 转子绕组的作用是产生感生电动势和电流，并在旋转磁场的作用下产生电磁转矩而使转子转动。根据结构不同，转子绕组分为笼型和绕线型两种。

③ 其他附件包括端盖、轴承和轴承盖、风扇和风罩等。

4－2　产生旋转磁场的必要条件是什么？如何改变旋转磁场的旋转方向？

答：产生旋转磁场的必要条件有两个：三相绕组必须对称，在定子铁心空间上互差120°；通入三相对称绕组的电流也必须对称，大小、频率相同，相位相差 120°。

旋转磁场的转向是由接入电动机三相绕组的电流的相序决定的，只要改变电动机任意两相绕组所接的电源接线（相序），旋转磁场即改变方向。

4-3 三相异步电动机的额定功率、额定电流、额定电压、额定转速、额定频率和绝缘等级是怎样定义的？三相交流异步电动机有几种接法？定额有哪几种？

答：（1）有关参数的定义

① 额定功率。电动机在额定工作状态下，即额定电压、额定负载和规定冷却条件下运行时，转轴上输出的机械功率为额定功率。

② 额定电流。电动机在额定工作状态下运行时，定子电路输入的线电流为额定电流。

③ 额定电压。电动机正常运行时的电源线电压为额定电压。

④ 额定转速。电动机在额定状态下运行时的转速为额定转速。

⑤ 额定频率。规定电动机应接交流电源的频率，我国电源的标准频率为 50Hz。

⑥ 绝缘等级。绝缘等级表示电动机所用的绝缘材料的耐热等级：A 级—105℃、E 级—120℃、B 级—130℃、F 级—155℃、H 级—180℃。

（2）接法　三相交流异步电动机有星形和三角形两种接法。小型电机（3kW 以下）采用星形连接，大中型电机采用三角形连接。

（3）定额　三相交流异步电动机有连续、短时和周期三种工作方式。

4-4 三相异步电动机的工作原理是怎样的？

答：在对称的三相定子绕组中通入对称的三相交流电，将产生一个旋转磁场，转子导体切割旋转磁场产生感生电动势及感生电流；感生电流流过转子导体在旋转磁场中受到电磁力的作用，并形成一个电磁转矩，使电动机转动。电动机的旋转方向与旋转磁场的旋转方向相同，电动机的转速低于旋转磁场的转速。

4-5 对三相异步电动机的启动有哪些要求？

答：① 电动机应有足够大的启动转矩，以使启动时间尽量短。

② 在保证足够大的启动转矩下，启动电流应尽可能小。

③ 转速尽可能平滑上升，减少对电动机负载的冲击。

④ 启动设备尽量简单、经济、可靠、维护方便。

4-6 什么是三相交流异步电动机的直接启动？什么条件的三相交流异步电动机可以直接启动？直接启动有哪些特点？

答： 以额定电压加上三相交流异步电动机的定子绕组上进行的启动为直接启动，又称全压启动。

容量在7.5kW以下的三相交流异步电动机可以直接启动。

在启动瞬间造成电网电压波动小于10%，对于不经常启动的电动机可放宽到15%的三相交流异步电动机可以直接启动；如有专用变压器，其容量$S_{变压器}>5P_{电动机}$的三相交流异步电动机可以直接启动。

满足下列经验公式的三相交流异步电动机可以直接启动。

$$\frac{I_{st}}{I_N}<\frac{3}{4}+\frac{S_T}{4P_N}$$

式中　S_T——公用变压器容量（kV·A）；

P_N——异步电动机的额定功率（kW）；

I_{ST}/I_N——异步电动机的启动电流与额定电流之比。

直接启动的优点是启动设备简单、可靠、成本低、启动时间短，是小型三相交流异步电动机常用的启动方式；缺点是对电动机和电网有一定的电流冲击。

4-7 什么是三相交流异步电动机的降压启动？常用的降压启动方法有哪几种？

答： 先以低于额定电压的电压加于三相交流异步电动机的定子绕组上进行启动，当启动结束后再恢复到额定电压进行正常运行，这就是降压启动。

常用的降压启动的方法有自耦变压器（补偿器）降压启动、星形-三角形（Y-△）降压启动、延边三角形降压启动和定子绕组串电阻（电抗）降压启动。

4-8 什么是三相交流异步电动机的星形-三角形（Y-△）降压启动？

答： 启动时先把电动机的定子绕组接成星形，待电动机的转速上升到一定值后，再把定子绕组接成三角形进行正常运行，利用 $U_{线}=\sqrt{3}U_{相}$ 的关系来达到降压启动的目的，这种启动方法就叫星形-三角形（Y-△）降压启动。

因为三相交流异步电动机的定子每相绕组实际可承担的额定电压是电源的线电压，所以正常运行时应是三角形（△）接法的电动机，才能采用星形-三角形（Y-△）降压启动。

采用星形-三角形（Y-△）降压启动时的启动电流为直接采用三角形（△）启动时的启动电流的 1/3；又由于星形（Y）接法时定子绕组上的电压只有 $1/\sqrt{3}$倍电网上的线电压，因此启动转矩也只有三角形（△）直接启动时的 1/3，所以星形-三角形（Y-△）降压启动不适宜重载启动。

星形-三角形（Y-△）降压启动适用于正常运行时为三角形（△）接法的电动机，我国生产的 Y 及 J02 系列三相交流鼠笼式异步电动机，凡功率在 4kW 及以上者正常运行时都采用三角形（△）接法，这些电动机可采用星形-三角形（Y-△）降压启动。

星形-三角形（Y-△）降压启动的优点是所需设备简单、价格低，因此得到广泛应用。

4－9　三相交流异步电动机的制动方法有哪几种？制动原理是怎样的？各种制动方法有什么特点？

答：三相交流异步电动机有机械制动和电气制动两种，电气制动又分为反接制动、能耗制动和再生制动。

① 反接制动。三相交流异步电动机反接制动的原理是改变正在运转的电动机定子绕组中任意两相与电源接线的相序，使旋转磁场转向与原来相反，从而转子受到反力矩作用，转速很快下降到零。当电动机转速接近零时，立即切断电源，以免电动机反转。

三相交流异步电动机反接制动的优点是停转迅速、设备简易；缺点是对电动机及负载冲击大。反接制动用于小型电动机及不常制动的场合。

② 能耗制动。三相交流异步电动机能耗制动的原理是当电动机切断电源后，立即在定子绕组的任意两相中通入直流电，根据电磁感应原理和通电导体在磁场中受力的原理来产生制动转矩，迫使电动机迅速停转。由于这种制动方法是通过在定子绕组中通入直流电以消耗转子惯性运转的动能来进行制动的，所以称为能耗制动。

三相交流异步电动机能耗制动的优点是制动较强、能耗少、制动平稳、对电网及机械设备冲击小；缺点是制动过程中，在转速降低时，制动转矩也随之减小，不易制动，另外还需要直流电源。能耗制动多应用于磨床等机床。

③ 再生制动。三相交流异步电动机再生制动的原理是由于外力的作用（如起重机在下放重物时），电动机的转速 n 超过同步转速 n_1，电动机处于发电状态，电动机定子中的电流方向反了，电动机转子导体的受力方向也反了，驱动转矩变为制动转矩，即电动机将机械能转化为电能，向电网反馈输电，故称为再生制动（发电制动）。这种制动只有当 $n>n_1$ 时才能实现。

再生制动的特点为它不是把转速下降到零，而是使转速受到限制，不仅不需要任何设备装置，还能向电网输电，经济性较好。

4－10 什么是线圈、线圈组、绕组？

答：用相应绝缘等级的绝缘导线按一定形状、尺寸在绕线模上绕制而成线圈，可由一匝或多匝组成。

多个线圈按一定规则连接成一组就称为线圈组（一般一个相带为一组）。

线圈组按一定规律连接在一起就构成某相绕组。三相交流异步电动机有三个绕组，常称为三相绕组。

4－11 三相交流异步电动机的三相定子绕组如何分类？

答：(1) 按结构分类　有单层绕组、双层绕组、单双层混合绕组三类。

(2) 按每极每相所占槽数分类　有整数槽绕组及分数槽绕组两类。

(3) 按绕组的连接方式分类　单层绕组有链式绕组、同心式绕组、交叉链式绕组与等元件式绕组四类；双层绕组有叠绕组和波绕组两类。

4－12 三相单层绕组的结构是怎样的？有哪几种类型？各种类型有哪些结构和应用特点？

答：三相单层绕组的每个槽内只有一个线圈边，整个绕组的线圈数等于总槽数的一半。

三相交流异步电动机定子绕组若为单层绕组，一般采用整距绕组。

常用单层绕组有链式绕组、同心绕组和交叉绕组等几种。

(1) 链式绕组　由相同节距的线圈组成,结构特点是一环套一环,形如长链;链式绕组应用广泛。

(2) 同心绕组　结构特点是各相绕组由不同节距的线圈(大线圈套在小线圈)连接而成;绕组端部较长,常用于两极电动机中。

(3) 交叉绕组　结构特点是综合同心绕组和链式绕组;用于 q(每极每相槽数)为奇数的四极或两极的小型三相交流异步电动机中。

三种单层绕组产生的电磁效果是一样的,因此凡采用单层绕组的电动机从原理上讲随便用哪种结构形式都可以。

4-13　三相双层绕组的结构是怎样的?有哪几种类型?各种类型有哪些结构和应用特点?

答: 双层绕组的每个槽内有上层、下层两个线圈边,每个线圈的一条边嵌放在某一槽的上层,另一条边则嵌放在另一槽的下层,整个绕组的线圈数正好等于槽数。

三相交流异步电动机定子绕组若为双层绕组,一般采用短距绕组。

双层绕组可分为叠绕组和波绕组两种形式。

叠绕组双层叠绕组在嵌线时,总是后一个叠在前一个上面,所以得名叠绕组。

画双层绕组展开图时,线圈上层边用实线表示,线圈下层边用虚线表示。

双层叠绕组每相的极相组数正好等于电机的极数,即每相共有 $2p$ 个极相组,而每个极相组都有可能单独成为一条支路,因此双层绕组每相的最多并联支路数等于磁极数,即 $\alpha_{最大}=2p$。

4-14　单相交流异步电动机产生旋转磁场的条件是什么?单相交流异步电动机常用哪些启动方法?

答: 产生旋转磁场的条件是两相绕组在空间要互成 90°,对两相绕组通入的两相交流电其相位差须为 90°。

单相交流异步电动机常用的启动方法为分相启动,在分相启动中又分为电阻分相和电容分相两种;常用的启动方法还有罩极启动。

4-15　单相交流电容分相启动异步电动机是如何启动的?

答: 单相交流电容分相启动异步电动机的结构简单、使用方便;堵转电流小；效率和功率因数较高；启动转矩小。

单相交流电容分相启动异步电动机当转子静止或转速较低时，启动开关处于接通位置，启动绕组和工作绕组一起接在单相交流电源上，获得启动转矩，当电动机转速达到80%时，启动开关断开，启动绕组从电源上切除，由工作绕组进行正常运转。

单相交流异步电动机互为90°的两相绕组，一为工作绕组，另一个为启动绕组，工作绕组是电感电路，启动绕组是电感和电容串联电路，接同一单相交流电源时，可得相位差为90°的两相电流，从而产生旋转磁场，满足了单相交流异步电动机的启动条件。启动后可切除启动绕组，在工作绕组产生的磁场下正常运转。

单相电容运行异步电动机结构简单，使用维护方便，堵转电流小，有较高的效率和功率因数，但启动转矩较小，多用于电风扇、吸尘器等。

单相电容启动异步电动机具有较大的启动转矩，但启动电流相应增大，适用于重载启动的机械，如小型空压机、空调器等。

4－16 什么是单相双值电容异步电动机？

答：启动绕组由电感线圈与两个并联的电容串联组成，启动时两个电容均接在电路中，正常运行时一个电容切除，另一个电容单独参加运行。这种电动机称为单相双值电容异步电动机。电动机中的两个电容是启动电容和工作电容，其中启动电容容量较大，两只电容并联后与启动绕组串联。

单相双值电容异步电动机既有较大的启动转矩（约为额定转矩的2～2.5倍），又有较高的效率和功率因数，广泛应用于小型机床设备。

4－17 什么是单相电阻启动异步电动机？

答：工作绕组感抗是主要的，绕组中电流的相位滞后于电源电压一个较大的相位角φ_Z；启动绕组采用加大电阻的方法，使启动绕组中的电流与电源电压的相位差减小，这样在工作绕组与启动绕组之间产生相位差$\varphi = \varphi_Z - \varphi_F$的两相电流，满足启动条件。这样的电动机称为单相电阻启动异步电动机。

单相电阻启动异步电动机具有中等的启动转矩，但启动电流较大，广泛应用于电冰箱压缩机中。

4－18　怎样进行检修电动机常用仪表的使用与维护?

答:(1) 万用表使用维护方法

① 测量前注意调节零位。

② 测量直流电压注意量程范围和表笔插入插口的正负极,防止表头指针反偏后被打弯。

③ 测量交流电压要注意安全,必要时戴绝缘手套。

④ 测量电阻前必须切断电源,严禁带电测量元件的电阻。

⑤ 用万用表测量完毕后,应将转换开关置于最高电压挡或空挡(OFF),若万用表长期不用时,须打开后盖取出电池。

(2) 钳形电流表使用维护方法

① 使用前要注意被测电压的高低,选用适用的规格型号。

② 一般不测量裸导线中的电流,以免引起触电事故。

(3) 兆欧表的使用维护方法

① 按低压电气设备与线路的电压选用兆欧表。

② 测量电气线路或设备的绝缘电阻之前,必须切断其电源,严禁带电测量绝缘电阻。

③ 对容量较大的电气设备,测量前和测量完毕后,均应将设备的导电部分对地短路放电,以保证测量的准确和人身安全。

④ 为使测量准确,兆欧表应采用绝缘良好的多股铜芯软线做测量引线。测量时两引线不可绞在一起;读数时应待表针稳定后读数。

(4) 直流双臂电桥的使用维护方法

① 按测量电阻的阻值合理选择倍率。

② 被测电阻必须按规定连接在双臂电桥上。

4－19　怎样使用双臂电桥测量异步电动机绕组的直流电阻?

答:(1) 测量作业步骤和要点　如图4－1所示为QJ42型双臂电桥的面板。使用双臂电桥测量异步电动机绕组直流电阻的作业步骤和要点如下。

① 接线:用略粗一些的导线作为引线,使电桥电位端钮P_1、P_2分别与电动机接线柱D_1、D_2连接,电桥电流端钮C_1、C_2也分别与电动机接线柱D_1、D_2连接,但C_1、C_2接在P_1、P_2的外侧(图4－2),并用螺母紧固。

② 接通电源:将面板的电源选择开关拨至相应的位置,若电桥是利用内附电池做电源,应将选择开关拨至“内”位置。

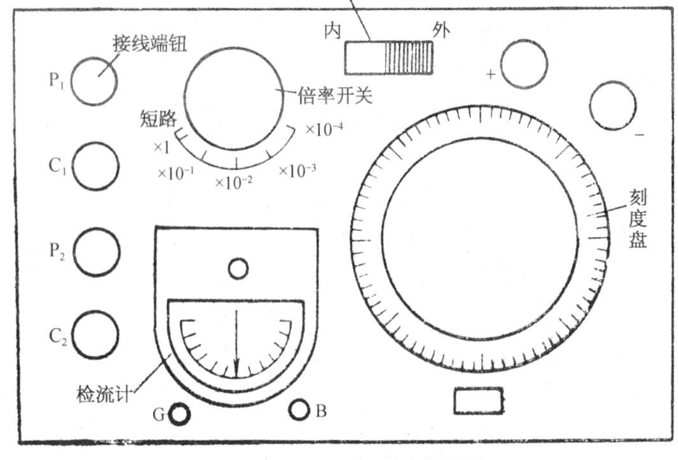

图 4-1　QJ42 型双臂电桥面板

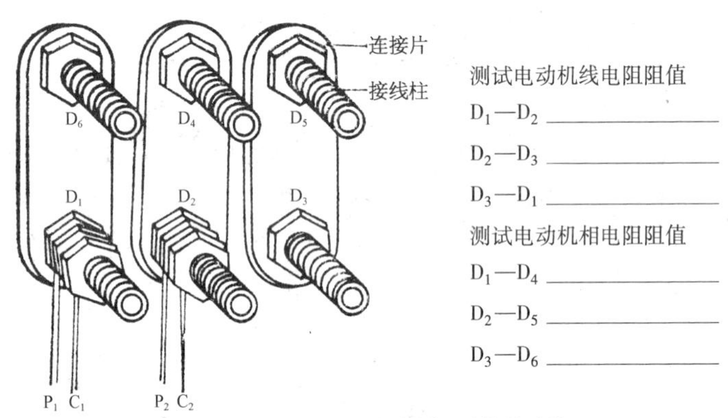

图 4-2　P_1、C_1、P_2、C_2与电动机线柱的连接

③ 调整零位：旋动检流计旋钮将指针调在零位上。

④ 选择倍率：估计电机的电阻值，将倍率开关旋到相应的位置上。

⑤ 调节电桥的平衡：将刻度盘旋到零的位置上，用左手的食指按下按钮“B”接通电源，再用中指按下按钮“G”接通检流计，如果检流计的指针指向“－”的方向，应旋动刻度盘减小数字，若刻度盘已在最小数字上无法减小时，应重新选择倍率，如果检流计指向“＋”的方向，这时则将刻度盘向增加方向旋动，反复调节使检流计指针指向零位，测量完毕，读出刻度盘数字再乘以倍率，即为所测电阻值，并将测得的值填在图 4-2 右侧表内。每次测量完毕时要先抬起按钮 G 的中指后，再抬起按

钮 B 的食指。

⑥ 测量结束:测量完毕后,将倍率开关旋在短路位置上,电源开关旋在关的位置。

⑦ 测量电机绕组相电阻时应将出线板连接片拆下来。

(2) 安全注意事项

① 使用电桥测量电阻时,被测物不能带电测量。

② 测量应迅速,以免被测电阻发热影响测量的准确性。

③ 电桥停止使用时,作为电桥电源的干电池应从电池盒中取出,以延长电池使用寿命。

4-20 怎样辨认异步电动机定子引出线的首尾端?

答: 三相异步电动机定子引出线首尾端辨认作业应掌握以下要点。

(1) 作业准备　作业前应准备以下工具、仪表、器材:①36V 交流电源;②6V 灯泡;③万用表;④单极开关;⑤导线。

(2) 作业步骤和要点

① 拆开电机接线盒的连接片,分别在各接线柱上接出一段导线(加长引出线,测试时方便),在导线另一端用串灯或万用表分别测定定子上三相绕组的各自首尾端。

② 如图 4-3a 所示,在接通 S 开关的瞬间,如万用表(mA 挡)指针摆向大于零的一边,则电池"+"所接端线头与万用表"-"所接端线头同为头或尾;若指针反向摆动,则电池"+"所接端线头与万用表"+"所接端线头同为头或尾,再将电池接到另一相的两个线头上测试确定各自的头和尾。

③ 如图 4-3b、c 所示,用万用表毫安挡测试,转动电动机转子,若万用表的指针不动,则证明绕组头尾连接是正确的,若万用表有读数,说明某一相头尾连接有错误,调换后再试。

④ 万用表交流电压挡检查法如图 4-3d 所示,三相绕组接成Y形,其中任一相接入 36V 电源,两相出线端接万用表(10V 交流挡)记下有无读数后,改接如图 4-3e 所示,测试后再记下读数;如果两次都无读数,说明接线正确,都有读数说明两次都是没有接电源的那一相接反,如果两次中只有一次无读数另一次有读数,说明无读数的那一次接电源的一相反了。

⑤ 如图 4-3f、g、h 所示为灯泡检查法, 在分清属于同一相的两个线

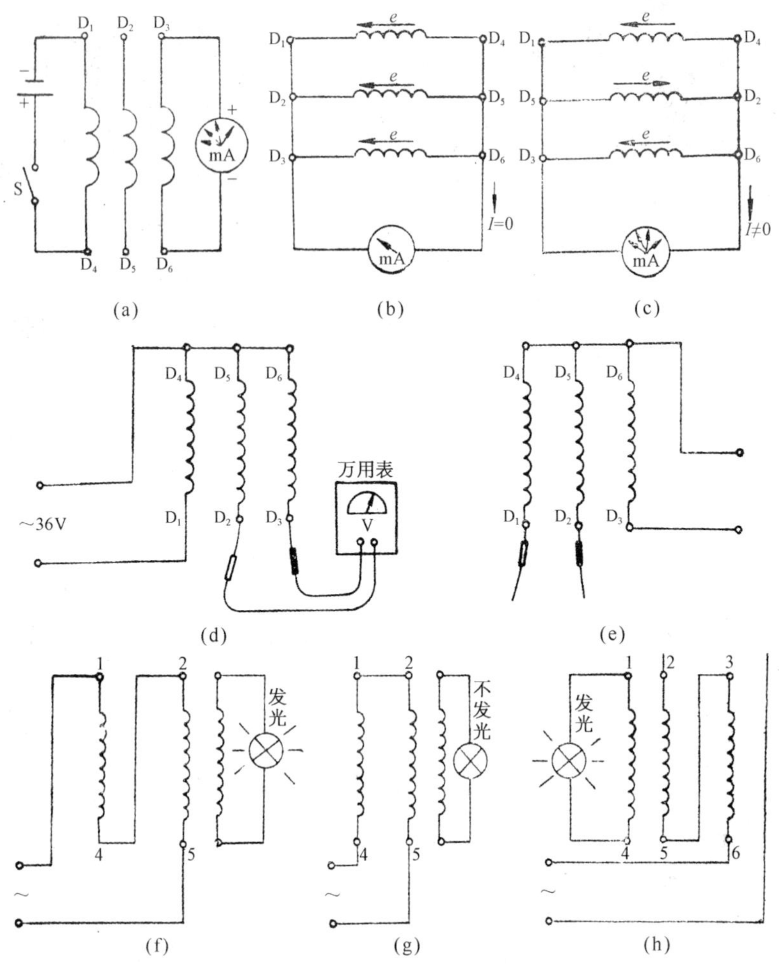

图 4－3　电动机引出端首尾段分析方法

(a)(b)(c)(d)(e) 用万用表检查首尾端;

(f)(g)(h) 用灯泡检查首尾端

头之后,将任意两相串接起来,余下的一相接 6V 灯泡,再把低压交流电(36V)接入两相串联的绕组内, 如灯泡亮,说明第一相的末端接到第二相始端, 如果灯泡不亮, 说明第一相的末端接到第二相的末端;以同样的方法测试第三相始末端。

(3) 作业注意事项　所有测试方法都根据电磁感应原理。理解这个原理,就能自如地掌握这些测试方法。

4-21 怎样进行异步电动机的拆卸和清洗?

答: 如果需要将电动机全部解体,应按图4-4所示步骤进行,若只需将定、转子分离,则只按图4-4拆卸3、4、5、6、7零件。拆卸件3只需卸掉前端盖的紧固螺钉,便可使转子连同前端盖一起被取下。

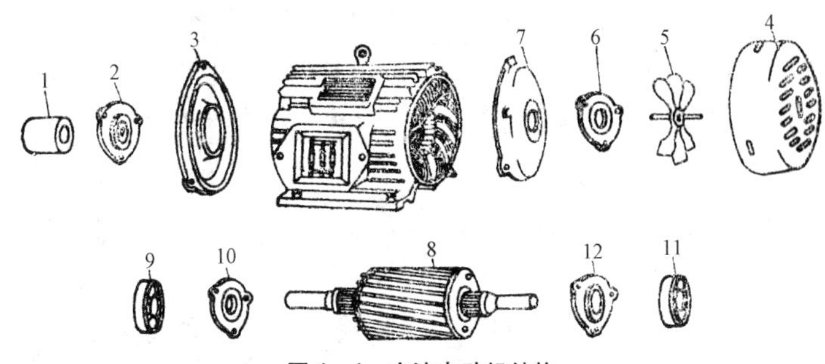

图4-4 交流电动机结构

1—带轮;2—前轴承外盖;3—前端盖;4—风罩;5—风扇;6—后轴承外盖;7—后端盖;8—转子;9—前轴承;10—前轴承内盖;11—后轴承;12—后轴承内盖

拆卸电动机时,如果拆卸顺序不对或操作不当,很容易损坏零部件,甚至会带来新的机械或电磁方面的毛病而扩大故障。下面是几个关键零部件的拆卸方法。

(1) *带轮与联轴器拆卸* 拆卸带轮之前应先用两脚规或钢尺测出带轮与轴承外盖之间的尺寸,或作出带轮在转轴上的复位标记,然后旋出带轮的轴向定位螺钉并装上拉具,将带轮慢慢拉下。如果拉不下来不要硬拉,以免损坏拉具,可在定位螺孔和轴伸端面缝隙中滴入少许煤油,过一段时间后再拉。如果还拉不下来,可用喷灯或气焊等急火在带轮四周加热,待带轮膨胀而轴还未受热时迅速拉下。注意温度不宜过高,以防轴变形。

(2) *风扇的拆卸* 风扇一般是用铝浇铸而成,易碎易裂,故拆除时应先旋松夹紧螺钉,然后用螺钉旋具或小扁凿轻轻撬出,严禁硬敲硬打。若风叶残缺,需用同规格同尺寸的风扇替换。

(3) *端盖的拆卸* 拆卸前必须在机座与端盖止口的接缝处用小扁凿轻轻打出骑缝复位标记。如果是绕线式异步电动机,还必须提起电刷,然后卸掉端盖的紧固螺钉。由于机座与端盖的接缝较紧密,直接取下端盖是比较困难的,对于一般小型电动机可用小扁凿沿接缝四周将接缝逐一铲开,待接缝较宽时再用螺钉旋具或小扁凿将端盖撬下来;对于大、中型电动机，在端盖边缘对称位置一般都备有两个供拆卸端盖用的顶丝孔，可将卸下的紧固螺钉旋入两顶丝孔中，然后同时或交替将其拧入，逐步将端盖顶出。

(4) 转子的移出(转子出膛)　将转子从定子膛中取出是一件需仔细而又较费力的工作。对于10kW以上50kW以下的转子，可在轴的伸出端套一内径稍比电动机轴大的钢管加长转子轴伸后，由两人抬出定子膛；对于大中型电动机转子，应由吊车工配合，将转子吊出定子膛(图4-5)。

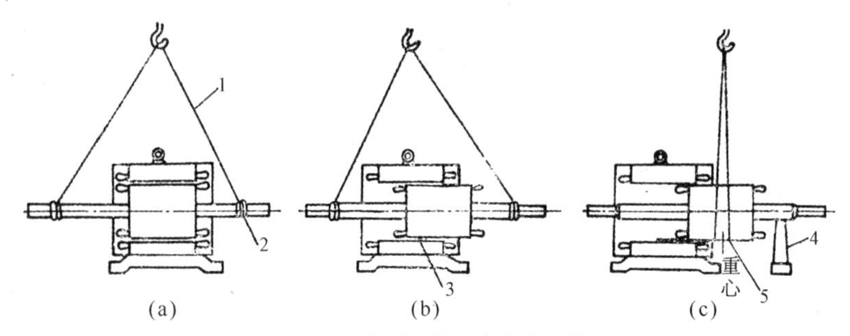

图4-5　用起重设备吊出电动机转子

(a) 转子悬空；(b) 转子移位；(c) 转子移出

1、5—钢绳；2—衬垫；3—绕组保护衬垫；4—支架

(5) 轴承清洗　在轴承本身无故障的情况下，可连轴进行清洗，然后涂抹规定牌号的润滑脂。

4-22　怎样进行异步电动机滚动轴承的拆卸和清洗？

答：(1) 滚动轴承的拆卸　当需要更换轴承时需拆卸轴承；若轴承本身无故障而只是清洗换油，可不必拆卸而连轴清洗。轴承拆卸的方法较多，下面是两种常用的拆卸方法。

① 用拉具拆卸轴承：拉具大小要适宜，拉爪应扣在轴承的内圈上，扣不稳时，可用铁丝将爪脚绑紧，拉具的丝杠顶点应垂直对准顶针孔，扳转要慢，用力要均匀，并注意防止顶针孔被拉毛。

② 用铜棒拆卸：拆卸时，用铜棒的一端顶住轴承内圈，再用手锤敲击铜棒尾端将轴承敲出。敲击时，要沿轴承内圈四周相对的两侧均匀敲打，不可只敲一边，且用力不宜过猛。

(2) 滚动轴承的清洗和润滑脂添加

① 若轴承润滑脂干涸、变色(此时润滑脂有特殊臭味，且黏度降低)

或混有杂质时，须清洗轴承并更换润滑脂。轴承润滑脂主要根据工作环境温度和湿度选用。小型电动机常用润滑脂见表4－1。

表4－1　小型电动机常用润滑脂

名称	钙基润滑脂				钠基润滑脂		钙钠基润滑脂		复合钙基润滑脂				复合铝基润滑脂	二硫化钼润滑脂
牌号	SYB 1401－62				SYB 1402－62		SYB 1403－59		SYB 1407－59					HSY－101/103
序号	1	2	3	4	1	2	1	2	1	2	3	4		
最高工作温度(℃)	70	75	80	85	120	140	110	125	170	180	190	200	200	200
最低工作温度(℃)	不低于－10				不低于－10		不低于－10		不低于－10					不低于－40
抗水性	不易溶于水 抗水性较强				易溶于水 亲水性强		抗水性弱		抗水性强				抗水性强	抗水性强
外观	黄色到暗褐色软膏状				深黄色到暗褐色软膏状		黄色到深棕色软膏状		淡黄到暗褐色光滑透明软膏				黄褐色软膏状	灰色或褐色光泽软膏状
适用电机	适用于封闭式电机				适用于开启式电机		适用于开启式或封闭式电机		适用于封闭式电机				适用于开启式或封闭式电机	高温及严重水分场合适用于湿热带电机

② 轴承可用毛刷或纱布蘸煤油或汽油清洗。清洗前先把轴承中的废脂挖出，然后边浇油边转动轴承将残留的润滑脂洗净，干净的轴承内圈孔壁应没有任何杂物。

(3) 滚动轴承的更换

① 将轴承清洗干净之后，如果发现滚珠锈死或有麻点锈斑、滚珠剥落不圆、轴承内外圈槽内有压痕时应更换。

② 如果未将轴承卸下，可用手来回转动轴承外圈，有上述缺陷的轴承会有不均匀的阻滞感觉，用手快速拨动轴承外圈，使其自由转动，会有不均匀的杂音；正常的轴承应没有杂音，只有均匀的嗡嗡声。

③ 用双手捏住轴承外圈(若轴承已卸下则应捏住轴承内圈)前后拨动，若有明显的晃动时，说明轴承内部磨损过度，应更换轴承。

4-23 异步电动机拆卸作业应掌握哪些要点?

答:(1) 电动机拆卸的作业步骤和要点

① 电动机拆卸前先用二爪或三爪拉具拉下带轮,按图4-4中电机拆卸1~7零件的步骤进行拆卸;然后检查轴承,如已损坏再按拆卸9~12零件的步骤;拉下轴承的方法参见前述内容;拉力应着力于轴承内圈,不能拉外圈;拉具顶端不得顶坏转子轴端的中心孔。

② 用皮老虎吹净电机内部灰尘,检查电机各零部件完整性后再清洗油污;轴承清洗干净后,用纸包起来待装配。

③ 轴承装配可采用热套法:如图4-6所示,将轴承在油中(或在干燥加热炉中)加热至100℃左右15min后取出,立即热套在轴上指定位置,不要敲打,轻轻放入即可。

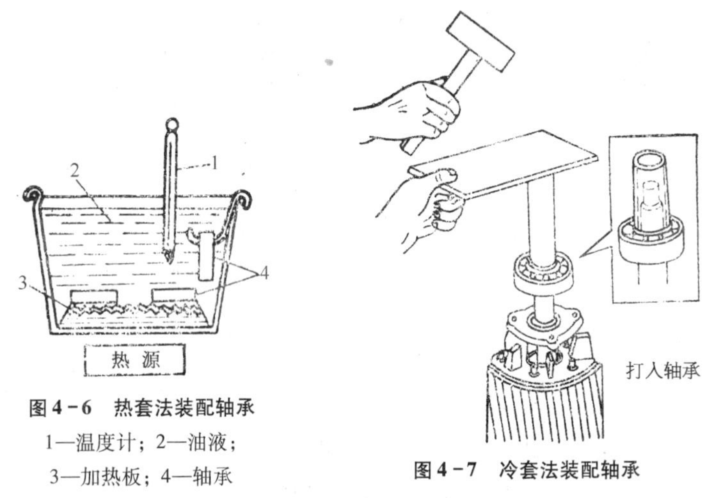

图4-6 热套法装配轴承

1—温度计;2—油液;3—加热板;4—轴承

图4-7 冷套法装配轴承

④ 轴承的冷装配方法:如图4-7所示,用套筒顶住轴承内圈,用手锤直接敲打进去。

⑤ 电机装配步骤按拆卸的逆顺序进行(轴承内加入钠基润滑脂时,不能加满,留出1/3空间)。

(2) 安全作业注意事项

① 拆卸转子时注意不得损伤定子绕组,应用红钢纸板垫在绕组端部加以保护。

② 直立转子时,轴伸出的端面应垫木板加以保护。

③ 装端盖前应用粗铜丝从轴承装配孔伸入钩住内轴承盖以便装配外

轴承盖。

④ 用热套法套装轴承时，只要温度超过100℃就应停止加热，立即热套，工作场地应放置干粉灭火器。

⑤ 拆卸时不能用手锤直接敲击零部件，应衬垫铜棒后敲击，拆卸前端盖止口应打装配记号。

4－24 异步电动机装配质量对运行有哪些影响？

答：(1) 带轮装配不到位 应按复位标记装妥，否则套上传动带后，运行时传动带会打滑。

(2) 定、转子气隙不匀 由于未按复位标记装配，会使定、转子气隙不匀甚至会造成定、转子相擦(俗称扫膛)。定、转子气隙不匀会导致三相电流不平衡，严重时还会出现较大的单边磁拉力使电机振动；如果定、转子相擦，会使铁心因摩擦发热而烧毁绕组，严重的定、转子相擦会使转子根本无法转动。

(3) 轴承盖磨轴 由于轴承盖活动余地较大，装配时稍不注意就会使其内孔与轴接触，运行时会因摩擦使轴和盖都发热。

(4) 转子窜轴 电机转子窜出定子铁心，发生轴向位移称为转子窜轴。正常情况是定、转子铁心两端应对齐或转子稍短于定子铁心的长度。当转子铁心窜出定子铁心达5mm及以上时，电机的三相空载电流会明显增大，这样不但会降低电动机的效率，而且带上负载后，定子电流会超过额定值而使电机温升超出额定值。转子窜轴严重时，根本无法带动负载运行。

转子轴向窜动的原因有两个，一是转子被装反，一般电机轴伸端应在接线盒的左边；二是因轴发生前后自由窜动，这是端盖的轴承孔经多次拆装变大造成的，处理的办法是：在装轴承外盖之前，在一个或两个端盖轴承孔内垫进一个适当厚度的挡圈。在拆装电机时，若发现这样的挡圈应妥为保存，装配时应按原位置复位安装挡圈。

4－25 怎样进行电动机的机械故障检查？

答：① 检查机座、端盖及其他配件是否完好：若发现缺件，应配齐；若发现零部件有裂纹或缺损，应予修理。

② 检查机轴：主要是检查机轴是断裂还是弯曲。

③ 检查定、转子是否相擦：用手抓住轴的伸出端慢慢转动，若转到某

一位置时感到吃力并伴有摩擦声，则说明定、转子相擦，应拆开电机查明原因。

④ 检查转子是否窜轴：用手推、拉轴的伸出端，如有窜轴现象应按上述有关转子窜轴的处理办法处理。

4-26 怎样进行电动机的不通电绕组检查？

答： 绕组一般故障的检查　检查前应拆卸、打开电机接线盒盖，取下绕组连接片。

(1) 绕组断路检查　用兆欧表分别测量各绕组的首尾端：D_1-D_4，D_2-D_5，D_3-D_6；若指针快速指“0”，则说明绕组通路；若指针逐渐指向“∞”，则说明绕组断路，应拆开电机进一步找出故障点。

(2) 绕组绝缘检查

① 检查绕组对地绝缘(绕组对机座)。

② 检查绕组相间绝缘(各相绕组之间)。

综合分析：在对地绝缘检查中，若兆欧表指针迅速指零，则表明绕组有接地故障；在相间绝缘检查中，若指针迅速指零，则表明被测的两相绕组短路。

在绝缘检查中，对于星(Y)接电动机，若发现有两相对地绝缘电阻几乎为零，对于角(△)接电动机，若发现有一相绕组对地绝缘电阻几乎为零，就应怀疑电机绕组因电源缺相而烧损的可能性，应拆开电机查看。三相异步电动机的接线如图4-8所示，对于星接电动机因电源缺相烧损的特征是两相烧黑，一相完好；对于角接电动机是一相烧黑，两相完好(图4-9)。若三相绕组全部烧黑，则是电机负载运行时严重过载所致。

在绝缘检查中，若发现各相绕组对地或相间绝缘电阻均在0.5MΩ以下，则表明电动机受潮，应进行干燥处理。

(3) 测量绕组的直流电阻　测量每相绕组的直流电阻，其目的主要是检查绕组是否有局部断路(对于多根并绕或多路并联绕组而言)和匝间短路的可能。正常电机三相绕组的直流电阻应十分接近。

当某相绕组有局部断路，即多根并绕断掉一根或几根，多路并联断掉一路或几路(即没有全断)时，该相的电阻值会明显地大于正常电阻值。例如，两根线径相同的并绕导线或两路并联绕组断掉一根或一路时，该相的电阻值为正常值的两倍；三根并绕导线(线径相同)或三路并联绕组断掉一根或一路时，该相的电阻值为正常值的1.5倍；断掉两根或两路时，该

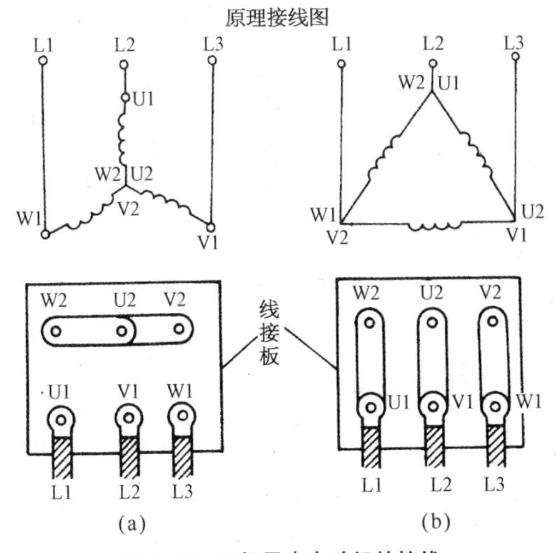

图 4-8　三相异步电动机的接线

（a）电动机星形连接；（b）电动机三角形连接

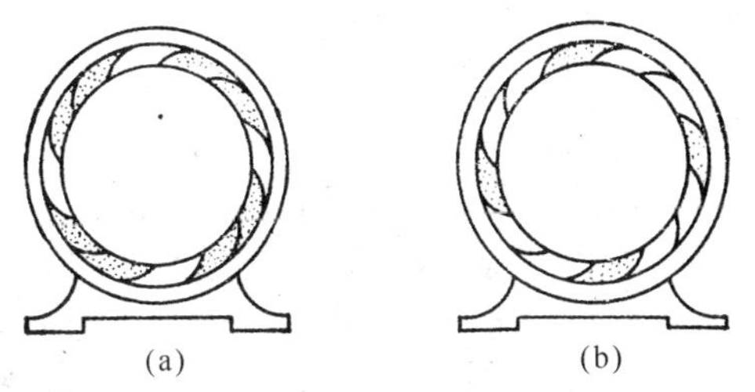

图 4-9　电动机定子绕组因电源缺相的烧毁特征

（a）星接电动机两相烧毁；（b）角接电动机一相烧毁

相电阻为正常值的 3 倍等。

在有局部断路的电机绕组中,对三相电流并没有多大差别和变化,但故障相中没有断开的导线要承担该相的全部电流,因此,发热必然会比正常时大,长期满载运行就会过热烧损。

当某项绕组有匝间短路时,其直流电阻值会小于正常值。为了确定绕组匝间短路到什么程度,还必须进行通电试验作进一步检查。

4-27　电动机通电试运转的前提是什么?空载试运转的目的是什么?

答:（1）通电试运转的前提　电动机故障的具体原因不能在不通电

检查中确定,或未发现什么严重故障时,只要转子旋转灵活,就可按铭牌规定将绕组连接片接好,并接入三相电源进行通电试运转。

(2) 空载试验的检测项目和目的　给电动机加额定电压让其不带任何负载空转,然后细听运转噪声并测定三相空载电流,从而判断某些难以发现的故障及其原因。

4-28　怎样进行电动机试运转时的噪声分析?

答: 有故障的电动机在运转时的噪声,包括一般机械原因引起的机械噪声和因磁场引起的电磁噪声。

① 机械噪声主要来源于轴承运转和转子、风扇与空气相摩擦而产生的噪声,这些噪声是难免的,只要不是太严重就可视为合格。但噪声中若夹杂有不规则的"喀喀"声,大都是由于轴承不合格或轴承润滑脂混有杂质而引起,须拆卸轴承盖细查其故障。

② 电磁噪声的起因较复杂,例如有些电机空盘转子十分灵活,而一旦通电运转时,定、转子就相擦而产生"擦擦"的扫膛声。这是由于定、转子严重的气隙不匀,出现了较大的单边磁拉力而引起;转子窜轴(指前后能自由窜动的情况),一般会产生阵阵不均匀但有规律的"嗡嗡"声;电机缺相运行,特别是启动时,会产生连续低沉的"嗡嗡"声,而且伴有机身振动、转速很慢甚至不能启动(注意,遇到这种情况应立即断电停车,否则会烧毁电机绕组)等现象。另外,由于三相电源电压不平衡,或绕组多处接地,或严重匝间短路均会产生明显的电磁噪声。电磁噪声有一个明显的特点,即由于电磁噪声与磁场有关,只要切断电源,电磁噪声立即消失,剩下的只是电机因惯性运转而产生的随转速逐渐变低而消失的机械噪声。

4-29　怎样进行电动机空载试验的电压、电流测定?

答: ① 电动机在测量绝缘电阻和直流电阻之后,要通电试运转,检查有无振动和异常声音,确认运转正常后,将万用表的旋钮旋在大于或等于工作电压数值的交流电压挡,用来测试三相电源的电压(可在电机的接线端测试)。

② 电动机空载试验时三相空载电流的测定方法如图4-10所示。

将钳形电流表的量程开关旋在与额定电流相应数位,将表卡在出线端电源的相线上(图4-10),并且使导线穿过钳口的中心,读出所测电流值(异步电动机在额定电压下运行,三相空载电流的任何一相与平均值的偏差不得大于平均值的10%),若电流不平衡时,应检查电源电压是否正常,或改换相序,以检查确定是电源电压不平衡还是电机内部故障。

③ 兆欧表测量用的引线,不应用双股胶线,以免影响测量准确性,更不能测量带电设备的绝缘电阻。

④ 试运转检查应具备安全措施,穿绝缘鞋,戴工作帽等。

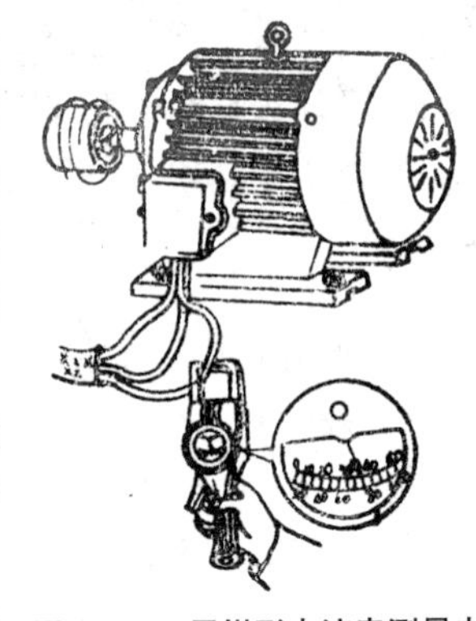

图4-10 用钳形电流表测量电流

4-30 直流电机由哪几部分组成?各部分的作用是什么?

答: 直流电机由定子和转子两大部分组成,定子和转子之间的空隙称为气隙。

(1) 定子 定子的作用是产生主磁场和作为机械的支撑。直流电机的定子由机座、主磁极、换向磁极、端盖和轴承等组成,电刷装置也固定在定子上。

① 直流电机机座有两方面的作用:一方面作为电机磁路的一部分起导磁作用;另一方面起支撑作用,用来安装主磁极、换向极,并通过端盖支撑转子部分。机座一般由导磁性能较好的铸钢件或钢板焊接而成。

② 主磁极主要产生主磁场,它由主磁极铁心和励磁绕组组成。

主磁极铁心为电机磁路的一部分,为了减少涡流损耗,一般采用1~1.5mm厚的钢板冲制后叠装而成。

励磁绕组的作用是通入直流电产生主磁场。小型电机用电磁线绕制,大中型电机用扁铜线绕制。

③ 换向磁极是位于两个主磁极之间的小磁极,又称附加磁极,其作用是产生换向磁场,改善电机的换向。它由换向磁极铁心和换向磁极绕组组成。

换向磁极绕组应当与电枢绕组串联,而且极性不能接反。

小型电机换向不困难,一般不用换向磁极。

④ 电刷装置由电刷、刷握、刷杆、刷杆座和压力弹簧组成。电刷装置的作用是通过电刷与换向器的滑动接触,把电枢绕组中的电动势(或电

流）引到外电路，或把外电路的电压、电流引入电枢绕组。

电刷要有较好的导电性和耐磨性，一般由石墨粉压制而成。

（2）转子　转子又称电枢，它是产生感应电动势、电流、电磁转矩，实现能量转换的部件。它由电枢铁心、电枢绕组、换向器、风扇和转轴等组成。

① 电枢铁心是直流电机主磁路的一部分，在铁心槽中嵌放电枢绕组。为了减少涡流损耗，电枢铁心一般采用0.5mm厚的表面有绝缘层的硅钢片叠压而成。

② 电枢绕组的作用是通过电流产生感应电动势与电磁转矩，实现能量转换。

电枢绕组通常用圆形或矩形截面的绝缘导线绕制而成，再按一定的规律嵌放在电枢铁心槽中，利用绝缘材料进行电枢铁心和电枢绕组之间的绝缘处理。

③ 换向器的作用是将电枢中的交流电动势和电流，转换成电刷间的直流电动势和电流；从而保证所有导体上产生的转矩方向一致。

④ 转轴用来传递转矩；风扇用来降低运行中电机的温升。

4－31　按励磁方式不同，直流电机可分为哪几类？

答：按励磁方式不同，直流电机可分为他励、并励、串励和复励四类直流电机。

他励式直流电机的励磁绕组和电枢绕组各自独立，由两组电源供电。

并励式直流电机的励磁绕组与电枢绕组相并联，共用一组电源。

串励式直流电机的励磁绕组与电枢绕组相串联，共用一组电源。

复励式直流电机的励磁绕组的一部分与电枢绕组相串联，另一部分励磁绕组与电枢绕组相并联，共用一组电源。

4－32　直流电机的额定功率、额定电压、额定电流、额定转速是如何规定的？

答：直流电机的额定功率 P_N 指直流电机在额定情况下，长期运行所允许的输出功率。对发电机指在额定运行时输出的电功率；对电动机指轴上输出的机械功率。额定功率的单位为kW。

直流电动机的额定电压 U_N 指正常工作时电动机出线端的电压值。对发电机指在额定运行输出的端电压;对电动机指额定运行时的电源电压。单位为 V 或 kV。

直流电动机的额定电流 I_N 指电机额定运行时的电流值。对发电机指额定运行时供给负载的额定电流;对电动机指额定运行时由电源输入的额定电流。单位为 A。

直流电动机的额定转速 n_N 指电压、电流、输出功率均为额定值时转子旋转的速度,单位为 r/min。

4－33 直流发电机及直流电动机的工作原理各是怎样的?

答: 直流发电机在原动机拖动下旋转,电枢上的导体切割磁力线产生交变电动势,再通过换向器的整流作用,在电刷间获得直流电压输出,从而实现了将机械能转换成直流电能的目的。

直流电动机在外加电压作用下,在导体中形成电流,载流导体在磁场中受电磁力的作用,由于换向器的换向作用,导体进入异性磁极时,导体中的电流方向也相应改变,从而保证了电磁转矩的方向不变,使直流电动机能连续旋转,把直流电能转换成机械能。

4－34 什么叫直流电动机的换向?如何改善换向?

答: 直流电动机运行时,电枢绕组元件经过电刷从一条支路进入另一条支路,该元件中的电流方向也发生了改变,这个过程叫换向。

在一般直流电动机中,改善换向常用的方法是在电刷所在的中性面上加装换向磁极。换向磁极的磁场在换向元件中切割产生的电动势可以抵消换向电动势和自感电动势,从而达到消除火花的目的。另一种方法是合理选择电刷,增大换向元件回路中的电阻值,可以减少换向附加电流。

4－35 直流电动机一般如何选择电刷?直流电动机的电刷因磨损而更换时应如何选用电刷?

答: 直流电动机中一般采用电化石墨电刷;低压大电流的直流电动机选用金属石墨电刷;对换向特别困难的直流电动机可采用分裂式电刷。要求电刷与换向器表面的接触电阻尽量大些,同时要求耐磨性好。

更换时应选用耐磨性好且与原牌号相同的电刷。

4－36 直流电动机常用的启动方法有哪两种?各有什么优缺点?

各适用于什么场合?

答: 常用的启动方法有减压启动法和电枢回路串电阻启动法两种。

(1) *减压启动法* 启动时必须加上额定的励磁电压,使磁通一开始就有额定值,否则电动机的启动电流虽然比较大,但启动转矩较小,电动机仍无法启动。

减压启动所需设备复杂、价格较贵,但启动过程中基本不损耗电能。

对需要经常启动的直流电动机,如起重、运输机械上的直流电动机,宜采用减压启动。

(2) *电枢回路串电阻启动法* 在直流电动机电枢回路中串接电阻,使启动电流不超过允许的数值,当电动机转动后,随着转速升高,反电动势增大,电枢电流减少,再逐步减少启动电阻阻值,直到电动机稳定运行,启动电阻全部切除。

电枢回路串电阻启动所需设备简单、价格较低,但在启动过程中,启动电阻上有能量损耗。

小容量或稍大容量但不经常启动的直流电动机通常采用电枢回路串电阻启动。

4-37 什么是制动?直流电动机的制动方法有哪几种?

答: 在运转的电动机上加上与原转向相反的转矩,使电动机迅速停转或限制电动机的转速,这一过程就是制动。

直流电动机的制动方法可分为机械制动和电气制动,其中电气制动又可以分为再生制动、能耗制动和反接制动。

4-38 什么是直流电动机的再生制动?串励直流电动机若要进行再生制动,必须采取什么措施?直流电动机再生制动有什么优点及缺点?

答: 当电动机的转速 n 超过了它的空载转速 n_0 时(如起重机起吊重物,由于重力的作用而产生 $n > n_0$ 的情况),电机处于发电机状态,这时电动机把机械能转换成电能,反送到电网中去,并产生制动转矩,从而限制了电动机的转速,这就是再生制动,再生制动又称反馈制动、发电制动。串励直流电动机的主极磁通随电枢电流 I_a 的变化而变化,若要进行再生制动,必须先将串励改为他励,由专门的低压直流电源向励磁绕组供电,以保证主极磁通有一定的量(不随 I_a 变化)。

再生制动的优点是产生的电能可以反馈回电网中去，使电能获得利用，简便可靠而且经济；缺点是再生制动只能发生在 $n > n_0$ 的场合，限制了它的应用范围。

4－39 什么是直流电动机的能耗制动？能耗制动时，电动机处于什么状态？直流电动机能耗制动有什么优点及缺点？

答： 保持励磁绕组的电源，断开运行的直流电动机的电枢电源，同时在电枢两端接入制动电阻，惯性运转的电枢绕组切割主磁通 Φ 而产生感应电动势 E_a，感应电动势在制动电阻上产生感应电流，该感应电流再与主磁通作用，使电枢绕组受电磁力，从而产生与原转动方向相反的制动转矩。制动过程中，电机作为发电机运行，将系统动能变为电能消耗在电阻上，所以称为能耗制动。

能耗制动时，电动机处于发电机状态。

能耗制动的优点是所需设备简单、成本低、制动减速平稳可靠；缺点是能量无法利用，白白消耗在电阻上使其发热，能耗制动的制动转矩随转速变慢而相应减少，制动时间较长。

4－40 什么是直流电动机的反接制动？为什么直流电动机反接制动时，电枢电流很大？直流电动机反接制动有什么优点及缺点？

答： 改变电枢绕组上的电压方向（使 I_a 反向），或改变励磁电流的方向（使 Φ 反向），使电动机得到反向力矩，产生制动作用。当电动机速度接近零时，迅速脱离电源。这种制动方法称为直流电动机的反接制动。

直流电动机反接制动时，因为电枢反电动势与电源电压方向相同，故该瞬间加在电枢绕组上的电压为 $U_N + E_a \approx 2U_N$，从而会产生很大的电枢电流。

反接制动的优点是制动转矩比较恒定、制动较强烈、操作较方便；缺点是需要从电网吸取大量的电能，而且对机械负载有较强的冲击作用。

反接制动一般用在快速制动的小功率直流电动机上。

4－41 改变直流电动机转向的方法有哪两种？

答： 有改变励磁电流方向和改变电枢电流方向两种改变直流电动机转向的方法。

如果同时改变励磁电流和电枢电流方向，则直流电动机的转向不变。

4-42 为什么并励直流电动机一般采用改变电枢电流方向，即电枢反接法来改变转向？

答：因为并励直流电动机的励磁绕组匝数多，电感大，在进行反接时因电流突变，将会产生很大的自感电动势，危及电机及电器的绝缘安全，因此一般采用电枢反接法来进行调向。在将电枢绕组反接的同时必须连同换向极绕组一起反接，以达到改善换向的目的。

4-43 串励直流电动机要改变其转向，若只改变电源端电压的方向，能否实现调向？

答：不能。只有改变励磁电流的方向或改变电枢电流的方向，才能改变电磁转矩的方向，实现调向。

4-44 怎样排除直流电动机的常见故障？

答：直流电动机的常见故障和排除方法可见表4-2。

表4-2 直流电动机的常见故障及排除方法

故障现象	可能原因	排除方法
电刷下火花过大	1. 电刷不在中性线上	1. 调整刷杆座位置
	2. 电刷与换向器接触不良	2. 研磨电刷接触面，并在轻载下运转0.5～1h
	3. 刷握松动或装置不正	3. 紧固或纠正刷握位置
	4. 电刷与刷握配合太紧	4. 略微磨小电刷尺寸
	5. 电刷压力大小不当或不匀	5. 用弹簧秤校正电刷压力，应为1.5～2.5N/cm^2，调整刷握弹簧压力或调换刷握
	6. 换向器表面不光洁，不圆或有污垢	6. 洁净或研磨换向器表面
	7. 换向片间云母凸出	7. 换向器刻槽、倒角、再研磨
	8. 电刷磨损过度，或所用牌号及尺寸与技术要求不符	8. 按制造厂原用牌号及尺寸更换新电刷
	9. 过载时换向极饱和或负载剧烈波动	9. 恢复正常负载
	10. 电机底脚松动，发生振动	10. 紧固底脚螺栓
	11. 换向极绕组短路	11. 检查换向极绕组，修复绝缘损坏处

（续表）

故障现象	可能原因	排除方法
电刷下火花过大	12. 电枢过热，因而电枢绕组的接头片与换向器脱焊	12. 用毫伏表检查换向片间的电压是否平衡，如某二片间电压特别大，则该处可能脱焊，查明重焊
	13. 检修时将换向极绕组接反	13. 通12V左右直流电，用指南针判别主磁极（N，S）和换向极（n，s）的极性顺序，并按下列顺序加以纠正，即顺电机旋转方向，发电机为n－N－s－S，电动机为n－S－s－N
	14. 刷架位置不均衡，引起电刷间的电流分布不均匀	14. 调整刷架位置，做到四等分。如系电刷牌号尺寸不一致，应更换一致
	15. 转子平衡未校好	15. 重校转子动平衡
发电机电压不能建立	1. 剩磁消失	1. 另用直流电通入并励绕组，产生磁场
	2. 旋转方向错误	2. 改正旋转方向（按剪头所示方向）
	3. 励磁绕组接反	3. 按接线图纠正励磁绕组的接线
	4. 励磁绕组断路	4. 检查励磁绕组及磁场变阻器的连接是否松脱或接错，磁场绕组或变阻器内部是否断路
	5. 电枢短路	5. 检查换向器表面及接头片是否有短路处，或用毫伏表测试电枢绕组是否短路
	6. 电刷接触不良或偏离中性线过远	6. 检查刷握弹簧是否松弛，调整刷杆座位置
	7. 磁场回路电阻过大	7. 检查磁场变阻器和励磁绕组电阻，接触是否良好
发电机的空载电压较额定电压低	1. 并励绕组回路中的磁场变阻器的阻值过大	1. 调整变阻器的阻值
	2. 他励绕组中的励磁电流较额定值低	2. 增大励磁电流
	3. 并励磁场绕组部分短路	3. 分别测量每一绕组的电阻，修理或调换电阻特别低的绕组
	4. 电刷位置不在中性线上	4. 调整刷杆座位置
发电机加负载后，电压显著下降	1. 电刷位置不在中性线上	1. 调整刷杆座位置，使火花情况最好
	2. 复励发电机的串励绕组接反	2. 将串励绕组引线对调
	3. 换向极绕组接反	3. 将换向极绕组引线对调
	4. 主磁极与换向极安装顺序不对	4. 通12V左右直流电，用指南针判别后，加以纠正

（续表）

故障现象	可能原因	排除方法
电动机不能启动	1. 无电源 2. 过载 3. 启动电流太小 4. 电刷接触不良 5. 励磁回路断路	1. 检查线路是否完好，启动器连接是否准确，熔丝是否熔断 2. 减少负载 3. 检查所用启动器是否合适 4. 检查刷握弹簧是否松弛予以调整或改善接触面 5. 检查变阻器及磁场绕组是否断路，更换绕组
电动机转速不正常	1. 电动机转速过高，具有剧烈火花 2. 电刷不在正常位置 3. 电枢及磁场绕组短路 4. 串励电动机轻载或空载运转 5. 串励磁场绕组接反 6. 磁场回路电阻过大	1. 检查磁场绕组与启动器（或调速器）连接是否良好，是否接错，内部是否断路 2. 调整刷杆座位置，即调准中性线位置 3. 检查是否短路（磁场绕组须每极分别测量电阻） 4. 增加负载 5. 纠正接线 6. 检查磁场变阻器和励磁绕组电阻，并检查接触是否良好
电枢冒烟	1. 长时间过载 2. 换向器或电枢短路 3. 发电机负载短路 4. 电动机端电压过低 5. 电动机直接启动或反向运转过于频繁 6. 定、转子铁心相擦	1. 立即恢复正常负载 2. 用毫伏表检查是否短路，是否有金属屑落入换向器或电枢绕组 3. 检查线路是否有短路 4. 恢复电压至正常值 5. 使用适当的启动器，避免频繁的反复运转 6. 检查电机气隙是否均匀，轴承是否磨损
磁场线圈过热	1. 并励磁场绕组部分短路 2. 电机转速太低 3. 电机端电压长期超过额定值	1. 分别测量每一绕组电阻，修理或调换电阻特别低的绕组 2. 提高转速至额定值 3. 恢复端电压至额定值
机壳漏电	1. 电机绝缘电阻过低 2. 出线头碰壳 3. 出线板、绕组绝缘损坏 4. 接地装置不良	1. 测量绕组对地绝缘电阻，如低于0.5MΩ，应加以烘干 2. 修理 3. 修复绝缘 4. 予以检修

（续表）

故障现象	可 能 原 因	排 除 方 法
并励电动机启动时反转，启动后又变为正转	串励绕组接反	互换串励绕组两个出线头
轴承漏油	润滑脂加得太多或润滑脂质量不符合要求	更换润滑脂 轴承如有杂声，应取出清洗检查，钢珠钢圈有裂纹的，应予更换

4－45 怎样进行直流电动机的拆装和接线作业？

（1）作业准备

① 作业前应准备以下工具、仪表、器材：拉具，活扳手，螺钉旋具，手锤，木锤，铜棒和扁錾等。

② 技术技能准备。

③ 了解直流电动机的结构及内部接线方法。

④ 掌握直流电动机的拆卸和装配过程。

（2）作业步骤和要点

① 拆除电动机外部连接的导线，要做好线头对应连接的标记。

② 做好电动机轴伸出端与联轴器（或带轮）上的尺寸标记，然后拆下联轴器对接的连接端。

③ 拆除联轴器上的定位螺钉或销钉，用拉具拉卸联轴器。

④ 打开有换向器一侧端盖上的通风口，取出电刷，拆除连接导线，并做好导线的对应连接标记。

⑤ 拆除轴承外盖上的螺钉，做好标记，取下轴承外盖。

⑥ 拆除有换向器一端端盖上的螺钉，在止口上做上装配标记，用木锤轻轻敲击端盖四周（或利用端盖上的起盖螺钉顶出端盖），取下端盖，然后从端盖里卸下刷架。

⑦ 用布或硬纸包扎好换向器。

⑧ 拆除轴伸出端端盖上的螺钉，在止口做上装配标记，把端盖连同电枢同时从电动机定子内抽出，电枢较重时，须行车配合工作。

⑨ 拆除电枢轴上端盖和轴承盖。

⑩ 用拉具拉卸电枢轴上的两个轴承(若轴承能继续使用一般不拆下来)。

⑪ 清洗零部件及轴承换油。

⑫ 按实物绘出该电动机的电气原理图,并说出各线圈的名称及在电机中的实际位置。

⑬ 电机装配过程是拆卸过程的反顺序操作(本步骤待定子绕组及电枢故障排除后进行)。

(3) 安全注意事项

① 在使用拉具拉卸联轴器(或轴承)时,要注意拉具的丝杠端点要对准电机轴的中心,受力要均匀。

② 在拉卸不动的情况下,可点入煤油或用喷灯加热,即可拉下,切忌硬拆或用手锤等敲击。

③ 拆装中注意保护换向器及电刷,不能碰伤。

4-46 怎样进行直流电动机电刷火花的鉴别和中性线的确定?

答: 直流电动机一旦出现故障,绝大多数能从电刷的火花反映出来。由于故障原因的不同,直流电动机的火花可分为机械火花和电磁火花两大类。

(1) 机械火花　因机械原因引起电刷跳动而产生的火花,一般称之为机械火花。

① 火花特点:除电刷的电枢滑入的边缘外,其余三个边缘均有不规则的火花飞出,尤以电刷的电枢滑出的边缘最为严重,有时还会出现环火。

② 火花原因:当换向器失圆、凹凸不平、表面严重碰伤或擦伤,电刷压紧弹簧失效或电刷磨损过度造成压力不足,电刷与刷握配合间隙不当或刷握、刷杆松动等原因,引起电刷跳动而使电刷与换向器间接触不良时,均会产生机械火花。

(2) 电磁火花　因电磁或化学原因引起换向困难而产生的火花,一般称之为电磁火花。

① 火花特点:仅在电枢的滑出边缘有火花。火花的大小,与故障的严重程度和负载的大小有关。

② 火花原因:因电枢绕组匝(或换向片)间短路,绕组两点接地,绕组断路、脱焊,电刷不在中性线上,换向极绕组短路或极性接反,电机过载等电磁原因,会使换向恶化而引起电磁火花;电刷牌号不对,换向器表面有油污或腐蚀性气体,使换向器表面氧化膜镜面被破坏等,也会引起较大的

电磁火花。

(3) 电刷火花与故障的关系　直流电动机电刷下的火花的等级见表4-3。电刷下的火花超过允许限度,不仅会烧坏电刷和换向片,而且在特别严重时,电机根本无法负载运行。必须采取有效措施,及时消除。具体步骤与方法如下:

表4-3　直流电动机换向器的火花等级

火花等级	电刷下的火花程度	换向器及电刷的状态
1	无火花	换向器上没有黑痕,电刷上也没有灼痕
$1\frac{1}{4}$	电刷边缘仅小部分有微弱点状火花,或由非放电性的红色小火花	
$1\frac{1}{2}$	电刷边缘大部分或全部有轻微的火花	换向器上有黑痕出现但不发展,用汽油擦其表面即能除去,同时在电刷上有轻微灼痕
2	电刷边缘大部分或全部有较强烈的火花	换向器上有黑痕出现,用汽油不能擦除,同时在电刷上有灼痕,但短时运行换向器上无黑痕出现,电刷也不被烧焦或损坏
3	电刷的整个边缘均有强烈的火花,同时有大火花飞出	换向器上的黑痕相当严重,用汽油不能擦除,同时在电刷上有灼痕,但短时运行换向器上就出现黑痕,电刷也被烧焦或损坏

① 观察直流电动机运行时的火花:如果属于机械火花,则应首先检查电刷装置;如果是电磁火花,则应首先怀疑电刷是否在中性线上。

② 寻找直流电动机几何中性线的方法:

(a) 按图4-11接好线,若是并励直流电动机,应将并励绕组与电刷脱开,然后再接直流电源。

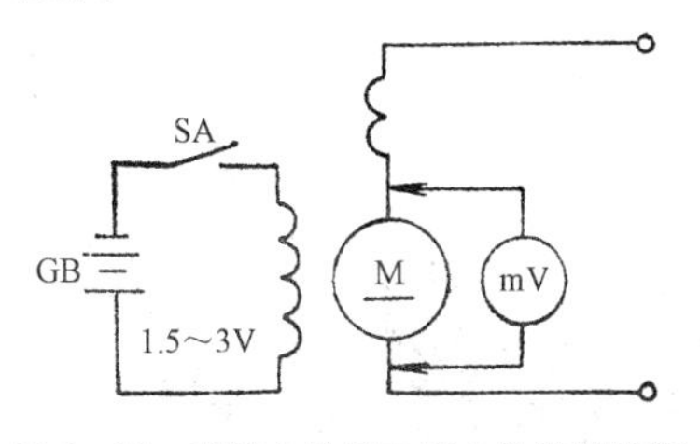

图4-11　直流电动机电刷中性线接线图

（b）松开刷架紧固螺钉，频繁开闭开关SA，左右慢慢转动调节刷架位置，同时观察毫伏表指针。

（c）当电刷转到某一位置毫伏表指针不再摆动，或摆动很少时，说明已找到了直流电动机的几何中性线位置。

（d）紧固刷架，紧固后复测一次。

找到几何中性线之后，对于需要可逆运转的直流电动机，应将电刷固定在几何中性线上；对于单方向运转的电机：如果是直流发电机，则应将电刷固定在从几何中性线顺电枢旋转方向移动1～3片的换向片上；如果是直流电动机，则应将电刷固定在从几何中性线逆电枢旋转方向移动1～3片的换向片上。

③ 根据火花情况对可疑部位进行观察和检测：例如空载时无火花，稍有负载即开始冒火花，负载增加火花也增大甚至出现环火，这时应检查换向极是否接反；空载时即有火花，应怀疑电枢匝间短路；若某一极下的电刷火花较其他极剧烈，则应检查该处换向极或主磁极有无匝间短路等。

4－47 怎样进行直流电动机电刷装置的故障检查？

答： 电刷装置是直流电动机转动部件（电枢）和固定部件（定子），形成电流通路的过渡性部件，是最容易产生故障的地方，应定期进行维护检修。电刷装置的故障应从以下几个方面去进行检查。

（1）*检查电刷是否跳动* 一手缓缓转动电枢，另一手轻按电刷，凭感觉判断电刷的跳动情况。若电刷有规律的上下窜动，则是因换向器失圆引起，若电刷有明显的不规则跳动，则可能是换向器凹凸不平引起。

（2）*检查换向器表面* 观察换向器表面，若发现有许多条细而深的槽痕，应逐个检查电刷；很可能是某只电刷接触面上有金刚砂粒，或因电刷严重磨损而使引线端子露出磨伤了换向器表面；一经发现，应及时换上尺寸相近、牌号一致的新电刷。

（3）*检查电刷接触面* 将电刷从刷握中提出观察，若电刷接触面上的光亮部分（真正接触到换向器的部分）所占的面积，小于整个接触面的75%，则应研磨电刷、扩大实际接触面。将电刷提出刷握前应与刷握在同一侧作好装配复位标记，将电刷放入刷握时应按复位标记装入，不可装反；否则，会改变电刷与换向器接触面的大小。

（4）*检查电刷压力* 检测电刷压力时，弹簧秤必须位于电刷压力反方向的延长线上（图4－12）；若稍有偏离，就会有较大的误差。每只电刷单位接触面上的压力应在 14.7 ~ 24.5MPa范围内，对振动负荷和起重电动机，则要比以上数值增加50% ~70%。压力过小会使电刷跳动，过大会加速电刷和换向器的磨损，并使其过热而受损。

(5) 检查电刷对机座的绝缘电阻　电刷对机座的绝缘电阻，应远大于电枢绕组的绝缘电阻。当电刷装置积满炭粉、灰尘或油污时，应及时用汽油或无水酒精擦洗干净；若刷杆绝缘损坏，则应更换新绝缘；若有烧焦的炭迹，则应刮除。

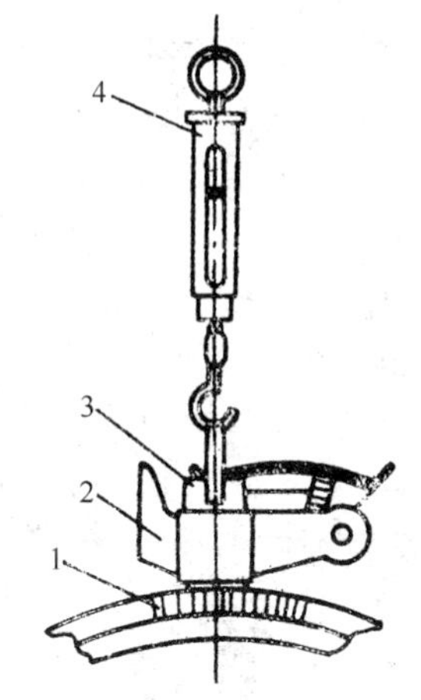

图 4-12　直流电动机电刷压力的测试

1—换向器；2—刷架；3—电刷；4—拉力计

4-48　怎样更换、改制直流电动机电刷?

答: (1) 更换电刷　更换部分电刷时，必须保证整台电机的电刷牌号一致。电刷牌号不一致，会导致各电刷间负荷分配不均。若配不到和原牌号相同的电刷，则应将整台电动机的电刷全部更换。

(2) 改制电刷

① 更换电刷时，如果没有和原电刷尺寸相同的电刷，可用尺寸稍大的电刷进行改制。当电刷在某一方向的尺寸过大时，可将电刷夹在台虎钳上(不要夹得太紧，以防破碎)，用手锯锯割出毛坯后，再用双齿细纹锉刀精修至所需尺寸。

② 电刷在刷握中不能太松或太紧。太松时电刷晃动会引起机械火花；太紧时，电刷会被刷握夹住；若因被换向器弹回或磨损而能上不能下时，便会导致各电刷负荷分配不均，形成很大火花，甚至使直流电机无输出。电刷与刷握的配合间隙见表 4-4。

表 4-4　直流电动机电刷与刷握的配合间隙　(mm)

间　　隙	轴　　向	沿电枢旋转方向	
		宽度 5 ~ 16	宽度 16 以上
最小间隙	0.2	0.1 ~ 0.3	0.15 ~ 0.4
最大间隙	0.3	0.3 ~ 0.6	0.4 ~ 1.0

4-49 怎样进行直流电动机电刷引线的制作和固定？

答：电刷引线一般比较柔软，由多根细铜丝绞合而成。当引线铜丝被折断总根数的30%时，应更换新引线。新引线的制作及与电刷的固定方法如下。

(1) 电刷引线的制作　新引线的长度及总有效截面积应和完好的旧引线相同。制作时，将若干根细铜丝(每根直径在0.1mm以下)分成三股，然后编制成辫子形；编成后，一端加装接线耳，另一端固定在电刷上。

(2) 电刷引线与电刷的连接法　电刷引线与电刷的连接，可采用填塞法、铆管法和焊接法，分别介绍如下。

① 填塞法：首先在电刷顶部钻一个比空心冲头稍大的孔(不要钻穿)，再把电刷引线穿入空心冲头，当线头冒出冲头3~4mm后，向四周散开成伞状，并借助空心冲头，把引线送至孔底；然后将冲头小心退出孔外(注意不要把引线带出孔外)，在孔中填入少量80目以上的铜粉或铝粉，将引线埋住并用空心冲头冲紧；再逐步加入铜粉或铝粉并冲紧，直至将埋孔填平。用小手锤敲击冲头时应轻、准、快。

② 铆管法(图4-13)：在电刷头部钻一沉头孔，用填塞法固定电刷引线埋入一根配合稍紧的紫铜管；再把电刷引线的一端，盘缠在沉头端的紫铜管上，然后套一只铜垫圈，将引线盘头压住；最后上台虎钳，将紫铜管两端扩孔、折边、铆紧。

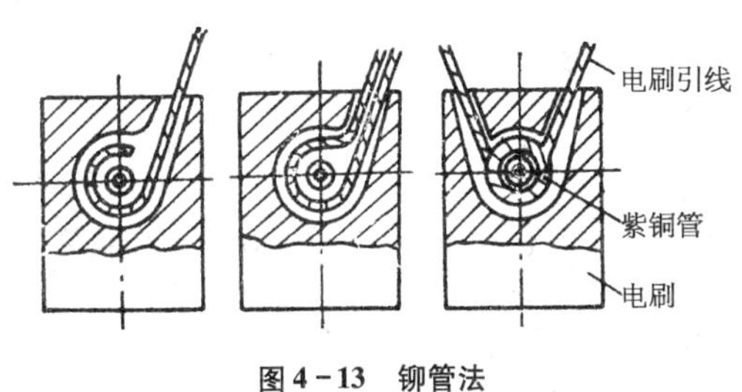

图4-13　铆管法

③ 焊接法(图4-14)：遇到电刷很薄或电刷接触面不超过1cm²时，若采用上述两法，有可能把电刷胀裂。因此，可采用焊接法固定电刷引线。具体方法是：先在电刷头部适当地方，钻一个直径稍大于电刷引线外径的沉头孔，并镀上0.01~0.02mm厚的铜层；然后将电刷引线从孔中穿出，并把引线头盘绕在沉头内；最后撒上松香，用烙铁将引线焊接在沉头孔中。

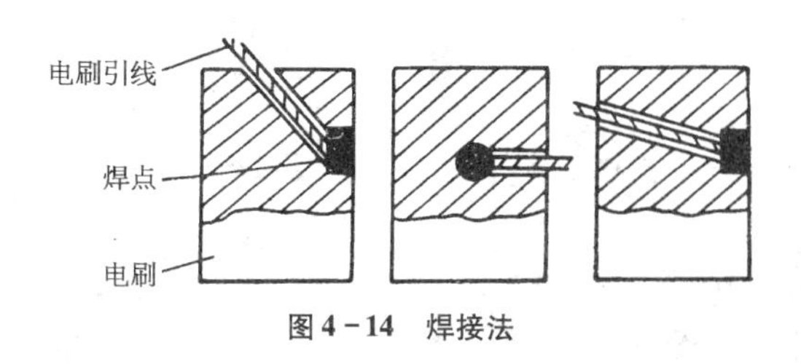

图 4-14 焊接法

4-50 怎样进行直流电动机电刷的研磨作业?

答: ① 手工磨刷法:若只是更换个别电刷,可采用手工磨刷法。如图4-15所示,磨刷时,应沿电枢旋转方向拉动砂布,不可来回拉动,否则每改变一次拉动方向,会使电刷因轻微晃动而不断改变与换向器的接触面,即总是不能全部或大部与换向器保持良好的接触。

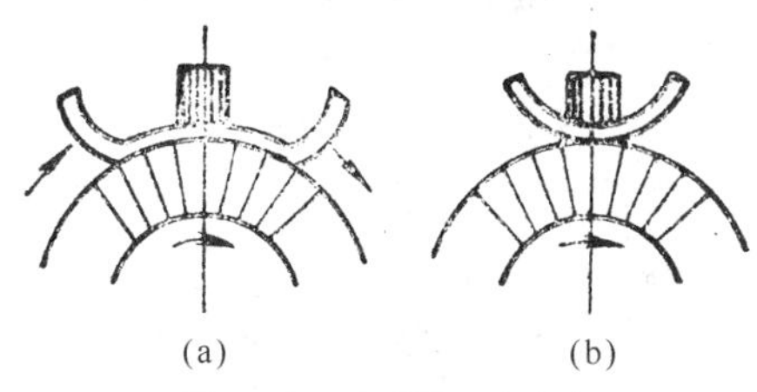

图 4-15 电刷的研磨方法

② “空载”磨刷法:当直流电动机需要更换整台电刷时,宜采用所谓“空载磨刷”法,即由原动机拖动更换电刷的直流电动机空载运转磨刷。磨刷前,先对换向器进行拉槽清沟(图4-16b)。但在拉槽时,拉槽刀应稍歪斜而紧靠换向片,使换向片的边缘拉出毛刺,利用毛刺来对电刷进行研磨。研磨好电刷后,用细玻璃砂纸将换向片毛刺打去,然后停机并提出电刷,再用拉槽刀对换向器进行一次拉槽清沟,以清除云母槽中的

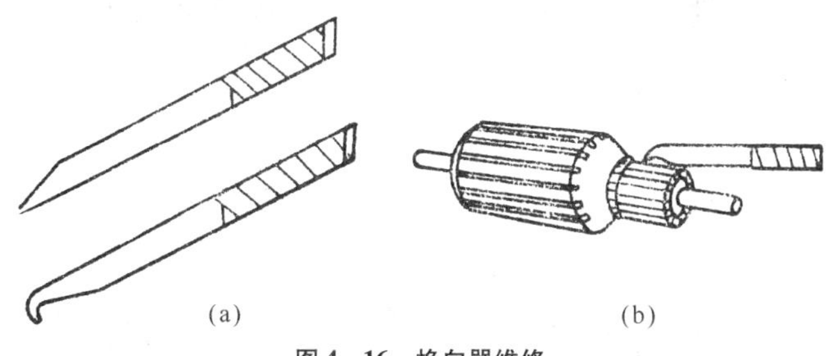

图 4-16 换向器维修

(a) 拉槽刀; (b) 拉槽清沟

炭粉和铜屑。

4－51 排除直流电动机电刷故障应掌握哪些作业要点？

答：1）用具准备

训练前应准备以下工具、仪表、器材：拉力计及一般常用工具等。

2）技术技能准备

① 了解刷架、刷握和电刷的结构。

② 掌握刷握和电刷的调整及一般故障的修理方法。

3）作业步骤和要点

（1）刷握和电刷的检查

① 清除刷架、刷握、电刷及换向器上的灰尘、炭粉和油污等。

② 检查刷握是否在一条直线上，有否松动或损坏等，如有，须调整紧固或换新刷架。

③ 检查电刷压力和电刷在刷握中的滑动情况；刷辫有无过流变色和断股现象，如有，须调整压力（压力计要垂直勾在刷辫上）或更换弹簧，研磨（图4－15）或换新电刷。

④ 取下电刷，检查电刷的长度是否够，边缘有无破损现象，如有，换新电刷。

（2）更换电刷

① 拆除损坏的电刷，选择安装同型号同材质的电刷。

② 检查新换的电刷在刷握中是否滑动灵活，摆动要 <0.15mm。

③ 调整电刷压力为15～25MPa。

④ 检查电刷和换向器的接触是否良好，接触面应 >75%。

（3）电刷与换向器之间接触面的研磨

① 把0号玻璃砂纸压在电刷下，使砂纸无砂面紧贴在换向器圆周表面上。

② 转动电枢轴，研磨电刷使之达到上述要求。

（4）安全注意事项

① 在检查刷握及电刷时，须停电作业；不能停电作业时，要特别注意安全。

② 在清理换向器、刷握和电刷间污物时，不能用棉纱擦拭，残留的棉纱纤维会造成新的故障。

③ 电刷研磨后，碳粉等污物要清理干净，不能用金刚砂纸研磨电刷。

4－52　什么是变压器？如何分类？变压器的效率如何？

答：变压器是利用电磁感应的原理，将某一数值的交流电压转变成同频率的所需电压值的交流电的静止的电气设备，大致可分为电力变压器和特种变压器两类。

变压器按铁心的结构分有心式变压器和壳式变压器；按相数分有单相、三相及多相变压器；按冷却方式分有干式、油浸式和充气式变压器；按容量大小分类有小型、中型、大型和特大型变压器；按用途分有电力变压器和专用变压器。

变压器的效率很高，电力变压器的效率可达95%以上。变压器容量越大，效率越高，巨型电力变压器的效率可达99%以上。

4－53　电力变压器的基本结构是怎样的？

答：变压器的基本结构由铁心、绕组、油箱及其附件等组成。如图4－17所示的是油浸式电力变压器结构。

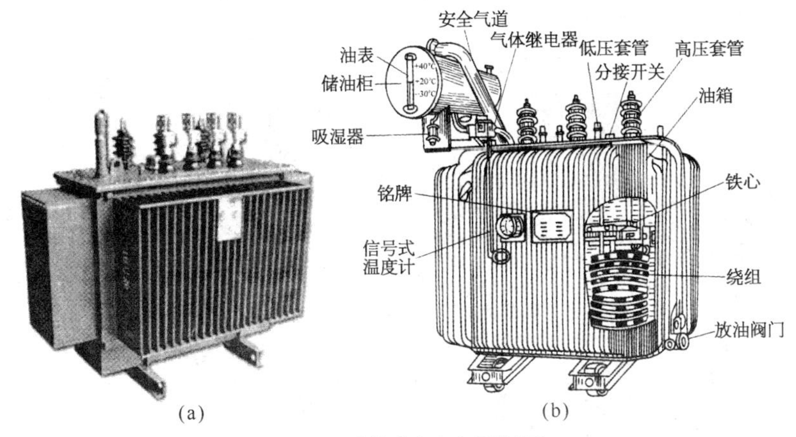

图4－17　油浸式电力变压器结构

(a) 中小型配电变压器；(b) 中大型电力变压器

(1) 铁心　铁心是变压器的导磁回路，也是绕组的支撑骨架；铁心多由0.35mm或0.5mm厚的，表面涂有绝缘漆的硅钢片叠装而成。

(2) 绕组　绕组是变压器的导电回路，由铜或铝导线绕制而成，也有用铜箔或铝箔绕制而成的。一般电力变压器的绕组制成圆筒形，高低压绕组同心地套在铁心上。

(3) 油箱　油箱具有绝缘、冷却和灭弧等作用，油箱里装有矿物油

(变压器油),由绕组和铁心组成的器身放置在油箱内。油箱用钢板焊接而成。中小型变压器采用板式油箱(图4-17a),中大型变压器采用管式油箱(图4-17b)。

(4) 其他附件　其他附件包括储油柜、安全气道、气体继电器、绝缘套管、调压装置和铭牌等。

铭牌上标有变压器的型号和各种数据,便于使用者了解变压器的性能。变压器的型号由字母和数字两部分组成。字母代表变压器的结构特点,数字代表额定容量(kV·A)和高压绕组的额定电压(kV),常见形式如下:

1 2—3/4

1——变压器的分类型号,由多个拼音字母组成(表4-5);

2——设计序号;

3——变压器的额定容量(kV·A);

4——高压绕组的额定电压(kV)。

表4-5　变压器的分类型号

分类项目	符　号	分类项目	符　号
三相变压器	S	自耦变压器	O
单相变压器	D	三绕组变压器	S
油浸自冷式	无或J	无励磁调压	
油浸风冷式	F	有载高压	Z
油浸水冷式	S	铝线变压器	L
强迫油循环	P	卷绕式铁心	R
干式空气自冷	G	全密封	M

4-54　变压器的绕组用什么制成?有几种类型?

答:变压器的绕组属于变压器的电路部分,常用绝缘铜线或铝线绕制而成,也有用铝箔或铜箔绕制的。

接电源的绕组称一次侧绕组;接负载的绕组称二次侧绕组;也可按绕组所接电压高低分为高压绕组和低压绕组;按绕制方式不同可分为同心式绕组和交叠式绕组。

4-55　同心式绕组和交叠式绕组的结构是怎样的?各应用于什么

场合?

答:(1) 同心式绕组　同心式绕组是将一次侧、二次侧线圈套在同一铁心柱的内外层,一般低压绕组在内层,高压绕组在外层;当低压绕组电流较大时,绕组导线较粗,也可放到外层。

大多数电力变压器采用同心式绕组。

同心式绕组又可分为圆筒式、线段式、连续式和螺旋式等几种结构。圆筒式用于容量不大的变压器绕组;线段式用于小容量高压绕组;连续式用于大容量高压绕组;螺旋式用于大容量低压绕组。

(2) 交叠式绕组　交叠式绕组是将高、低压线圈绕成饼状,沿铁心轴向交叠放置,一般两端靠近铁轭处放置低压绕组,有利于绝缘。

交叠式绕组多用于壳式、干式变压器及电炉变压器。

4-56　变压器的铁心用什么制成?有几种类型?热轧硅钢片与冷轧硅钢片相比,哪个性能更好?为什么要求硅钢片在对接处45°剪裁?

答:变压器的铁心是主磁通的通道,也是变压器器身的骨架。铁心由铁柱和铁轭两部分组成,通常采用硅钢片叠装而成。

根据线圈的位置不同,铁心可分为心式和壳式两类。心式是线圈包着铁心,适用于大容量、高电压,电力变压器大多采用三相心式铁心;壳式是铁心包着线圈,除小型干式变压器外很少采用。

热轧硅钢片比冷轧硅钢片的性能更好,其磁导率高且损耗小。

冷轧硅钢片叠装时,要求硅钢片在对接处45°角剪裁的目的是保证磁力线与碾压方向一致。

4-57　什么是变压比?升压变压器和降压变压器的变压比各是怎样的?

答:变压器一次侧电压与二次侧电压的比值称为变压比,用K表示。当变压器空载运行时,在数值上有如下关系:

$$U_1 = E_1 = 4.44 f N_1 \Phi_m$$

$$U_2 = E_2 = 4.44 f N_2 \Phi_m$$

式中　Φ_m——主磁通的最大值(Wb);

f——电源频率(Hz);

N_1、N_2——变压器一次侧、二次侧绕组的匝数;

U_1、U_2 ——一次侧、二次侧电压(V)；

E_1、E_1 ——一次侧、二次侧感应电动势(V)。

变压比 K 为

$$K = \frac{U_1}{U_2} = \frac{E_1}{E_2} = \frac{N_1}{N_2}$$

升压变压器的变压比 $K < 1$；降压变压器的变压比 $K > 1$。

[例] 有一台变压器，一次侧绕组接在 50Hz、380V 的电源上时，二次侧绕组的输出电压为 36V。若把它的一次侧接在 60Hz、380V 的电源上，则二次侧输出的电压及频率是多少？

解: 输出电压仍为 36V，但输出电压的频率为 60Hz。因为第二次接入电源的电压值与第一次是一样的，且是同一变压器，变压比不变，故输出电压不变。但电源的频率改变，故输出电压的频率与第一次是不一样的。

4-58 变压器空载运行时有哪些特点？

答: 变压器空载运行时，空载电流的无功分量很大，而有功分量很小；因此，变压器空载运行时的功率因数很低，而且是感性的。

变压器的空载电流 I_0滞后电源电压 U_1接近 90°但小于 90°。

变压器空载运行时，一次侧绕组的外加电压与其感应电动势，在数值上基本相等，但相位相差 180°。

变压器空载运行时，由于空载电流很小，铜损耗近似为零，所以变压器的空载损耗近似等于铁损耗。

4-59 变压器带负载运行时，当输入电压不变，输出电压的稳定性及二次侧电路的功率因数由什么决定？当变压器的二次侧电流变化时，一次侧电流变化吗？如何提高二次侧电压的稳定性？

答: 输出电压的稳定性由负载的大小、负载的功率因数决定；二次侧电路的功率因数由负载的性质决定，与变压器关系不大。

当变压器的二次侧电流变化时，一次侧电流也跟着变化。

提高二次侧负载功率因数可以提高二次侧电压的稳定性。

[例] 有一台单相变压器，变压比 $K = 45/450$，二次侧电压 $U_2 = 220V$，负载电阻 $R_{fz} = 100\Omega$，则：①二次侧电流 I_2为多少？②如忽略损耗及变压器内部阻抗压降，则一次侧电压 U_1、电流 I_1为多少？③可与输出内阻 R_0多大的功率相匹配？

解：① $I_2 = \frac{U_2}{R_{fz}} = \frac{220V}{100\Omega} = 2.2A$。

② 因$\frac{U_1}{U_2} = K$，则 $U_1 = KU_2 = \frac{45}{450} \times 220V = 22V$。

因$\frac{I_1}{I_2} = \frac{1}{K}$，则 $I_1 = \frac{1}{K}I_2 = \frac{450}{45} \times 2.2A = 22A$。

③ $R_0 = K^2 R_{fz} = (45/450)^2 \times 100\Omega = 1\Omega$。

可与输出内阻 $R_0 = 1\Omega$ 的功率相匹配。

4－60 什么是同名端？绕组正向串联及反向串联时，其总的电动势各是怎样的？判别变压器绕组的极性有哪些方法？

答：线圈绕向一致且感应电动势相同的端点是同名端。

绕组正向串联也称首尾相连，即两个绕组的异名端相连，总电动势为两个电动势相加，电动势会越串越大。

绕组反向串联也称尾尾相连（或首首相连），即两个绕组的同名端相连，总电动势为两个电动势之差。

利用绕组正、反向串联时，总电动势差别很大的特点，可用来判别两个绕组的同名端。

判别变压器绕组的极性有以下方法：

（1）*直观法*　由绕组的绕向来判别各绕组的同名端或异名端。

（2）*测试法*　图 4－18 为电压表测试法。

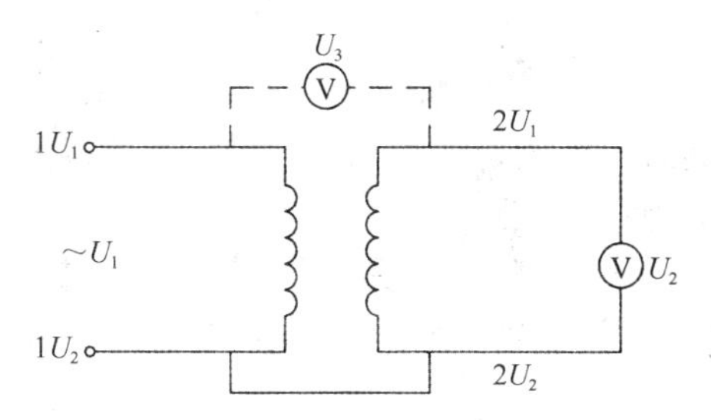

图 4－18　电压表测试法

测出电压 U_2 和 U_3，如果 $U_3 = U_1 + U_2$，则是正向串联，$1U_1$ 与 $2U_1$ 是异名端；如果 $U_3 = U_1 - U_2$，则是反向串联，$1U_1$ 与 $2U_1$ 是同名端。

（3）*检流计法*　以上几种方法是对单相绕组的极性判别。对三相变压器，它的每一相的一次侧、二次侧绕组之间的同名端判别，和单相变压器基本一样的，只是三相绕组之间因分别绕在不同的铁心柱上，有各自不同的磁通，因此不存在同名端关系，但根据三相磁场的对称要求，也有一个首尾判别问题。

4－61 什么是三相变压器三相绕组的星形接法？三相绕组星形接法有什么特点？

答： 三相绕组的星形接法是指三相绕组的尾端连在一起构成中性点N，三个首端分别接三相电源的连接方式。

三相变压器一次侧绕组采用星形接法时，如果一相绕组接反，则三个铁心柱中的磁通会严重不对称，变压器的空载电流会上升。

三相变压器二次侧绕组采用星形接法时，如果一相绕组接反，会使三相电动势不对称，其中两个线电压等于相电压，只有一相线电压的大小是正常的。因此，通过测量二次侧线电压可判断二次侧星形接法是否正确。

星形接法的优点：相电压较低，可节省绝缘材料，对高电压有利；有中性点引出，适于三相四线制，可提供两种电压；中点附近电压低，有利于装分接开关；相电流大、导线粗、强度大、匝间电容大，能承受较高的电压冲击。

星形接法的缺点：没有中性点引出时，磁通中存有三次谐波，会造成损耗，1 800kW 以上的变压器不能采用这种接法；中性点要直接接地，否则当三相负载不对称时，中点电位严重偏移，对安全不利；当某相出故障时，导致整机停用。

4－62 什么是三相变压器三相绕组的三角形接法？三相绕组的三角形接法有什么特点？

答： 三相绕组的三角形接法是把各相首尾相接，构成一个闭合回路，把三个连接点接到电源上去。因首尾连接顺序不同，可分为正相序和反相序两种接法。

二次侧绕组三角形接法如果正确，其开口电压应为零，通过测此电压可以判断三角形接法是否正确。

三角形接法的优点：输出电流比星形接法大$\sqrt{3}$倍，可以省材料，适合大电流变压；当一相故障时，另外两相可接成 V 形运行供电。

三角形接法的缺点：没有中性点，没有接地点，不能接成三相四线制。

4-63 小型变压器有哪些基本形式和应用范围?

答: 小型控制变压器的形式如图4-19所示,有立式、卧式和夹式变压器。小型控制变压器适用于交流50~60Hz,电压至660V的电路中,主要作为机床、机械设备等的控制电器、低压照明的电源使用。小型单相变压器是指容量在1kV·A以下的单相变压器。

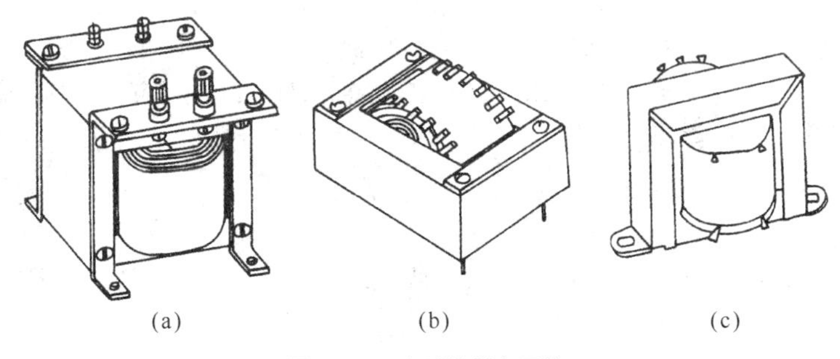
(a)　(b)　(c)

图4-19　小型控制变压器

(a)立式;(b)卧式;(c)夹式

4-64 什么是主绝缘?引起主绝缘击穿的原因有哪些?如何防止主绝缘击穿?

答: 绕组的主绝缘指低压绕组与铁心柱之间的绝缘,高低压绕组之间的绝缘,相邻两高压绕组之间的绝缘和绕组两端与铁轭之间的绝缘等。主绝缘击穿后相当于绕组接地或相间短路。

绝缘老化、油质变劣、有异物、线路故障、过电压等均可使主绝缘击穿。

通常采用测量绝缘电阻、更换有关绝缘材料、烘干器身、去除变压器油中的水分等方法来防止主绝缘被击穿。

4-65 造成变压器匝间或层间短路的原因有哪些?如何检测?

答: 变压器匝间或层间绝缘材料的自然老化或由于过载及散热不良造成的绝缘老化,降低了导线的机械性能而导致破损;变压器油中含有腐蚀性杂质或水分而损坏了导线的绝缘;绕组中存有铜线、铁片、焊锡等导电物体;绕组受力发生机械变形等原因造成匝间或层间短路。

通过测量每相绕组的直流电阻,初步判断所测数据的明显差别,然后在绕组上加以额定电压作空载试验,根据发热、冒烟等现象判断短路故障点,进行维修。

4-66 怎样进行小型变压器的成品测试？

答：小型变压器的成品测试包括以下方面：

(1) 测试绝缘电阻　要求400V以下的小型变压器各绕组间及绕组对地的绝缘电阻不得低于1MΩ。

(2) 空载试验　给一次绕组加额定电压，二次各绕组的空载电压允许误差为±5%，中间抽头电压允许误差±2%。

(3) 测定空载电流　给一次绕组加额定电压，一次空载电流约为额定值的5%～8%时即为合格。若绕组无短路而空载电流过大，其可能的原因是绕组匝数（指每伏所占匝数）过少，铁心截面过小，铁心质量不佳或拼缝过大。

4-67 怎样进行小型变压器的故障检测？

答：小型变压器的故障检测方法

(1) 二次侧无输出电压的故障检测方法。

① 应用电压法测量：一次侧通电后，用万用表交流电压挡测一次侧绕组两引出线端之间的电压，若电压正常，说明电源正常。若无电压，应检查电源、接线端和馈线的接触情况。逐个测量变压器二次侧绕组的输出电压，若几个二次侧的绕组均无电压输出，则可能是一次侧绕组断路；若只有一个二次侧绕组无电压输出，而其他绕组输出电压正常，无电压输出的绕组有开路点。

③ 应用电阻法测量：变压器断电，用万用表电阻挡检测二次侧绕组两引线之间的直流电阻，若测得的阻值正常，说明绕组完好；若测得的阻值为无穷大，则说明绕组断路。

(2) 绕组间或静电屏蔽层间短路的故障检测方法。

① 一、二次侧短路可用万用表或绝缘电阻表检测，若绝缘电阻远低于正常值，甚至趋于零，说明一、二次侧绕组间短路。

② 匝间短路或层间短路可用万用表测空载电压来检测，若一次侧通电后，二次侧绕组输出电压明显降低，说明该绕组有短路。

4-68 什么是变压器的温升？引起变压器过热的原因有哪些？如何检测？

答：温升是变压器在额定工作条件下，内部绕组允许的最高温度与环境温度之差，它取决于所用绝缘材料的等级。绕组的最高允许温度为额定环境温度加变压器额定温升。一般上层油温应工作在85℃以下，以控制油不会迅速老化。

变压器的主要热源是绕组和铁心。变压器任何一处因故障而产生的热量最终反映到温度的变化，温度的变化是一种现象。通风受阻、表面积灰、油路阻塞、输入电压和电流波形严重畸变、匝间短路及铁心片间绝缘损坏都会引起变压器过热。

如果发现变压器的温度较平时相同负载和相同冷却条件下高出10℃时，应考虑变压器内部已发生了故障。若变压器发热，但检测到的各绕组输出电压基本正常，可能是静电屏蔽层自身短路。

4-69　怎样检修变压器温升过高，甚至冒烟的故障？

答： 此类故障可按以下方法进行检修：

（1）常见故障现象　变压器温升过高，甚至冒烟。

（2）故障原因分析　绕组匝间短路；硅钢片间绝缘损坏；铁心叠片厚度不足或绕组匝数偏少；负载过大或电路短路。

（3）故障的修理方法　匝间、层间、一、二次侧绕组及静电屏蔽层自身短路，应拆下铁心，拆开绕组进行修理。若短路不严重，可以局部处理好短路部位的绝缘，再将绕组与铁心还原；若短路较严重，漆包线的绝缘损伤较严重，必须更换绕组进行修理。

铁心片间绝缘损伤时，可拆下铁心，检查硅钢片表面绝缘漆是否剥落，若剥落严重，甚至有锈斑，可将硅钢片浸泡于汽油中，除去锈斑和陈旧的绝缘漆膜，重新涂上绝缘漆。

若是铁心叠片不足或绕组匝数偏少，当骨架空腔有空余位置，可适当增加硅钢片数量；若无法增加，可通过计算适当增加一、二次侧绕组的匝数。

4-70　怎样检修变压器通电后二次侧无电压输出的故障？

答： 此类故障可按以下方法进行检修：

（1）常见故障现象　接通电源后，二次侧无电压输出。

（2）故障原因分析　电源开路；一次侧绕组开路或引线脱焊；二次侧绕组开路或脱焊；匝间或层间短路而引起断路等。

（3）故障的修理方法　属于绕组开路的，常见的绕组开路点大多发生在引出线的根部，维修时不需要拆开铁心和绕组，先将变压器烤热，使绝缘漆软化，用细针将断头线头挑出。清理线头端部的绝缘后，使用多股绝缘软导线与断裂线头焊接，再将多股线焊接在连接片上。维修时应处理好焊点处的绝缘；若骨架两端有挡板，应先将挡板折弯或折断后再挑出断线的线头。

若开路点在绕组的最里层，维修时应先拆除铁心，小心撬开靠近引线一侧的骨架挡板，用细针挑出线头，重新焊接引出线。使用万用表测量无误后，处理好绝缘，修补好骨架，再重新插入铁心。

4－71　怎样进行变压器的铁心拆卸作业？

答：拆卸变压器铁心前，应先卸掉铁心夹板，然后按图4－20b所示的夹持方法，将铁心夹在台虎钳上。拆卸时，先用电工刀从心片的叠缝中切入，沿铁心四周切割一圈，切开头几片铁心片之间的粘连物，再用两把刀口为“一”字形的螺钉旋具分别插入绕组端部的两个铁心窗口，插入深度以1～2片铁心片厚度为宜。将最外层的两片撬松，使其凸出铁心端面。然后用钢丝钳夹住凸出的铁心片的中间部位稍加摆动，即可将铁心片钳出（图4－20c）。用同样的方法将绕组的另一端表面几片铁心钳出。当叠装的铁心稍有松动时，便可很轻松地取出剩余的铁心片。卸完铁心后，除将线圈拿去进行测绘外，其余所有的零部件，包括铁心片在内，都应收集在一起妥善保存。

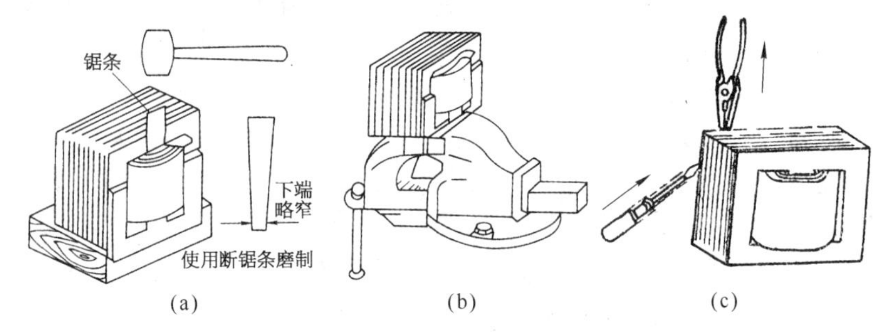

图4－20　拆卸铁心的方法

（a）使用断锯条拆卸；（b）使用台虎钳拆卸；（c）铁心片拆除

4－72　怎样进行变压器的铁心叠装作业？

答：变压器铁心的叠装作业可按以下方法进行：

① 叠装要求：铁心的叠装要求紧密、整齐，拼缝越小越好。若铁心松

动,不仅会影响有效截面积,而且运行时还会产生电磁噪声。拼缝过大会增加变压器的空载电流,以至满载运行时增高变压器的温升,使变压器过热。

② 叠装操作:叠装铁心片时,应将两片重叠在一起,在线圈铁心叠装孔两端交替叠片(图4-21)。但装到最后几片时,因插片比较困难,此时应采用"紧片"操作。"紧片"的方法是用电工刀从铁心任一叠缝中切入,并随之将铁心片插入该叠缝中,扶正并轻轻用小手锤敲击铁心片,将其垂直打入。然后用电工刀沿该叠缝切割到线圈对面镶片孔,将另一铁心片按上述方法插入。待剩余铁心片全部装完后,用万用表再测一次侧线圈各绕组是否通路或是否有直接接地故障。

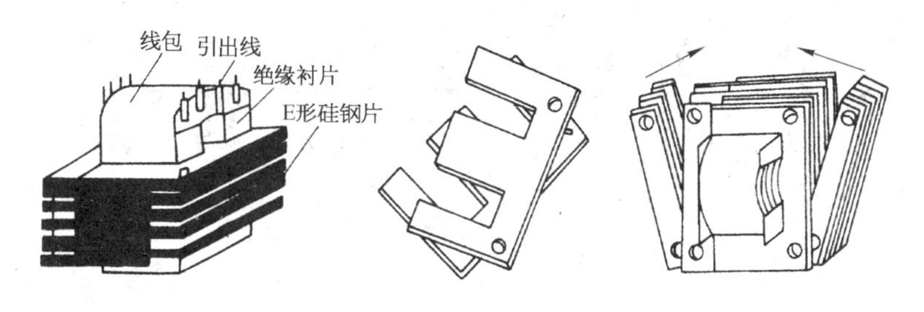

图4-21 交叉插片方法

③ 线圈的整形:进行变压器铁心插片时,若发现铁心与线圈外围相刮,说明线圈直径过大,应进行线圈整形(通常是夹扁)后才能叠装铁心。操作时,将线圈套上木样心,并入烘箱加热使之软化,然后上台虎钳,两边用木挡板保护绕组,将线圈外围压扁一些,注意不要用力过大,以防夹坏线圈。待线圈冷却后从虎钳上取下,再进行铁心叠装操作。

4-73 怎样检修变压器铁心或外壳带电的故障?

答: (1) 常见故障现象　变压器铁心或外壳带电。

(2) 故障原因分析　一次或二次侧绕组对地短路;绕组对铁心或外壳短路;引出线裸露部分接触铁心或外壳;一、二次侧绕组与静电屏蔽层间短路;绕组受潮或环境湿度过大使绕组局部漏电。

(3) 故障的修理方法　环境潮湿漏电,可使用烘烤变压器后,重新浸漆烘干进行修理。若是一次侧绕组接触铁心或静电屏蔽层,维修时应卸下铁心,拆除绕组找出故障点进行修理;若故障点多或导线绝缘老化,必须更换绕组进行修理。若只是层间绝缘老化,只需重绕,不必换新绕组。

属于引出线裸露部分接触铁心或外壳,仔细找出裸露部位,在裸露部位包扎好绝缘材料或套上绝缘管,即可排除故障。

若是最里层线圈引出线接触铁心,裸露部分补好包扎,可在铁心和引出线间塞入绝缘材料,并用绝缘漆或绝缘黏合剂粘牢。

4-74 怎样检修变压器运行中有较大响声的故障?

答: 此类故障可按以下方法进行检修:

(1) 常见故障现象　变压器运行中有较大的响声。

(2) 故障原因分析　铁心质量差;铁心未插紧;电源电压过高;负载过大或短路引起振动。

(3) 故障的修理方法　将铁心轭部夹在台虎钳上,夹紧钳口,用同样的硅钢片插入空隙部位,直至完全插紧。若是负载过大或短路,此时可切断怀疑有故障的二次输出线路,更换其他二次侧绕组额定负载,若响声消除,则问题在原有的二次侧电路或负载上,应对外电路进行检修。

若是电压过高,可采用调压器将电压调整至额定电压,即可消除变压器运行时的响声。

4-75 变压器铁心叠片的表面经过怎样的处理?为什么变压器的铁心只能有一个接地点?

答: 变压器铁心叠片的表面是经过绝缘处理的,这样可使涡流限制在每片内部,引起的涡流损耗可以很小。

变压器的铁心是通过接地片接地,而且只能有一个接地点。如果铁心有两点接地,便可以产生环流而引起故障。如果接地片断裂,变压器内部可能产生轻微的放电,应及时修好接地片。

4-76 怎样进行小型变压器绕组股数和线径测量?

答: 小型变压器绕组匝数和线径测算方法如下:

(1) 拆卸绕组匝数测算　将故障线圈套入木样心,按图4-22的方法安装在绕线机轴上,将计数器指针复零位,然后手拉最外层绕组线头把线圈拆完(如果计数器反转,可将线圈卸下翻转180°后再装上),并记录线圈中各绕组的匝数及绕制的顺序。中间有抽头的,还应记录抽头点离绕组起绕线头的匝数。

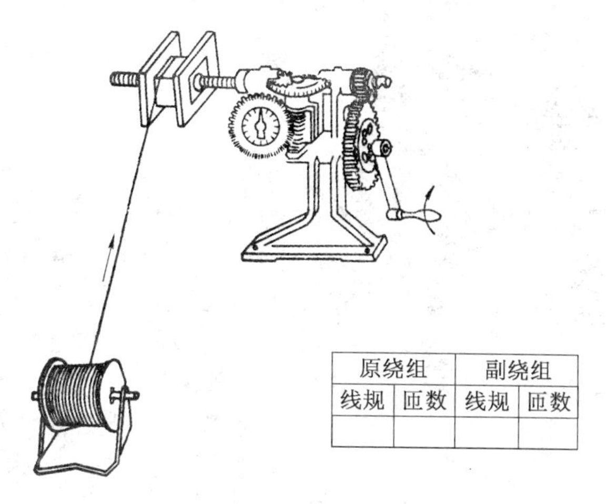

原绕组		副绕组	
线规	匝数	线规	匝数

图 4－22　绕组匝数测算方法

（2）绕组匝数公式推算　小型变压器大多是降压变压器，一次侧绕组的线径较小，匝数较多，大多绕制在最里层紧靠铁心中心柱上。当一次侧绕组严重烧包或线径太细粘连较紧时，很难通过拆卸测准匝数。此时可以外层线径较粗的二次侧绕组的匝数为依据进行推算。

一次侧绕组匝数的推算公式：

$$N_1 = 0.95\frac{U_1}{U_2}N_2$$

式中　N_1——一次侧绕组匝数；

N_2——二次侧绕组匝数（通过实物测得）；

U_1——变压器一次侧电压即电源电压（V）；

U_2——变压器二次侧电压（V）。

（3）漆包线的线径测量　变压器线圈中各绕组的匝数测定后，应测量各绕组的线径。测量时，可将各绕组剪下一小段，用明火烧除表面绝缘漆层，待导线冷却后，用棉纱蘸上汽油轻擦一次，清除表面碳粉，然后用百分尺分别测量各绕组的线径。

当所测的线径与国家标准线径不符时，应选用最接近的大一级的标准线径。

4－77　怎样进行小型变压器线圈的绕制作业？

答：（1）骨架安装　如图 4－23 所示，将绕组骨架安装在绕线机轴上，

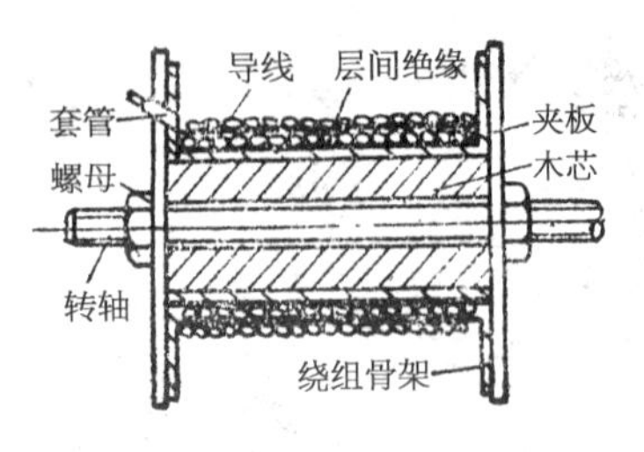

图 4-23　骨架安装和绕线示意图

再在骨架内垫上二层玻璃漆布或黄蜡绸布作为底部绝缘。

(2) 起头操作　线径在 0.51mm 以下的，在线圈绕组的起头处应焊一段截面为 0.75mm^2 的 BVR 型绝缘引出线，并在焊接处上下层垫上小块绝缘物(如黄蜡绸布)，使焊头裸露部分与绕组隔离；对线径在 0.51mm 及以上的，可直接用绕组导线头引出，但必须套上与线径相适应的绝缘套管，并套上一条聚酯薄膜折条，起绕时将折条压入。当绕到 10～20 匝时，拉紧折条将线头收紧固定(图4-24a)。

(3) 绕线操作

① 起绕导线时，对于有框骨架，可紧靠骨架边框绕线；对于无框骨架，则应在两边留出 1～2mm 的位置不绕线，以防线匝滑入端面与铁心相碰。要求导线绕得紧密无缝，并不允许有后匝压前匝的现象(端部返回处除外)。

② 绕线时，右手摇动绕线机手柄，左手拉紧导线，并使导线向绕线前进方向后偏一个小角度(约 5°)(图 4-24b)。拉线的手腕应靠在绕线机下面的工作台的边缘，始终保持拉线角度，顺前进方向匀速移动。绕线机轴的转速应适中，太快或太慢都会影响排线质量。

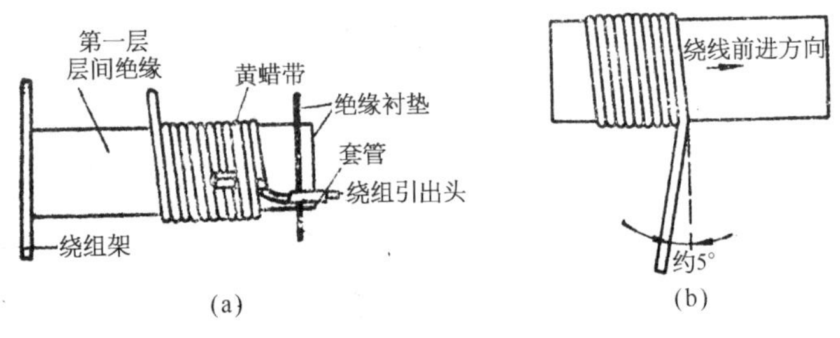

图 4-24　绕组起头与绕线操作

(a) 绕线起头示意图；(b) 绕线时的拉线角度

③ 每绕完一层后应垫一层层间绝缘，线径越细，变压器尺寸越小，层间绝缘应选得越薄一些。每个绕组间应垫 2～3 层组间绝缘，每个绕组间线匝决不能有直接接触的地方。

④ 对于电子设备中的电源变压器，还需要在一、二次侧绕组间放置静

电屏蔽层。屏蔽层通常用厚度约为0.05mm的紫铜箔或其他金属箔制成。静电屏蔽层的宽度应比组间绝缘层窄2～3mm,并将其夹在两层组间绝缘之间;其长度应比一次侧绕组外表面的周长小5mm左右,以防自行短路。将金属箔夹入组间绝缘之前,应焊上一根金属软线,作为屏蔽接地引出线,装配时与变压器的铁心连接。

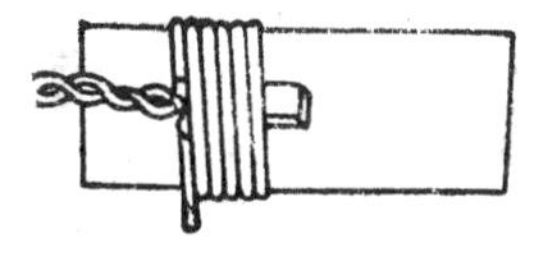

图4-25　绕组中间抽头示意图

若没有金属箔,也可用线径0.1～0.15mm的漆包线在组间绝缘之间密绕一层来代替。导线的一端埋在组间绝缘层内,另一端拉出作为屏蔽接地线。

⑤ 当绕组需要中间抽头时,对线径小于0.51mm的绕组,可按图4-25所示的方法利用绕制导线绞合后直接引出;线径大于0.51mm的绕组,则应用截面为0.8mm²的AVR型绝缘软线引出,并在抽头焊接点上、下层间垫好绝缘。

⑥ 变压器绕制完毕后,用万用表检测各绕组是否通路,然后按图4-26所示进行预热浸漆处理。

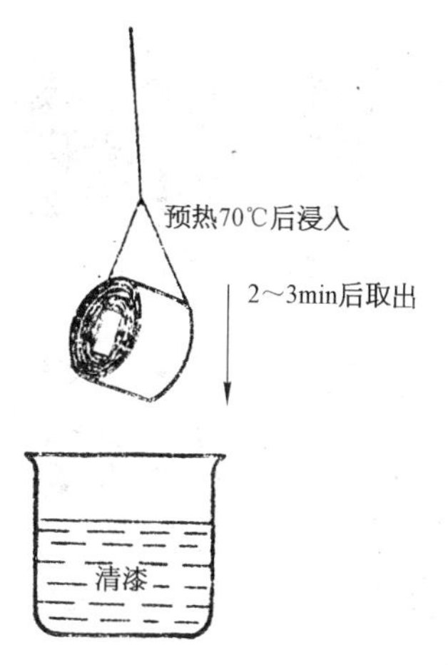

图4-26　绕组浸漆示意图

4-78　维修后的变压器应进行哪些项目检测?变压器耐压试验时应注意什么?

答:维修后的变压器要进行绝缘电阻和吸收比的测量、绕组直流电阻的测量、各分接头上变压比的测量、三相变压器连接组别的测定、额定电压下空载电流的测量和耐压试验。

耐压试验是检验绕组对地及对另一绕组之间的绝缘。

试验高压绕组时,将高压各相端线连在一起,接到高压试验变压器上,低压各相端线、中线和油箱一起接地,即可加电试验;如测低压绕组,则要把高压各相端线、中线和油箱一起接地。试验电压的上升速度不能过快,先平稳上升到额定试验电压的40%,再以均匀缓慢的速度上升到额定试验电压。

第五章 动力照明和控制电路的检修

5－1 怎样释读建筑电路图？

答：检修照明电路的电工必须具备识读照明施工图的能力，以便正确安装和检修照明线路。建筑内的照明电路通常需要掌握建筑电路图的释读基本方法。释读建筑电路图，首先要熟悉建筑电路图的表达形式、画图方法、图形符号、文字符号和建筑电气工程图的特点，通常可按以下顺序释读：

① 释读标题栏和图纸目录，了解工程名称、项目内容、设计日期及图纸数量和内容等。

② 释读总体说明书，了解工程总体概况及设计依据，了解图纸中未表达清楚的各有关事项。

③ 释读系统图，了解系统的基本组成，主要电气设备、元件等规格、型号、参数及其连接关系，掌握该系统的组成概况。

④ 释读平面布置图，一般按以下顺序释读：进线→总配电箱→干线→支干线→分配电箱→用电设备。

⑤ 释读电路原理图，了解系统中用电设备的电气自动控制原理，释读时应依据功能关系从上到下或从左至右，一个回路、一个回路地释读。

⑥ 释读安装接线图，了解设备和电器的布置与接线，并与电路图对应阅读，以便进行控制系统的配线和调整、校验工作。

⑦ 释读安装总图，以详细了解设备的安装方法。

⑧ 释读设备材料表，了解该工程使用的设备、材料的型号、规格和数量，以便编制设备、材料购置计划（清单）。

5－2 怎样释读常用的照明电路施工图？

答：常用的照明电路施工图有两种，即系统图和敷线平面图（又称配电平面图）。

系统图绘出强电(电力)系统和弱电(广播、电视、电话等)系统。从系统图中一般可看出建筑物内的配电情况。如设备容量,计算容量,计算电流,线路系统,导线、开关、熔断器的型号和规格及电线管管径等。照明施工部分图形符号见表5-1,有关文字说明见表5-2。

表5-1 照明施工图形符号(部分)

序号	图形符号	名称及说明	序号	图形符号	名称及说明
1	⊗	白炽灯	15		暗装用户电度表箱
2		日光灯	16		照明配电箱
3		壁灯	17	±0.00	安装或敷设高度(室外)
4		吸顶灯	18		导线根数
5		吊扇			(1) 表示2根
6		单相双孔暗装插座			(2) 表示3根
7		单相三孔暗装插座			(3) 表示4根
8	Ⓣ	闭路电视插座		n	(4) 表示4根以上
9		预留排风扇接线盒	19		导线走向
10		暗装单极开关			(1) 导线引上;导线引下
11		暗装双联开关			(2) 导线由上引来;导线由下引来
12		暗装风扇调速开关			(3) 导线引上并引下
13		三极自动空气断路器			(4) 导线由上引来并引下
14		二极自动空气断路器			(5) 导线由下引来并引上

表 5－2　照明施工文字符号（部分）

照明灯具	安装或敷设方式
（1）一般标注方法：$a-b\dfrac{c\times d}{e}f$ （2）灯具吸顶安装：$a-b\dfrac{c\times d}{—}$ a—灯具数；b—型号；c—每套灯具的灯泡（管）数；d—灯泡（管）瓦数（W）；e—安装高度（m）；f—安装方式	吊链式：L 沿墙敷设：Q 暗敷：A 穿焊接钢管敷设：G 穿硬塑料管敷设：VG

敷线平面图一般绘出电源进户位置，配电箱位置，线路走向、规格、敷设方式，各支路编号、导线根数，保护管材质、管径，各电器（例如灯具、插座、开关等）的规格、种类、安装位置及高度等。

将以上两种电路图结合起来，可释读设计意图，正确指导施工。

识图时应先看图上所附的文字说明，再从系统图到敷线平面图，从电源、配电箱到配线、用电器具和施工方式，逐一理解清楚。

5－3　怎样释读办公室照明电路施工图？

答：如图 5－1 所示为某办公室照明平面图，可以看出，进线位置在墙的横端南边处，为三相四线到照明配电箱，进线离地面高度为 3m，每间教室装有日光灯、插座、拉线开关，走道装有吸顶灯及连接电器的线路。此外，图上的文字符号，如日光灯处都标有 9L，其意义为：9 表示 9 盏；分子表示灯管的功率为 40W；分母表示灯具离地面的高度为 2.8m；L 表示采用吊链吊装。又如 6D 表示 6 盏 60W 的吸顶灯。

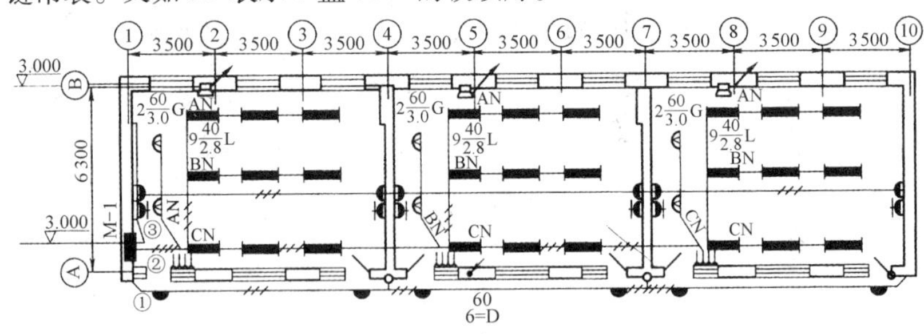

图 5－1　办公室照明平面图

5－4　怎样释读民宅照明电路施工图？

答：如图 5－2、5－3 所示为民宅照明施工图，先读系统图中的施工说明，了解该民宅照明施工图和与施工有关的数据及要求后，再读图纸本身。

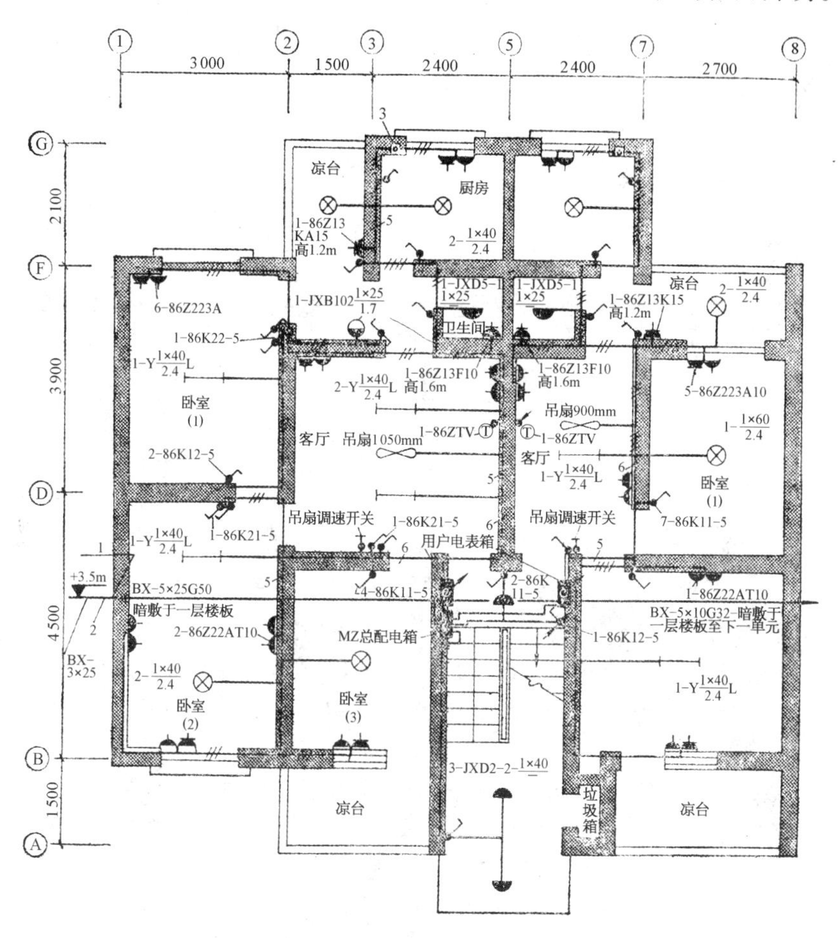

图5-2　一层照明配电平面图

从5-3所示的系统图可知，三相电源进入MZ总配电箱后，首先进入额定电流为20A的三极自动空气断路器，然后其电源引出线分三路供电：第一路为A、B、C三相同时进入额定电流为10A的三极自动空气断路器，其出线为N_1干线，给本单元左侧三卧室户供电；第二路亦为A、B、C三相同时进入额定电流为10A的另一只三极自动空气断路器，给本单元右侧二卧室户供电；第三路为一单相电源，从C相引出，并带一根工作零线进入额定电流为6A的二极自动空气断路器，为楼道灯单相线路供电。

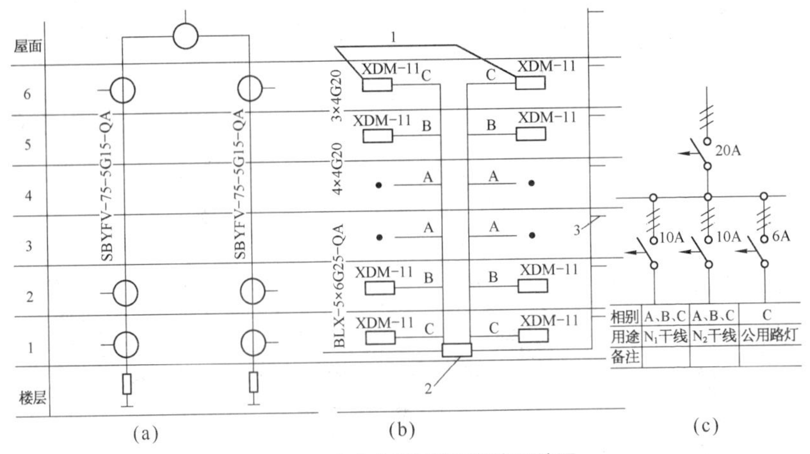

图5－3　室内电视天线与配电系统图

（a）单元电视天线图；（b）单元配电图；（c）MZ 配电箱系统图

1—照明配电箱；2—MZ 总配电箱；3—楼道照明

图5－2所示为生活住宅底层敷线平面图，其电源从左卧室（2）西墙外3.5m高处进户，用截面积为2.5mm^{2}的BX型铜芯橡皮线5根（其中三根相线、一根零线，从架空配电线路引入，另一根为保护接零线，从进户处零线的重复接地点引入）及穿管径为50mm的钢管，暗敷于一楼楼板进入楼梯口左侧的总配电箱（MZ）。从总配电箱引出两根敷线用钢管和一根敷线用硬塑料管，分别为N_1、N_2干线及楼道灯供电。

N_1、N_2干线用管径为25mm^{2}的钢管及内穿截面积6mm^{2}的BLX型铝芯橡皮线5根沿墙暗敷，分别进入楼梯转弯平台处的左、右墙壁中暗装的照明配电箱（XDM－11）。左、右壁照明配电箱均从自己箱中的C相引出相线和零线并带一根保护接零线共3根，沿墙暗敷分别进入左、右客厅。

进入左客厅的电源分两条支路供电：一路沿左客厅南墙暗敷进入左卧室（2）和（3），每间装白炽灯1盏，其中卧室（2）还装有日光灯1盏以及相应的暗装单极开关；该支路共装有单相双孔暗装插座6只，单相三孔暗装插座两只。另一路经左客厅东墙后，分别进入左卧室（1）和左卫生间、厨房和晾台。该支路共装有日光灯3盏，白炽灯2盏，壁灯1盏，卫生间吸顶灯1盏。除壁灯用暗装双联开关控制外，其余灯均用暗装单极开关控制。左客厅还装有规格为1050吊扇一台及其相应的电阻调速开关。该支路上共装有单相双孔暗装插座4只，单相三孔暗装插座6只，左客厅东墙还装有闭路电视插座1只，左厨房还预留有排风扇接线盒1个。

进入右客厅的电源分两条支路供电：一路沿右客厅南墙进入右卧室，并装有日光灯1盏及相应的暗装单极开关；该支路共装有单相双孔暗装插座3只，单相三孔暗装插座1只。另一路经右客厅、右卧室(1)、晾台、卫生间至右厨房，该支路共装有白炽灯3盏，日光灯1盏和卫生间吸顶灯1盏及相应的暗装单极开关；右客厅装有规格为900mm吊扇1台及其调速开关；该支路共装有单相双孔暗装插座4只，单相三孔暗装插座6只；右客厅西墙还装有闭路电视插座1只，右厨房预留有排风扇接线盒1个。

由用户照明配电箱供电的所有吊线式白炽灯、吊链式日光灯和吊扇的吊装高度均为2.4m，壁灯安装高度为1.7m；各灯泡(管)的功率，除卫生间吸顶灯为25 W、右卧室(1)吊线式白炽灯为60W之外，其余照明灯的功率均为40W。各照明器具(包括灯具、吊扇)的型号、规格、容量和安装高度、安装地点，在图中均已一一对应标出。

楼道灯线路，从总配电箱C相引出相线和零线共2根，采用截面积为2.5mm^2的BLV型铝芯塑料硬线及穿管径为20mm的硬塑料管，沿墙暗敷进入楼梯口右壁双联开关接线盒，然后再用同样大小的线管穿同样规格的绝缘导线5根沿墙垂直暗敷，依次经过一楼至六楼各双联开关接线盒，其中底层楼梯口两只吸顶路灯用一只暗装单极开关控制(1控2)，二楼至六楼的吸顶路灯，每盏均用两只双联开关在楼梯上、下两处控制(2控1)；每层楼进户门灯(吸顶灯，40W)均在楼道照明线路上接取电源，每盏灯各用一只暗装单极开关控制。

5-5 室内一般照明电路的检修包括哪些内容？

答：室内一般照明电路的检修包括两项内容：一是线路故障检修，二是灯具及其附件的检修。线路的常见故障有断路、短路、漏电或接触不良等；灯具及其附件的常见故障是绝缘损坏、紧固件松脱、灯具老化、附件性能不良(如荧光灯启辉器性能不良)等。

5-6 怎样进行照明线路断路、短路故障检修？

答：(1) 照明线路断路故障检修的方法

① 户内的灯均不亮，左邻右舍正常：首先检查户内熔断器是否已熔断，因为多数情况是因负载太大或户内线路短路而造成。若熔丝未断，再用试电笔检测熔断器是否有电、电源进线连接处是否断路。

② 个别灯不亮：应检查灯具及其开关、挂线盒各接线桩是否有电、是

否断路或连接点是否锈蚀。用试电笔测试灯头相、零两接线桩时，若试电笔氖管不发光，至少可肯定相线有断路；若相线和零线接线桩均使氖管发光（发光较暗的是零线），则可肯定零线断路。正常情况是只有相线可以使氖管发光。

③ 所有的灯均不亮：很可能是电源总开关出故障，可用试电笔检查总开关电源进线桩是否有电。如有电，再用校验灯测试（校验灯一端接相线，一端接零线）。如果校验灯亮，说明电源进线无问题：若校验灯不亮，说明零线进线有断路。

(2) *线路短路故障检修*　线路短路包括线间和线路对地（例如潮湿的建筑物或金属保护管）短路，其特点是熔断器的熔丝熔断，换上新熔丝合上闸后又立即熔断。线路短路的原因，可能是螺口灯头舌簧片碰壳或线路绝缘层被破坏，应仔细检查灯头、挂线盒金属线管口或线路拧绞活动的地方。

5－7　怎样进行照明线路漏电、接触不良故障检修？

答：(1) *线路漏电故障检修*　线路漏电通常有下列现象：用电度数比平时增加，建筑物带电，导线发热。为了确诊，可取掉线路上所有负载，合上开关，观察电能表铝盘的运转情况：若电能表铝盘不再转动，说明电路不漏电，可切断开关，若铝盘仍在转动，说明电路漏电，且铝盘转得越快，说明漏电越严重。

电路漏电的原因很多，可先从灯头、挂线盒、开关、插座等处着手检查。如果这几处均无问题，应着重检查以下几处：导线连接处，导线穿墙处，导线转弯处，导线脱落处，双根线绞合处等。检查结果，若只发现1～2处漏电，只要把故障处装修或换新即可；若多处漏电，则表明导线绝缘全部老化，木舌、槽板开裂、腐朽变质，应全部换新。

(2) *线路接触不良故障检修*　在供电及负荷正常的情况下，照明灯无规律的时亮时灭，表明线路上有接点松动，或导线线芯在绝缘层内有断芯的现象。检查时，可沿故障线路轻轻拨动各接线点和线路导线（特别是松弛晃动的导线），当拨到某处，照明灯闪烁时，即是故障所在点。

5－8　怎样进行照明电路灯具及其附件的故障检修？

答：灯具及其附件进行检修时，必须停电进行。

① 灯具及其附件如有破裂、烧焦时应予更换；缺件时应予配齐。

② 配电箱内外堆有杂物或积有灰尘时应予清除。

③ 各用电器具的金属外壳或插座的保护接零(或接地)线断裂或脱落时应恢复其接线。

④ 绞缠不清的线路应予理顺,并按要求固定;线路及其装置的支持点松动或脱落时应予加固。

⑤ 不符合安装要求的线路及其装置应予拆除,不能拆除时,应按要求重新配线及安装。

常用灯具及其附件见表 5-3~5-6。

表 5-3　常用的灯座

名称	灯座型号	外　　形	名称	灯座型号	外　　形
螺口吊灯座	E27 螺口外径螺口灯座	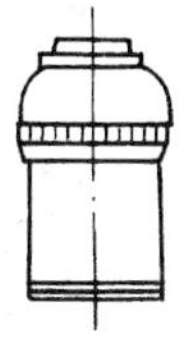	管接式瓷制螺口灯座	E27	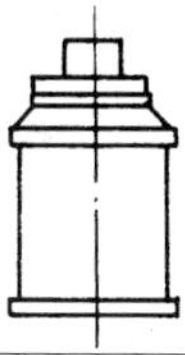
插口吊灯座	2C22 插口灯座	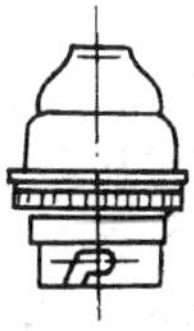	悬吊式铝壳瓷螺口灯座	E27	
防水螺口吊灯座	E27		螺口平灯座	E27	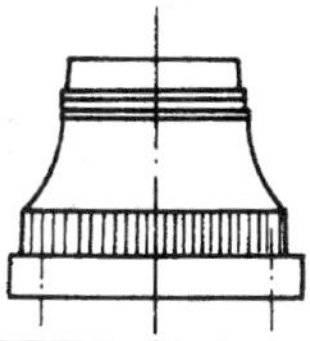
带开关螺口吊灯座	E27	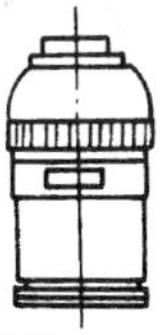	插口平灯座	2C22	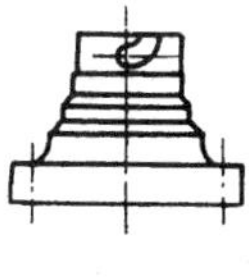
带拉链开关螺口吊灯座	E27	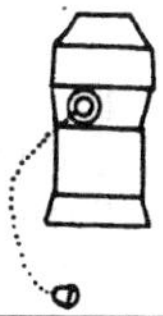	瓷制螺口平灯座	E27	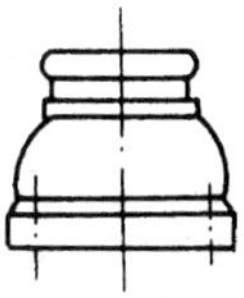

表 5-4　常用的开关

名称	常用型号	外　形	名称	常用型号	外　形
拉线开关			暗装单联单控开关	86K11-6	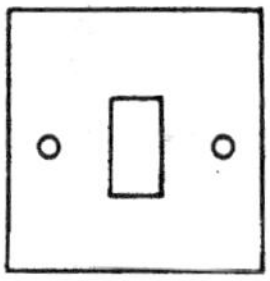
平开关			暗装防溅型单联开关	86K11F10	
防水式拉线开关			暗装双联单控开关	86K21-6	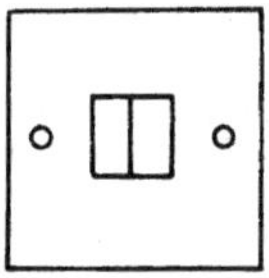
台灯开关			暗装带指示灯防溅型单联开关	86K11FD10	

表 5-5　常用的插座

名称	常用型号	外　形	名称	常用型号	外　形
单相圆形两极插座	YZM12-10		单相矩形两极插座	ZM12-10	
单相矩形三极插座	ZM13-10 ZM13-20		双联单相两极、三极插座	ZM223-10	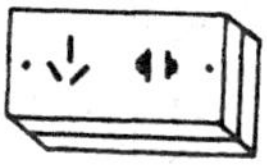
带开关单相两极插座	ZM12-TK6		三相四极插座	ZM14-15 ZM14-25	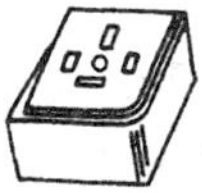

（续表）

名称	常用型号	外　形	名称	常用型号	外　形
暗式通用两极插座	86Z12T10		暗式通用五孔插座	86Z223－10	
带指示灯、开关暗式三极插座	86Z13KD10		防溅暗式三极插座	86Z13F10	

表5－6　常用的灯具

名　称	外　形	名　称	外　形
配照型		广照型	
深照型		斜照型	
防爆型		立面投光型	混凝土基础　平台

5－9　怎样释读机床电气图？

答：机床电气图是一种典型的生产机械电气控制线路图，常用电路图、接线图和布置图及元件表来表述。

机床电路图释读要点如下：

① 释读机床电路图应分清电源电路、主电路和辅助电路三个部分。电源电路包括电源线、电源开关等；主电路包括主熔断器、接触器的主触头、热继电器的热元件以及电动机等；辅助电路包括主令电器的触头、接触器线圈和辅助触头、继电器线圈和触头、指示灯和照明灯等。

② 电路图中各电器的常态触头位置都是电路未通电和电器未受外力作用的位置。

③ 按国家标准规定的电气符号释读电器元件，注意标注相同文字符

号的同一电器的各个元件,按其在线路中的作用分别处于不同的电路中,但它们的动作却是相互关联的。

④ 注意导线交叉连接和不连接的区别;注意电路编号法:

(a) 主电路在电源开关的出线端按相序依次编号,以后按从上到下、从左到右的顺序,每经过一个电器元件后,编号要依次递增;不同的电动机可在编号前用数字予以区别,如 1U、1V、1W;2U、2V、2W…

(b) 辅助电路的编号按“等电位”的原则从上到下、从左至右的顺序依次用数字编号,编号要依次递增。控制电路的电路编号起始数字为 1,其他辅助电路的起始数字依次递增 100,如照明电路编号从 101 开始,指示电路的编号从 201 开始等。

5-10 怎样释读机床电气接线图?

答: ① 注意释读电气设备和电器元件之间的相对位置、文字符号、端子号、导线号、导线类型、导线截面积、屏蔽和导线绞合等。

② 释读时注意图中所有的电气设备和电器元件都是所在的实际位置,同一电器的各元件根据其实际结构,使用与电路图相同的图形符号画在一起,并用点画线框上,其文字符以及接线端子的编号与电气图中的标注对应一致。

③ 接线图中的导线有单根导线、导线组、电缆等的区别,用连续线和中断线表示,走向相同的导线用线束表示,到达接线端子或电器元件的连接点时再分别画出。在用线束表示导线组或电缆等时可用加粗的线条表示,也可采用部分加粗的方法。释读时注意导线及管子的型号、根数和规格标注。

5-11 机床电器设备维修有哪些常用的工具和仪表?

答: ① 常用的钳工工具:包括活络扳手、套筒扳手、梅花扳手等。

② 常用的电工工具:包括试电笔、校验灯头、蜂鸣器、绝缘柄螺钉旋具、绝缘手柄钢丝钳、剥线钳等。

③ 常用的电工仪表:包括万用表、钳流表等。

④ 辅料:砂纸、绝缘胶带、螺钉、常用规格的导线、熔断丝、备用的各种常用低压电器元件等。

5-12 怎样释读普通卧式车床的结构特点和电气线路图?

答: 释读普通卧式车床的结构特点和电气线路图可参考以下方法和

步骤：

1）基本结构特点

CA6140 车床与传统的普通卧式车床，如 C620 车床结构基本相同，主要差异是在滑板处设有快速调整移动装置。机械结构上用“十”字手柄选择滑板运动方向（横向运动、纵向运动），通过手柄上点动按钮 SB3，控制快速移动电动机，实现滑板快速调整移动；放开按钮，则滑板的快速移动停止。滑板进给运动是由主轴电动机通过丝杠带动的。了解该机床电气控制过程，可按如图 5－4 所示的电气控制电路，释读主电路、控制电路和照明信号电路。

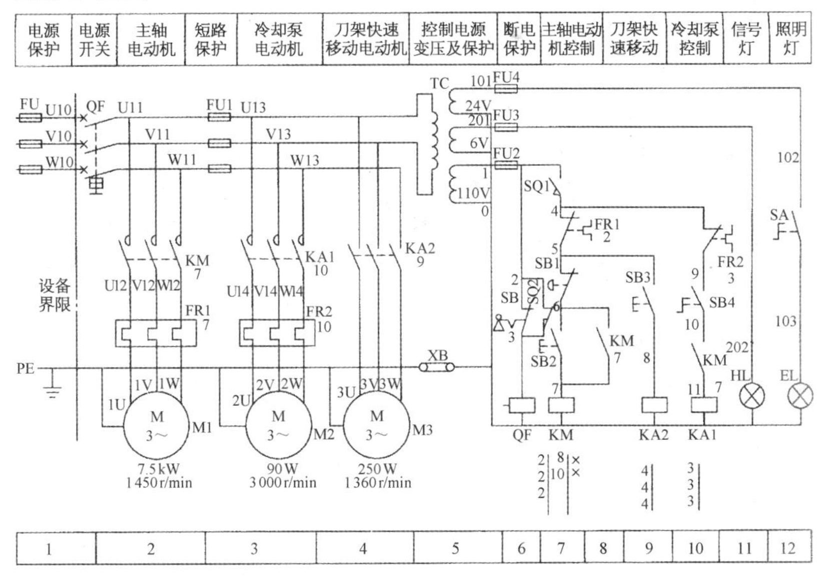

图 5－4　CA6140 型车床及电气原理图

（1）主电路

① 扳动断路器开关 QF 接通三相电源，熔断器 FU 具有线路总短路保护功能；FU1 作为冷却泵电动机 M2、快速移动电动机 M3、控制变压器 TC 的短路保护。

② 主电动机 M1 由接触器 KM 控制，继电器 KM 有欠电压和过电压保护功能；热继电器 FR1 作为主电动机 M1 的过载保护。

③ 冷却电动机 M2 由中间继电器 KA1 控制，热继电器 FR2 为电动机 M2 过载保护。

④ 刀架快速移动电动机 M3 由中间继电器 KA2 控制，未设置过载保护。

（2）控制电路

① 控制变压器 TC 二次侧输出 110V 电压作为控制电路的电源。

② 主电动机 M1 控制过程：按下启动按钮 SB2，接触器 KM 线圈通电吸合，KM 主触头闭合，主电动机 M1 启动；按下停止按钮 SB1，接触器 KM 线圈失电，主电动机 M1 停转。

③ 冷却泵电动机 M2 控制过程：按下 SB2，接触器 KM 通电，主电动机启动后，合上旋钮开关 SB4，中间继电器 KA1 线圈通电吸合，冷却泵电动机 M2 启动；按下 SB1 使电动机 M1、M2 同时停止，或断开 SB4 使电动机 M2 停止。

④ 刀架快速移动电动机 M3 控制过程：按下按钮 SB3，中间继电器 KA2 通电吸合，电动机 M3 启动。

（3）照明与信号等控制过程

① 变压器 TC 二次侧 24V 作为照明灯电源，转换开关 SA 控制机床低压照明灯 EL 开启与关闭。

② 变压器 TC 二次侧 6V 作为信号灯电源，HL 为电源信号灯。

2）电器分布图与电气接线图

图 5-5 表示电气接线图在电控箱内各电器元件的位置，同时也反映

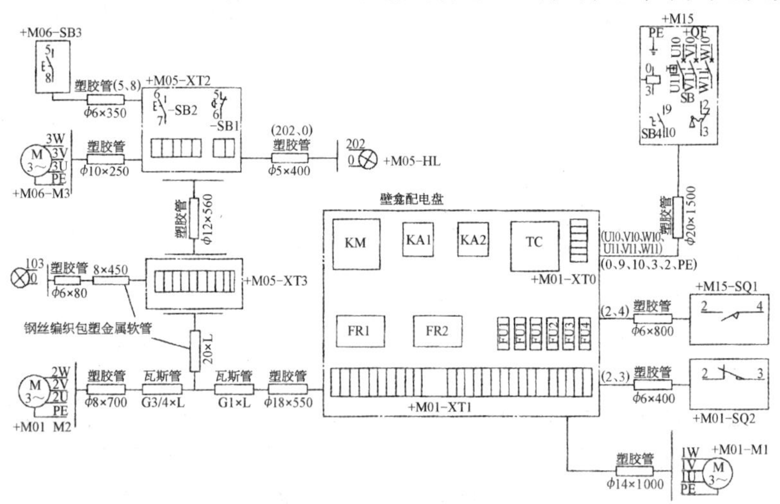

图 5-5　CA6140 型车床接线图

出各电器元件相互之间的电气连接。从接线图还可以看出，电控箱内电器导线，通过接线端子与电控箱外导线连接，电控箱导线敷设在导线管内，并引到各部位电器元件上，接线图文字符号及端子编号与原理图一致。为了看图方便，在接线图中把走向相同的导线合并用单线表示。

机床的电气原理图、电器分布图及接线图都是检修的必备资料，掌握和应用电气图，以便于分析，检查判断故障，也是故障维修作业的基本技术依据。

5－13 怎样排除CA6140车床滑板快速移动的电动机M3不能启动的故障?

答: 1）故障现象

滑板快速移动的电动机M3不能启动。

2）故障原因分析

滑板快速移动的电动机M3是靠点动控制。从电气原理图分析，通常的故障部位及原因：

① 点动控制电路的电源缺相，应检查FR1常闭触头；

② 按钮SB3接触不良；

③ 接触器KA2线圈开路；

④ 接触器KA2主触头接触不良；

⑤ 电机M3绕组开路。

3）故障排除维修方法

（1）故障部位的检查判断方法

① 检查判断控制电路电源故障：若合上机床电源开关QF，按下主轴启动按钮SB2，主轴电动机M启动运行正常，这说明110V控制电压是正常的。反之，则表明控制电路电源有故障。

② 检查判断按钮SB3或控制线路故障：将滑板的“十”字手柄扳在空挡(中间)位置，为的是脱开机械传动。按下手柄上的快速点动按钮SB3，观察电控箱内的继电器KA2动作。如继电器KA2不吸合，说明故障在滑板快速移动点动控制电路中。此时可采用短接法进行进一步检查。

（a）保持开关SB3闭合。

（b）用一根长约1m，两端绝缘被剥去少许的绝缘软线，作为短接线，依次短接主电控箱接线端子板→大滑板后接线端子板→按钮盒接线端子板→按钮SB3上的5号和8号端子。短接到何处继电器KA2不吸合，则断路点就在该处前方的线路或元件上。

③ 检查主电路或电动机故障：如继电器 KA2 吸合，滑板快速移动电动机 M3 不能启动，则故障在主电路或电机上。故障通常是主触头 KA2 接触不良；三根到电动机的导线（U13、V13、W13）接头松脱；电动机 M3 定子绕组开路。

（a）检查前，使机床停电，将到电动机 M3 的三根线（U13、V13、W13）从车床前方按钮盒内的接线板拆下。合上机床电源开关 QF，按下按钮 SB3，用万用表交流电压500V 挡，检测主电控箱内接线板上 U13、V13、W13 之间的线电压，如电压正常，则说明继电器 KA2 主触头无故障。

（b）检测大滑板后下方电线管座板上 U13、V13、W13 之间的线电压，如无电压指示，则故障部位在主电板与座板的接线板之间，导线有线头脱落或断路。

（c）依次检测按钮接线板上 U13、V13、W13 之间的线电压，如无电压指示，可判断在被测处与座板接线板间存在断路故障。

（d）如有电压指示，则故障是电机定子绕组开路。

（2）故障维修方法

① 点动控制电源缺相故障，可找出故障部位进行修复。

② 按钮开关故障，一般采用更换方法维修。

③ 接触器故障，按接触器的修复方法进行维修，故障严重的按规格型号进行更换。

④ 电动机定子绕组开路，一般更换电动机排除故障，进行维修。

5－14 怎样排除 CA6140 车床主电机 M1 启动后，合上开关 SB4 继电器 KA1 不吸合，冷却泵不能工作的故障？

答：1）故障现象

主电机 M1 启动后，合上开关 SB4 继电器 KA1 不吸合，冷却泵不能工作。

2）故障原因分析

加工工艺一般要求在加工时才需要冷却液，因此电气控制电路采用主轴电动机 M1 和冷却泵电动机 M2 具有顺序连锁关系。通常的故障部位及原因：

① 转换开关 SB4 触点接触不良；

② 主轴辅助常开触头 KM（10－11）接触不良；

③ 继电器 KA1 线圈断路或有线头脱落；

④ 热继电器 FR2 动作不良；

⑤ 控制线路有开路点。

3）故障排除维修方法

（1）故障检查判断　先按一下热继电器复位按钮，合上机床按钮开关 SB4；再开动主轴电动机，观察电控箱内继电器 KA1 动作。

① 如继电器 KA1 不吸合，说明故障在冷却泵控制电路中。先短接 1 号线（在接线端子板上）和 11 号线（在 KA1 线圈端）两点，若继电器 KA1 不吸合，则故障是 KA1 线圈断路或线头脱落。

② 若继电器 KA1 吸合，则是 SB4 和辅助常开触头 KM(10－11) 接触不良，或电路中的连接导线有开路。可依次分别在接线端子上 1 号和 10 号两点、KM 辅助点(10－11)短接；若短接时 KA1 吸合，则被短接两点就是故障点。

短接法是电工在检修中最常用、最方便的方法，但要注意的是，使用此方法是在机床没有被断电时短接等电位的两点，所以要掌握操作要领，注意操作安全事项。

（2）故障维修方法　与问题 5－13 类似，通常采用触头修复、接头连接点修复、导线或故障电器元件更换等方法进行维修。其中热继电器的故障参见低压电器章节的有关内容。

5－15　怎样释读普通卧式铣床的结构特点和电气线路图？

答：释读普通卧式铣床的结构特点和电气线路图可参考以下方法和步骤：

（1）机床结构特点　如图 5－6 所示，X62W 型铣床的特点如下：

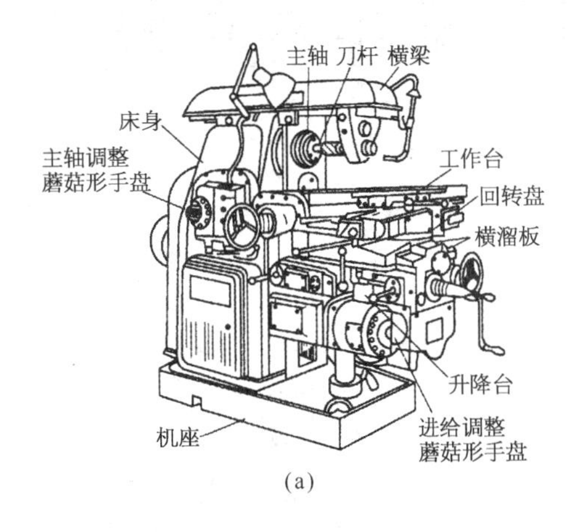

(a)

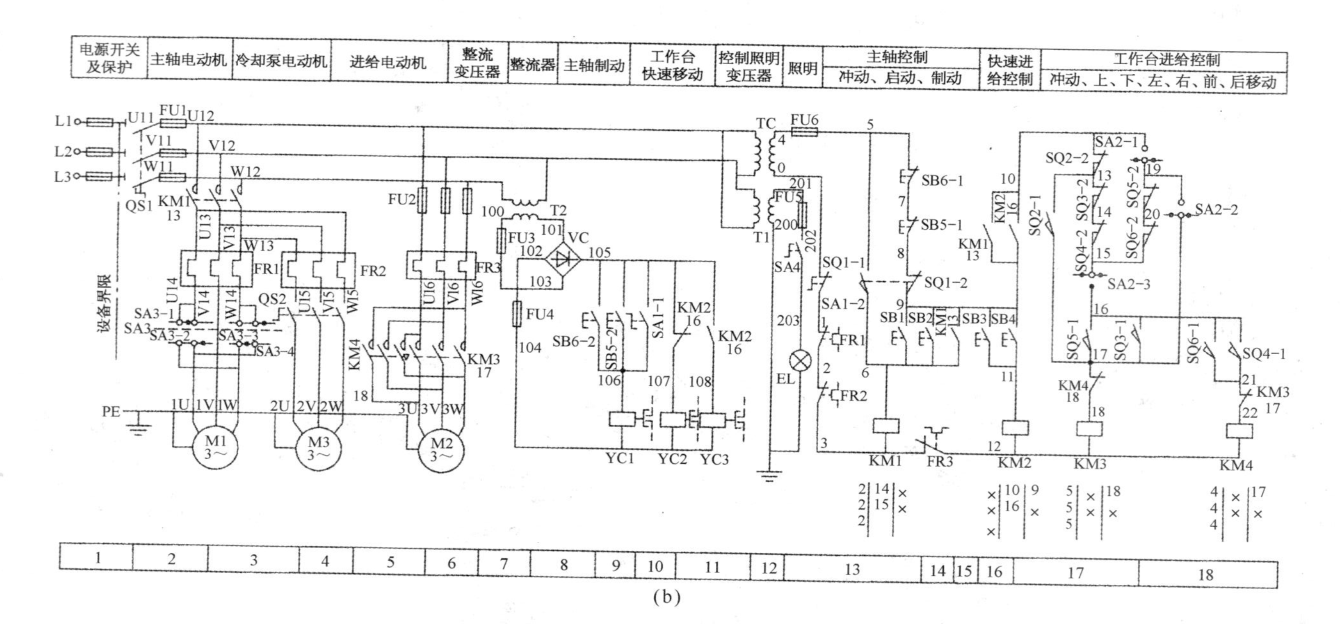

图 5－6　X62W 型卧式万能铣床电气控制电路

（a）机床外形；（b）电气原理图

① 主运动:X62W 万能铣床的主运动是主轴上铣刀的旋转。主轴由主电机(M1)拖动,其旋转方向由转换开关(SA3)选择。此外,主轴还有变速瞬动(SQ1),停车制动(SB、YC1)和换刀夹紧(SA1、YC)等功能。

② 辅助运动:工件的进给和快速调整移动,可沿纵、横、垂直三个坐标轴中的任意一个行进。纵向由工作台向左或右、横向由床鞍向前或向后、垂直方向由升降台向上或向下移动给出。为了便于操作者在不同位置操作,本机床的按钮和控制手柄大都采用复式配置。纵向进给采用三位置机、电联动控制手柄,共配置两个,一个在床鞍中部,另一个在床鞍左侧。横向及垂直进给采用五位置机电联动控制手柄,也是复式配置,一个在前,一个在后,都在升降台左侧。各手柄扳向非停止位置时,即分别啮合纵、横或垂直进给离合器,并根据手柄的扳动方向,压合相应的行程开关(SQ3~SQ6),以改变进给电动机(M2)的旋转方向,来实现与手柄指向一致的进给或快速调整移动。由进给转为快速调整移动,只需按住快速按钮(SB3 或 SB4),使按手柄指向的方向由进给转为快速移动,放开按钮便恢复进给。此外,进给电机还有变换进给量瞬动(SQ2),主轴停止时的进给制动(SB、YC3)等功能。

在工作台上配置圆工作台及其传动装置,可使工件绕圆工作台中心作回转进给。圆工作台的控制电路由转换开关 SA2 接入。

(2) 控制电路的连锁

① 主轴启动后,才能有进给运动,主轴停止,进给随之停止。但对快速调整移动,不论主轴启动与否,均可进行。进给量的变换,可在主轴运转中进行,但各进给手柄应置于停止位置。

② 纵向、横向、垂直三个方面的进给是互锁的,但同一时间内,只允许一个方面、单一方向的进给或快速移动。圆工作台在回转进给时,其他方面不许进给。

③ 更换铣刀时,不仅要夹紧主轴制动,而且任何电机均不能开动。

④ 进给及移动在各个方向上的限程保护,是由相应位置的挡铁,拨动相应的控制手柄再回到停止位置而实现的。如果控制手柄的指向与进给及移动方向相反,挡铁就触及不到控制手柄,将引起严重机损事故。所以发现进给、移动方向与手柄指向相反时,应及时调换进给电动机的接线相序。与上述运动及连锁有关的转换开关、行程开关及其工作状态见表 5-7。

表 5-7　工作台升降及横向操纵手柄位置

手柄位置	工作台运动方向	离合器接通的丝杠	行程开关动作	接触器动作	电动机运转
向上	向上进给或快速向上	垂直丝杠	SQ4	KM4	M2 反转
向下	向下进给或快速向下	垂直丝杠	SQ3	KM3	M2 正转
中间	升降或横向进给停止				
向前	向前进给或快速向前	横向丝杠	SQ3	KM3	M2 正转
向后	向后进给或快速向后	横向丝杠	SQ4	KM4	M2 反转

5-16　怎样排除 X62W 卧式铣床主轴转动,工作台各个方向都不能进给的故障?

答: 1) 故障现象

主轴转动,工作台各个方向都不能进给。

2) 故障原因分析

铣床工作台的进给运动,是通过进给电动机 M2 正、反转并配合机械传动来实现的。若主轴转动而各个方向都不能进给,通常故障的原因是:进给电动机不能启动所引起的,故障可能在各方向进给的共用通道和进给电动机上。

3) 故障排除维修方法

(1) 故障检查判断　合上左电控箱上机床电源开关 QS1,将操纵手柄扳至工作台上升(或下降、横向)位置,这时按下快速按钮 SB3(或 SB4)。如工作台有快速移动,则说明接触器 KM1 的常开辅助触点(13-10)接触不良;如工作台无快速移动,则观察右电控箱内接触器 KM3(或 KM4)是否动作。

如 KM3(或 KM4)不吸合,用手按一下热继电器 FR3,复位或短接其常开触头(3 号和 12 号两点),再按下按钮 SB3:若 KM3(或 KM4)仍不吸合,再短接右电控箱的接线端子上的 15 号和 16 号两点,按 SB3,若接触器 KM3(或 KM4)吸合,则说明圆工作台转换开关 3A2-3 触点(15-16)未接触好。

如 KM3(或 KM4)吸合,则表明进给电动机 M2 定子绕组及其电路有断路,或进给主电路电源缺相、机床断电,可用万用表检查。

(2) 故障维修方法　接触器故障可更换接触器或修复触头;转换开

关有故障可更换转换开关或修复触头;电动机故障更换电动机;进给主电路电源缺相等故障,逐级检查后修复或更换故障元器件、修复接线松动等故障。

5-17 怎样排除X62W卧式铣床主轴无法停车或停车后无制动的故障?

答:(1) 故障现象　主轴无法停车或停车后无制动。

(2) 故障原因分析　X62W型铣床主轴是采用电磁离合器制动的,故障的原因与部位可能如下。

① 不能停车,可能是控制电路中停车按钮短路或主轴接触器主触头熔焊、卡死。

② 停车却无制动,可能是电磁离合器(YC1)电路在停车时未接通或其电源不正常。

(3) 故障排除维修方法

① 故障检查判断:将机床停电,检查主轴接触器KM1主触头是否有卡住及熔焊现象;同时,打开按钮盖板,检查停止按钮是否卡死,或线头是否脱落、造成短路。

进行以上检查后,若没有发现故障点,再检查制动离合器(YC1)电路。合上机床电源开关QS1,用万用表直流电压100V挡,检测整流器(VC)的输出电压:若电压远低于24V,则整流器元件有故障,若无电压,则可能是熔断器FU3熔断。

② 故障维修方法:修复接触器的触头或更换接触器;更换制动离合器电路中的整流器、熔断器。

X62W型类似的铣床除上述故障外,还经常发生:主轴不能启动,主轴变速无瞬动,主轴换刀时无夹紧等故障,但分析、检查判断的方法和步骤与上述实例类似。本机床在大修时,应注意电源相序。如果相序改变,尤其进给电机相序接错,会造成严重机损事故。

5-18 怎样释读普通卧式镗床的结构特点和电气线路图?

答:T68型卧式镗床的结构特点和电气系统特点如图5-7所示,释读普通卧式镗床的结构特点和电气线路图可参考以下方法和步骤:

(1) 主电路　M1为主轴电动机,通过不同的传动链带动主轴和平旋盘转动,并带动平旋盘、主轴、工作台作进给运动。主轴电动机M1是双速

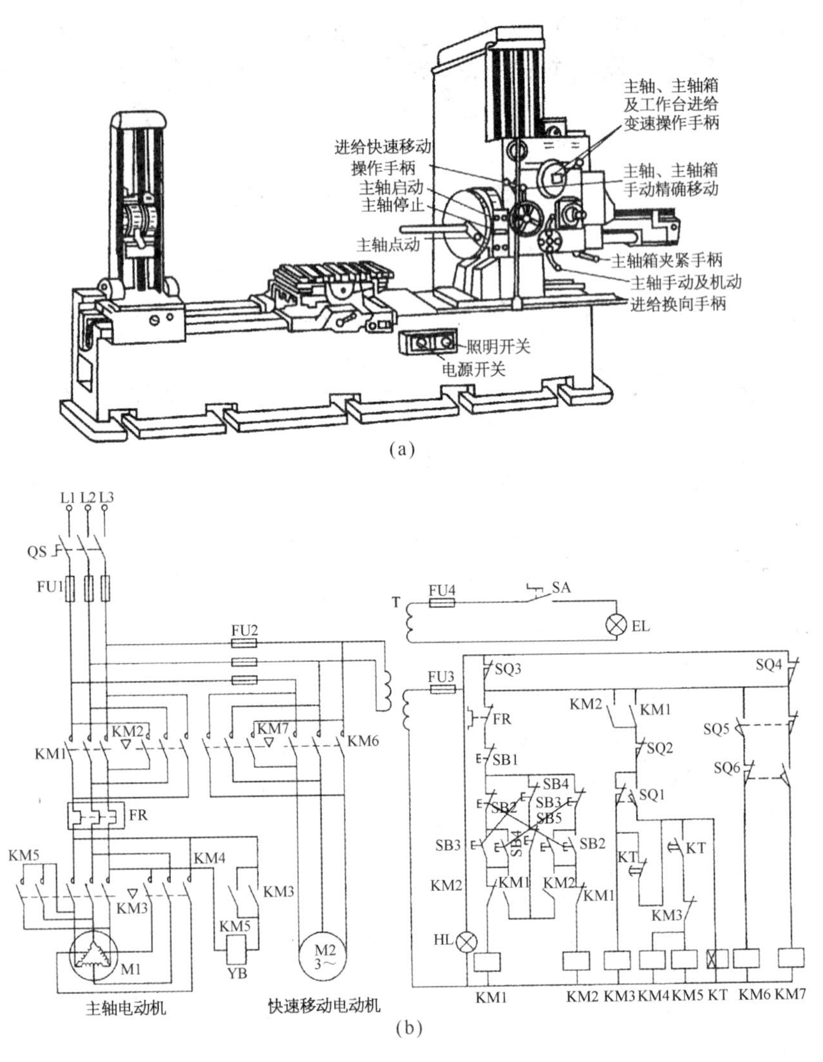

图 5－7　T68 型卧式镗床电气控制电路

（a）机床外形；（b）电气原理图

电动机，它的正反转由接触器 KM1 和 KM2 控制，接触器 KM3、KM4 和 KM5 作△－Y Y变速切换。当 KM3 主触头闭合时，定子绕组为△连接，M1 低速运转；当 KM4 和 KM5 主触头闭合时，定子绕组为Y Y连接，M1 高速运转。M2 为快速移动电动机，它的正反转由接触器 KM6 和 KM7 控制。

（2）控制电路

① 主轴电动机的正反转及点动控制。按下正转启动按钮 SB4，接触器 KM1 线圈通电，常开触头闭合自锁，主触头闭合，M1 启动正转。按下反转启动按钮 SB2，其常闭触头断开，常开触头闭合，KM1 线圈断电，接触器 KM2 线圈通电，常开触头闭合自锁，主触头闭合，M1 启动反转。主轴电动机的点动控制由按钮控制。当按下 SB3 时，常开触头闭合，线圈通电。同时常闭触头断开，切断自锁电路，正转或反转。放开按钮后线圈断电，即停转。

② 主轴电动机的低速和高速控制。将主轴变速操作手柄扳向低速挡，按下正转启动按钮 SB4，KM1 线圈通电，其常开触头闭合自锁，主触头闭合，M1 为启动做好准备。同时，KM1 常开触头闭合，KM3 线圈通电，KM3 常开触头闭合，使 YB 线圈通电，松开制动轮，KM3 触头闭合，将绕组接成三角形，电动机低速运转。此时，KM3 的常闭触头断开，闭锁 KM4 和 KM5。将主轴变速操作手柄扳向高速挡，将行程开关 SQ1 压合，其常闭触头断开，常开触头闭合。按下正转按钮 SB4，KM1 线圈通电，常开触头闭合自锁，主触头闭合。为 M1 启动做好准备。同时，KM1 常开触头闭合，时间继电器 KT 线圈通电，其常开触头闭合，KM3 线圈通电，M1 绕组接成三角形，电动机低速启动。经过一段时间，KT 的常闭触头延时断开，KM3 线圈通电，主触头断开。此时 KM3 常闭触头闭合，KT 的常开触头延时闭合，KM4、KM5 线圈通电，YB 线圈通电，松开制动轮。同时，KM4、KM5 主触头闭合，M1 绕组接成双星形，电动机高速运转。主轴电动机反转时的低速和高速控制。将主轴变速操作手柄扳向低速挡，按下反转启动按钮 SB2，其控制过程与正转相同。

③ 主轴电动机的停止和制动控制。按下停止按钮 SB1，KM1 或 KM2 线圈断电，主触头断开，电动机断电。与此同时，制动电磁铁 YB 线圈也断电，在弹簧的作用下对电动机进行制动，便很快停转。

④ 主轴电动机的变速冲动控制。变速冲动是指在主轴电动机变速时，不用停止按钮 SB1 就可以直接进行变速控制。主轴变速时，将主轴变速操作手柄拉出（与变速操作手柄有机械联系的行程开关 SQ2 压合，常闭触头断开），或线圈断电，使主轴电动机断电。这时转动变速操作盘，选好速度，再将主轴变速操作手柄推回，SQ2 复位，电动机重新启动工作。进给变速的操作控制与主轴变速相同，只需拉出进给变速操作手柄，选好进给速度，再将进给变速操作手柄推回即可。

⑤ 快速移动电动机的控制。镗床各部件的快速移动由快速移动操作手柄控制。扳动快速移动操作手柄(此时行程开关 SQ5 或 SQ6 压合),使接触器 KM6 或 KM7 线圈通电,快速移动电动机 M2 正转或反转,带动各部件快速移动。

⑥ 安全保护。连锁电路中的两个行程开关 SQ3 和 SQ4。其中,SQ3 与主轴及平旋盘进给操作手柄相连,当操作手柄扳到"进给"位置时,SQ3 的常闭触头断开;SQ4 与工作台和主轴箱进给操作手柄相连,当操作手柄扳到"进给"位置时,SQ4 的常闭触头断开。因此,如果任一手柄处于"进给"位置,M1 和 M2 都可以启动,当工作台或主轴箱在进给时,再把主轴及平旋盘扳到"进给"位置,主轴电动机 M1 将自动停止,快速移动电动机 M2 也无法启动,从而达到连锁保护。

(3) 照明电路　照明电路由降压变压器 T 供给 36V 安全电压。HL 为指示灯,EL 为照明灯,由开关 SA 控制。

5-19 怎样排除 T68 卧式镗床的常见故障?

T68 卧式镗床电路的常见故障有:主轴电动机不能低速启动或仅能单方向低速运转;主轴能低速启动但不能高速运转;进给部件不能快速移动等。排除常见故障的方法可参见以下实例。

【故障维修实例一】

(1) 故障现象　主轴电动机不能低速启动或仅能单方向低速运转。

(2) 故障原因分析

① 熔断器 FU1、FU2 或 FU3 熔体熔断,热继电器 FR 动作后未复位,停止按钮触头接触不良等原因,均能造成主轴电动机不能启动。变速操作盘未置于低速位置,使 SQ1 常闭触头未闭合,主轴变速操作手柄拉出未推回,使 SQ2 常闭触头断开,主轴及平旋盘进给操作手柄误置于"进给"位置,使 SQ3 常闭触头断开,或者各手柄位置正确,但压合的 SQ1、SQ2、SQ3 中有个别触头接触不良,以及 KM1、KM2 常开触头闭合时接触不良等,都能使 KM3 线圈不能通电,造成主轴电动机 M1 不能低速启动。另外,主电路中有一相熔断,KM3 主触头接通不良,制动电磁铁故障而不能松闸等,也会造成主轴电动机 M1 不能低速启动。

② 主轴电动机仅能向一个方向低速运转,通常是由于控制正反转的 SB2 或 SB3 及 KM1 或 KM2 的主触头接触不良,或线圈断开、连接导线松脱等原因造成的。

(3) 故障排除维修方法　分别采用更换、调整方法进行修复。

【故障维修实例二】

(1) 故障现象　主轴能低速启动但不能高速运转

(2) 故障原因分析　主要原因是时间继电器 KT 和行程开关 SQ1 的故障,造成主轴电动机 M1 不能切换到高速运转。时间继电器线圈开路、推动装置偏移、推杆被卡阻或松裂损坏而不能推动开关,致使常闭触头不能延时断开,常开触头不能延时闭合,变速操作盘置于"高速"位置但 SQ1 触头接触不良等,都会造成 KM4、KM5 接触器线圈不能通电,使主轴电动机不能从低速挡自动转换到高速挡转动。

(3) 故障排除维修　修复故障的时间继电器 KT 或行程开关 SQ1,更换损坏的部件且调整推动装置的位置。

5-20　怎样释读轿厢手柄开关控制电梯的结构特点和电气线路图?

答: 1) 设备特点

轿厢手柄开关控制自平自开门电梯设有专职司机操作,要求上升或下降时将操纵箱上的手柄开关按照需要方向转到极限位置,这时厅门和轿门就自动关闭,电梯随即启动向上(或向下)行驶。当到达所要求的位置前适当高度,司机应预先将手柄开关返回到零,电梯自动从快速降低到慢速,并在慢速运转下自动停止在预定位置上。轿厢停止后,轿门和厅门自动开启。

2) 电气线路

图 5-8 所示是交流 KPM-62 型电梯的控制线路,主要控制环节如下。

(1) 电梯变速控制

① 双速控制。主电力拖动是采用交流双速笼型异步电动机调速(高速 6 极同步转速为 1 000r/min;低速 24 极同步转速为 250r/min)。

② 加速与减速。电梯电动机先通过二级降压电阻按时间顺序切除而加速到高速启动运行,然后在预设楼层停车前快速降为慢速,先是通过机械制动使其降速,当电梯电动机转速降到近似 250r/min 时,再利用球形速度开关,将电动机的慢速绕组接通并松开抱闸,电梯在慢速稳定运行情况下受自平装置的控制,使轿厢地板与楼层地面齐平时自动停止。

(2) 自动门控制　自动门的拖动采用异步电动机。

① 开门控制:正常情况下电梯的所有主电路和控制线路的开关都应

合上。使用电梯时，转动底层召唤箱上的钥匙开关 SA17 使 16 与 26 接通，于是开门继电器 KA1 吸合，自动门电动机 M1 运转，使厅门与轿门同时开启（厅外开门开关 SA16 装在井道上的）。当门已开足时，26 与 28 之间的开门限位开关 SA9 断开，使电机 M1 停止运转。

② 关门、启动、加速控制：司机等进入轿厢后将安全手指开关 SA3 扳到 04 与 12 接通位置，于是电压继电器 KA3 吸合，然后再扳转手柄开关 SA2

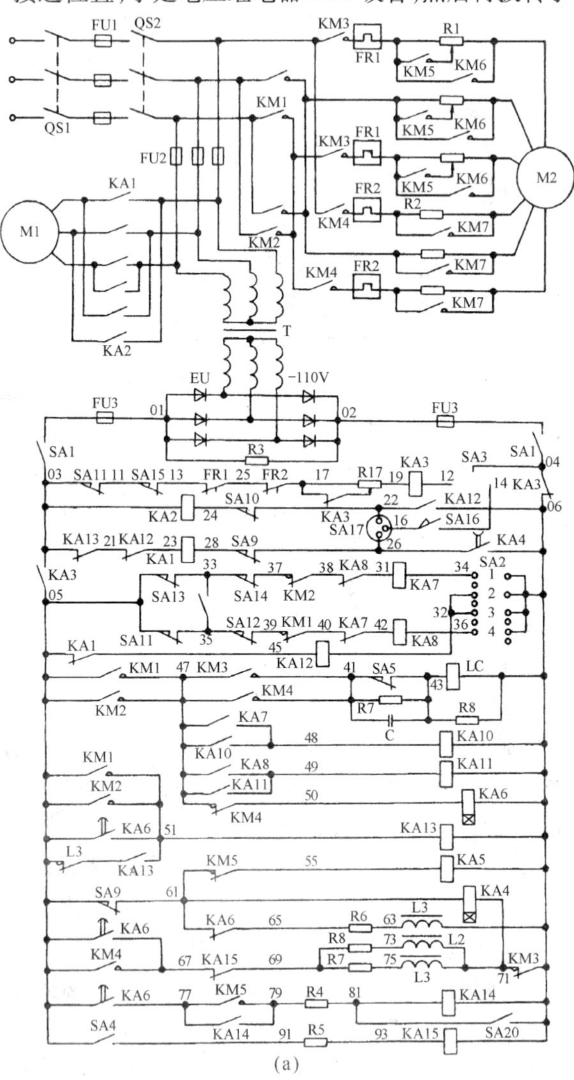

(a)

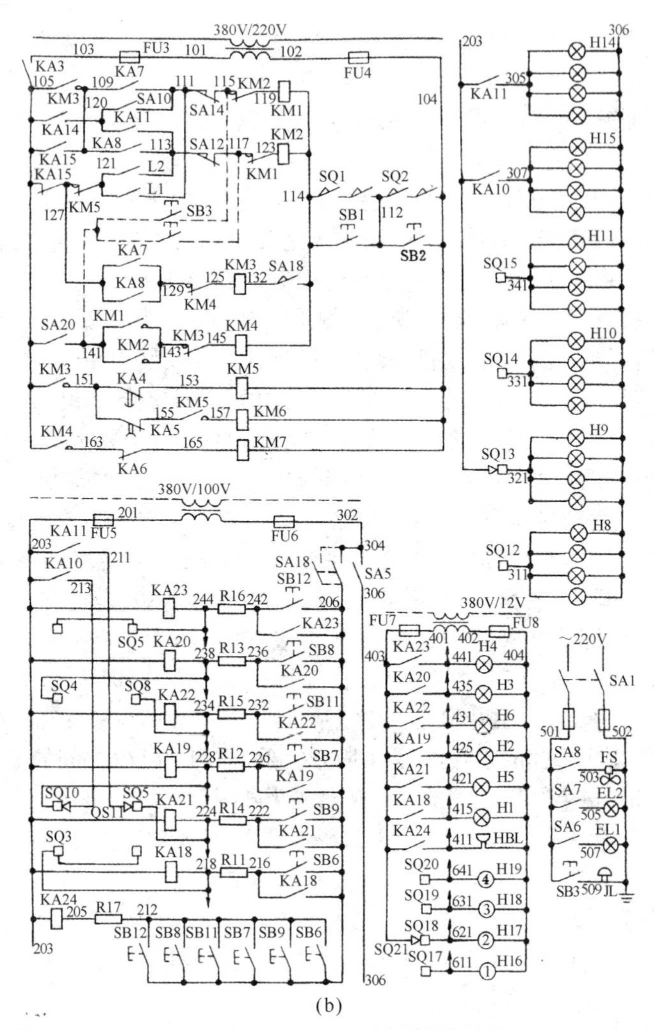

(b)

图 5-8　交流 KPM-62 型电梯的控制线路

使 06 与 32、06 与 34 先后接通，关门辅助继电器 KA12、向上控制继电器 KA7 和关门继电器 KA2 吸合，电动机 M1 作反向运转，厅门和轿门同时关闭。门关闭时，限位开关 SA 10 断开，电动机 M1 停止，同时 114 与 104 之间轿门触点 SQ1 和厅门触点 SQ2 接通，使 132 与 125 之间的快速接触器 KM3 和 119 与 114 之间的向上接触器 KM1 吸合，这时 06 与 43 之间制动电磁铁线圈 LC 通电松闸，电动机 M2 在串接电阻 R1 情况下启动运转，快速第一、第二加速时间继电器 KA4、KA5 逐步切除所串接电阻 R1，作二级加速，使电动机最后在全电压下满速运行。

③ 减速，停车，平层和平动开门控制：当轿厢向上行驶，接近停靠的层楼时，司机应预先将手柄开关 SA2 回转到零位，于是 34 与 31 之间的上升控制继电器 KA7、45 与 32 之间的关门辅助继电器 KA 12、132 与 125 之间的快速接触器 KM3，104 与 153 及 157 之间的第一、二加速接触器 KM5、KM6 相继断电，但 119 与 114 之间的上升接触器 KM1 通过速度继电器 KA14 的触点仍旧保持吸合。快速接触器 KM3 释放时，电磁铁线圈 LC 断电而进行了机械制动，电动机 M2 转速下降。这时安装在井道里的感应铁板进入装于轿厢顶上 71 与 75 之间的电磁式平层感应器 L1 的空隙内使其磁路闭合，使 111 与 121 之间的触点 L1 接通以保持上升接触器 KM1 的吸合。当电动机转速降到约为 250r/min 时，06 与 81 之间的球形速度开关 SA20 闭合，使速度继电器 KA14 短路，同时接通 114 与 145 之间的慢速接触器 KM 4。电磁铁线圈 LC 断电抱闸松开，电动机 M2 的慢速绕组在串入缓冲电阻 R2 情况下，并经慢速加速延时继电器 KA6、慢速加速接触器 KM7 稳定慢速上升。当轿厢继续上升时装在井道里的开门感应铁板进入了装在轿顶上 06 与 63 之间的开门感应器 L3 的空隙中，05 与 51 之间的常闭触点 L3 断开。待上升到达层楼停站水平时，平层感应铁板离开感应器 L1，111 与 121 之间的常开触点 L1 断开。于是 114 与 119 之间的上升接触器 KM1 和 114 与 145 之间的慢速接触器 KM4 相继失压，电动机 M2 停止并制动，电梯停止。这时由于上升接触器 KM1 释放自动开门继电器 KA13 失电复位，接通了开门继电器 KA1 使开关门电动机 M1 运转，从而将轿门和厅门同时开启，当门开足时，开门限位开关 SA9 断开，电动机 M1 停止。

其他还有召唤箱控制线路、信号线路与照明线路等，读者可自行进行简要的分析。

（3）电气控制的主要元器件　电梯控制线路中的电器元件见表 5－8。

表 5－8　轿厢手柄开关控制电梯电路元器件明细

代　号	名　称	型　号
KM1	向上接触器	CJ0－75
KM2	向下接触器	CJ0－75
KM3	快速接触器	CJ0－75
KM4	慢速接触器	CJ0－40

（续表）

代　　号	名　　称	型　　号
KM5	快速第一加速接触器	CJ0－40
KM6	快速第二加速接触器	CJ0－40
KM7	慢速加速接触器	CJ0－40
KA1	开门继电器	JT3－31
KA2	关门继电器	JT3－31
KA3	电压继电器	JT3－31
KA4	快速第一加速时间继电器	JT3－11/3
KA5	快速第二加速时间继电器	JT3－11/3
KA6	慢速加速时间继电器	JT3－11/3
KA7	向上控制继电器	DZ－53/220
KA8	向下控制继电器	DZ－53/220
KA10	向上辅助继电器	DZ－53/220
KA11	向下辅助继电器	DZ－53/220
KA12	关门辅助继电器	DZ－53/220
KA13	自动开门继电器	DZ－53/220
KA14	速度继电器	DZ－53/220
KA15	检修继电器	DZ－53/220
FR1	快速热继电器	JR0－40
FR2	慢速热继电器	JR0－40
T	工作变压器	BK－700VA
R1、R2	启动电阻器	B－11 型
R3～R10	可变线绕电阻器	RXY－T－50W（或 75W）
C	油质纸介电容器	DZM－L　1μF 630V
FU1	总熔丝	RL1－60/3
FU2	熔断器	RL1－15　2～6A
FU3	熔断器	RL1－15　2～6A
SA1	闸刀开关	双刀单极　5A
HBL	蜂铃	12V
SA2	手柄开关	
SB1	轿门应急按钮	A5－20
SB2	厅门应急按钮	A5－20
SB3	警铃按钮	A5－20
SA3	安全手指开关	1×25A
SA4	检修慢车手指开关	1×15A
SA5	指层灯手指开关	1×15A
SA6、SA7	照明灯手指开关	1×15A
SA8	风扇手指开关	1×15A
EL1、EL2	照明灯	

（续表）

代　　号	名　　称	型　　号
FS	风扇	
H1～H3	向上召唤灯	1.5CP、12V
H4～H6	向下召唤灯	1.5CP、12V
SA18	信号手指开关	1×13A
H16～H19	轿内指层灯	1.5CP、12V
M1	自动门电机	0.6kW、1 000r/min
SA9	开门限位开关	TKM－20
SA10	关门限位开关	TKM－11
SQ1	轿门触点	TKW－10
SA11	安全钳开关	TKQ－01
L1	向上平层感应器	
L2	向下平层感应器	
L3	自动开门感应器	
SQ2	厅门触点	XK－20
SA11	向下限位开关	TKW－01
SA12	向下限位开关	TKW－02
SA13	向上限位开关	TKW－01
SA14	向上限位开关	TKW－02
SA15	限速器断绳开关	TKQ－01
SA16	厅外开门开关	TKW－10
SA17	钥匙开关	YK1－0－1
SB6～SB12	召唤按钮	A5－20
H8～H13	门外指层灯	115V8W
H14	门外向下箭头灯	115V8W
H15	门外向上箭头灯	115V8W
KA18～KA23	召唤继电器	DZ－51/40－48V
KA24	蜂铃继电器	DZ－51/40－48V
R11～R17	线绕电阻器	RXY－20W－620Ω
SQ2～SQ9	召唤继电器复位触点	
SQ10、SQ11	召唤继电器复位电刷	
SQ12～SQ15	门外指层灯触点	
SQ16	门外指层灯电刷	
SQ17～SQ20	轿内指层灯触点	
SQ21	轿内指层灯电刷	
QS1	电源总开关	铁壳开关　3 极 380V/60A
EU	三相桥式硒整流器	2XC－7－17　DC110V1.8A
QS2	三相极限开关	
M2	交流双速异步电动机	JTD－430　11.2kW　1 000/250r/min

（续表）

代　号	名　称	型　号
LC	直流制动器绕组	高强度漆包线 0.71mm 4 500 圈
QS3	制动器动作开关	TKZ－01
SA20	球形速度开关	

5－21　怎样排除轿厢手柄开关控制电梯的常见故障？

答：轿厢手柄开关控制电梯的常见故障排除可参见以下实例。

【示例一】轿门与厅门开启与关闭有故障，主要原因是电动机 M1 故障或其控制电路有故障，造成故障的控制电器有开门继电器 KA1、关门继电器 KA2；开门限位开关 SA9、关门限位开关 SA10；轿门触点 SQ1、厅门触点 SQ2 等。因此发现故障后因检查有关的电器和连接线、连接点等部位。

【示例二】电梯平层有故障，主要原因是平层感应器 L1、L2、L3 有故障，此时可仔细检查感应器的性能，可使用替换法检查感应器在线路中的控制作用，也可直接检查感应器的触点，在感应信号下是否接触性能良好。

【示例三】电梯运行中减速有故障，主要原因是电动机 M2 相关的主电路接触器 KM1、KM2、KM3 及其控制电路有故障，相关的慢速接触器 KM4、快速第一加速接触器 KM5 和快速第二加速接触器 KM6 等有故障或控制电路有故障。此时应首先检查相关接触器的性能，如线圈、衔铁、触头和控制线路中各种连锁、互锁电气触头和按钮的触头等，以及直流制动器绕组 LC、制动器动作开关 QS3、球形速度开关 SA20 等的电气控制性能。

5－22　怎样释读组合机床的液压系统和电气控制线路图？

答：释读组合机床液压控制系统电气控制电路，通常需要掌握顺序工作液压缸的电气控制电路的工作原理。具体释读可参考以下实例。

组合机床是一种按工件加工要求与加工过程设计和制造的专用机床，维修液压控制组合机床的电气系统，必须熟悉液压系统的工作过程。如图 5－9 所示为立式组合机床的液压系统，该系统用来对工件进行多孔钻削加工，系统能实现定位→夹紧→动力滑台快进→工进→快退→松夹、拔销→原位卸荷的工作循环。其动作过程如下。

（1）定位　YA6 通电，电磁阀 17 上位接入系统，使系统进入工作状态。当 YA4 通电，电磁阀 10 左位接入系统，油路走向为：变量泵 2→阀 17→减压阀 8→阀 9→阀 10→定位缸 11 右腔；缸 11 左腔→阀 10→油箱，实现工件

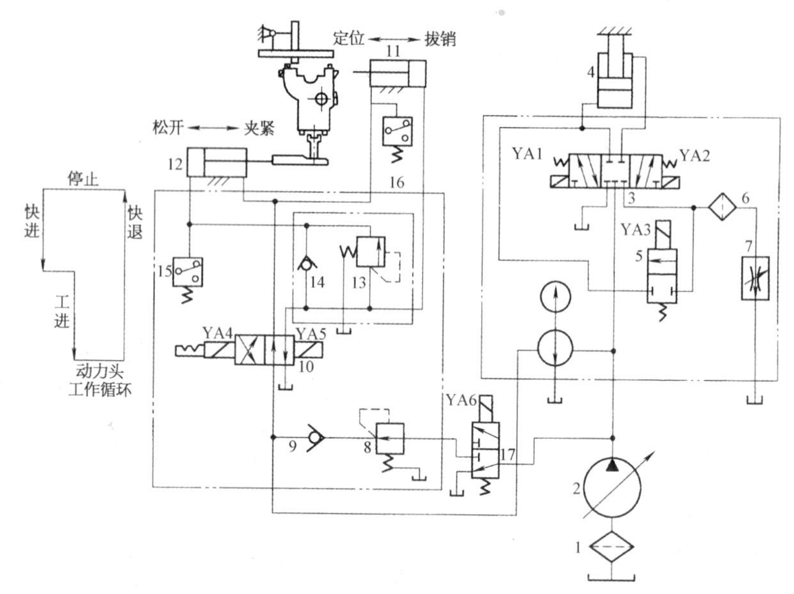

图 5-9　立式组合机床的工作过程与基本操纵方法

1—过滤器；2—变量泵；3、10—换向阀；4—进给缸；5、17—电磁阀；6—精滤器；7—调速阀；8—减压阀；9、14—单向阀；11—定位缸；12—夹紧缸；13—顺序阀；15、16—压力继电器

的定位。

（2）夹紧　定位完毕，油压升高达到顺序阀 13 的调压值，液压油经顺序阀 13 进入夹紧缸 12 的左腔，实现对工件的夹紧。

（3）动力滑台快进　夹紧完毕，夹紧缸 12 左腔油压升高到压力继电器 15 的调压值发信，使 YA1 和 YA3 通电，阀 3 左位、阀 5 上位接入系统，油路走向为：泵 2→阀 3→缸 4 下腔；缸 4 上腔→阀 3→阀 5→缸 4 下腔，实现差动快进。

（4）动力滑台工进　快进完毕，挡块触动电气行程开关发信，使 YA3 断电，阀 3 下位接入系统，缸 4 上腔油液经精滤器 6 和调速阀 7 流回油箱，工进速度由调速阀 7 调定。

（5）动力滑台快退　工进完毕，挡块触动电气行程开关发信，使 YA2 通电（YA1 断电），阀 3 右位接入系统，油路走向为：泵 2→阀 3→缸 4 上腔；缸 4 下腔→阀 3→油箱，实现快退。

（6）松夹、拔销　快退完毕，电气行程开关发信，使 YA5 通电（YA4 断电），阀 10 右位接入系统，油路走向为：泵 2→阀 17→阀 8→阀 9→阀 10→

缸 12 右腔和缸 11 左腔;缸 12 左腔和缸 11 右腔分别经阀 14、阀 10→油箱,实现松夹和拔销。

(7) 原位停止卸荷　松夹和拔销完毕,油压升高达到压力继电器 16 预调值发信使 YA6 通电,阀 17 下位接入系统,泵 2 输油经阀 17 回油箱,实现泵的卸荷。

该机床液压系统传动过程中电磁铁工作状态见表 5-9,表中符号“+”表示电磁铁通电,符号“-”表示电磁铁断电。

表 5-9　立式组合机床液压系统电磁铁工作状态表

工况 \ 电磁铁	YA1	YA2	YA3	YA4	YA5	YA6
定位	-	-	-	+	-	+
夹紧	-	-	-	+	-	+
动力滑台快进	+	-	+	+	-	+
工进	+	-	-	+	-	+
快退	-	+	-	+	-	+
松开、拔销	-	-	-	-	+	+
卸荷	-	-	-	-	-	-

5-23　怎样释读组合机床的液压系统单缸“快—慢—快”回路和电气控制线路图?

答: 图 5-10a 所示为组合机床液压缸快进—工进—快退的液压原理图。当电磁换向阀 1V1 的 1Y1 和 1V2 的 1Y2 通电时,两电磁阀同时换向,压力油进入液压缸 1A 的左腔,右腔经换向阀 1V1 回油,液压缸活塞杆快进;当活塞杆压下限位开关 1S2 时,1Y2 断电,换向阀 1V2 在弹簧作用下复位,PA 断开、液压缸进油后通过调速阀 lV3,活塞杆慢速前进;活塞杆运动到右端后,1Y1 断电,换向阀 1V1 复位,液压缸进出油路换向,活塞杆快速退回。

图 5-10b 所示为电气控制电路图,按下开关 S1,线圈 K1 通电并自锁,1Y1 通电,1V1 换向,同时,由于活塞处于左端位置时,限位开关 1S1 处于接通状态,线圈 K2 处于通电状态,因而 1Y2 也处于通电状态,1V2 的 PA 接通液压缸活塞杆快进。当活塞杆向右运动至压下限压开关 1S2 时,1S2 的常闭触点断开,线圈 K2 断电,常开触点 K2 断开,1Y2 断电,1V2 复位,液

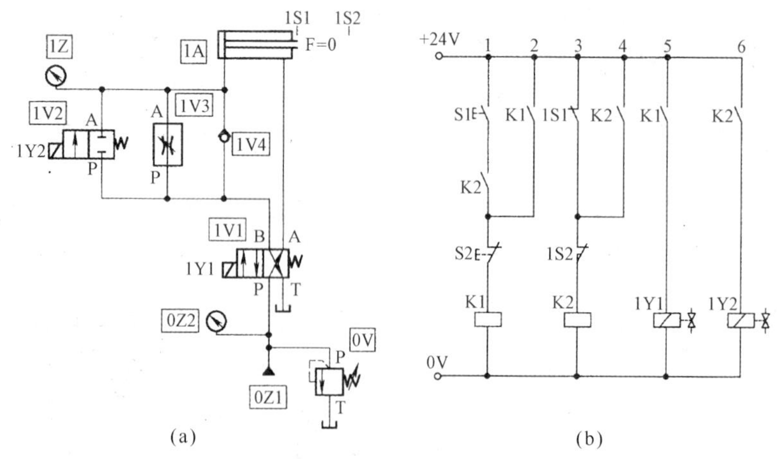

图 5-10　液压缸快进—工进—快退的控制原理图

（a）液压原理图；（b）电气控制电路

压缸活塞杆转为工作进给(慢进)。活塞杆运动到右端,按下开关 S2,线圈 K1 断电,1Y1 断电,1V1 复位,液压缸活塞向左运动。活塞杆向左运动到底后,压下限位开关 1S1,此时 1S2 因活塞杆的离开而闭合,线圈 K2 断电,使 1Y2 通电,1V2 换向,为下一次快进做好准备。

5-24　怎样释读组合机床的液压系统双液压缸顺序控制和电气控制线路图?

答: 图 5-11a 为双液压缸顺序控制的液压原理图,电磁铁 1Y1 通电,三位四通换向阀 1V 换向,PA 接通,液压缸 1A 左腔进油,右腔经 1V 的 BT 回油,活塞杆快速向右运动。活塞杆运动到右端后,压下限位开关 1S2,发出信号使 2Y 通电,2V1 换向,液压缸 2A 的活塞杆慢速向右运动。到右端后,发信号使 2Y 失电,2V1 复位,液压缸 2A 活塞杆退回到左端后,压下限位开关 2S,2S 发出信号使 1 Y2 通电,1Y1 断电,换向阀 1V 换向,PB、AT 分别接通,液压缸 1A 退回。

图 5-11b 为双液压缸顺序控制的电气系统图,因 1A 在左端时,限位开关 1S1 被压下而处于接通状态,按下开关 S1,线圈 K1 通电并自锁,触点 K1 闭合,1Y1 通电,换向阀 1V 换向,液压缸 1A 活塞杆向右运动。1A 活塞杆离开左端后,限位开关 1S1 复位,其常开触点(1 路)断开,常闭触点(6 路)闭合。1A 活塞杆运动到右端后, 压下限位开关 1S2,其常开触点(3 路)闭

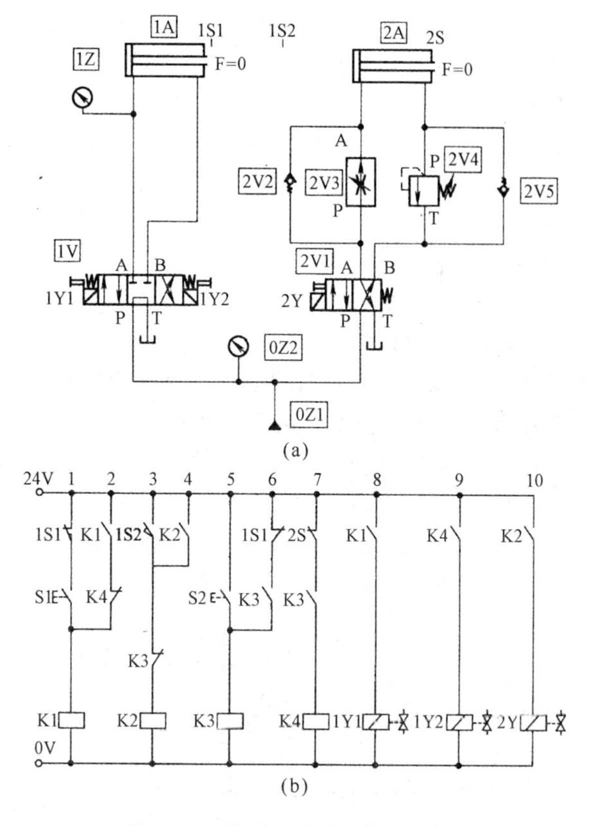

图 5-11 液压缸双缸顺序控制原理图

(a) 液压原理图；(b) 电气控制电路

合,线圈 K2 通电并自锁,K2 常开触点(10 路)闭合,2Y 通电,电磁阀换向,液压缸 2A 活塞杆向右运动。2A 活塞杆离开左端后,限位开关 2S 复位,其常开触点(7 路)断开,活塞杆运动至右端自行停止。按下开关 S2,线圈 K3 通电并自锁,K3 的常开触点(7 路)闭合;K3 的常闭触点(3 路)断开,线圈 K2 失电,其常开触点 K2(10 路)断开,2Y 失电,2V1 复位,液压缸 2A 向左运动至左端后,压下限位开关 2S,2S 的常开触点(7 路)闭合,线圈 K4 通电, K4 的常闭触点(2 路)断开;线圈 K1 失电,1Y1 也失电;K4 的常开触点(9 路)闭合,1Y2 通电,电磁换向阀 1V 换向,液压缸 1A 活塞杆向左运动。至左端后,压下限位开关 1S1,1S1 的常开触点(1 路)闭合,为下一循环做好准备。

5－25 怎样排除组合机床液压系统电气控制电路的常见故障?

答:① 排除组合机床液压系统电气控制电路常见故障的基本方法。液压系统控制回路的工作过程是按机械部分驱动液压缸的动作要求,控制换向阀电磁线圈的得电或失电,控制电路的主要电器元件是按钮开关、限位开关、继电器、压力开关等,因此维修时应首先排除线路连接和以上电器元件的常见故障。

② 电磁换向阀故障排除。

(a) 电磁换向阀是组合机床液压滑台、工作台控制的主要液压控制元件,其中电磁线圈是电气控制的主要控制对象,因此应熟悉电磁换向阀的基本结构,电磁换向阀的常见故障和排除方法。电磁换向阀的结构如图5－12所示,电磁换向阀是由电气系统的按钮开关,限位开关,行程开关或其他电气元件发出信号,通过电磁铁通电产生磁性推力来操纵阀芯移动。电磁阀的电源有交流电和直流电两种,断电时,阀芯靠弹簧复位。由于受到电磁铁推力大小的限制,因此电磁换向阀允许通过的流量一般为中、小流量,否则会使电磁铁结构庞大。

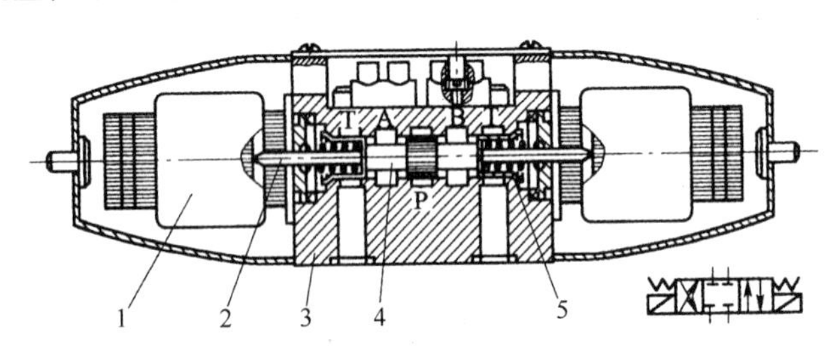

图5－12 电磁换向阀

1—电磁铁;2—推杆;3—阀体;4—阀芯;5—复位弹簧

(b) 电磁换向阀的常见故障及其排除方法见表5－10(其中打＊号的故障与电气控制有直接关系,注意采用机电一体化的故障分析方法)。

表5－10 换向阀的常见故障与排除方法

故障现象	故障原因	排除方法
电磁铁过热或烧毁	1. 电磁铁线圈绝缘不良 2. 电磁铁铁心与滑阀轴线同轴度太差 3. 电磁铁铁心吸不紧 4. 电压不对	1. 更换电磁铁 2. 拆卸重新装配 3. 修理电磁铁 4. 改正电压

（续表）

故障现象	故 障 原 因	排 除 方 法
电磁铁过热或烧毁	5. 电线焊接不好 6. 换向频繁	5. 重新焊线 6. 减少换向次数，或采用高频性能换向阀
电磁铁动作响声大	1. 滑阀卡住或摩擦力过大 2. 电磁铁不能压到底 3. 电磁铁接触面不平或接触不良 4. 电磁铁的磁力过大	1. 修研或更换滑阀 2. 校正电磁铁高度 3. 清除污物，修整电磁铁 4. 选用电磁力适当的电磁铁
阀芯不动或不到位	1. 滑阀卡住 ① 滑阀与阀体配合间隙过小，阀芯在阀孔中卡住不能动作或动作不灵活 ② 阀芯被碰伤，油液被污染 ③ 阀芯几何形状误差大，阀芯与阀孔装配不同轴，产生轴向液压卡紧现象 ④ 阀体因安装螺钉的拧紧力过大或不均而变形，使阀芯卡住不动 2. 液动换向阀控制油路有故障 ① 油液控制压力不够，弹簧过硬，使滑阀不动，不能换向或换向不到位 ② 节流阀关闭或堵塞 ③ 液动滑阀的两端（电磁阀的专用泄油口）没有接回油箱或泄油管堵塞 3. 电磁铁故障 ① 因滑阀卡住交流电磁铁的铁心，使得吸不到底面而烧毁 ② 漏磁，吸力不足 ③ 电磁铁接线焊接不良，接触不好 ④ 电源电压太低造成吸力不足，推不动阀芯 4. 弹簧折断、漏装、太软，不能使滑阀恢复中位 5. 电磁换向阀的推杆磨损后长度不够，使阀芯移动过小，引起换向不灵或不到位	1. 检查滑阀 ① 检查间隙情况，研修或更换阀芯 ② 检查、修磨或重配阀芯，换油 ③ 检查、修正形状误差及同轴度，检查液压卡紧情况 ④ 检查，使拧紧力适当、均匀 2. 检查控制回路 ① 提高控制压力，检查弹簧是否过硬，更换弹簧 ② 检查、清洗节流口 ③ 检查，将泄油管接回油箱，清洗回油管使之畅通 3. 检查电磁铁 ① 清除滑阀卡住故障，更换电磁铁 ② 检查漏磁原因，更换电磁铁 ③ 检查并重新焊接 ④ 使用规定电源电压 4. 检查、更换或补装弹簧 5. 检查并修复，必要时更换推杆

附　　录

知识试卷一

一、判断题（对画"√"，错画"×"，每小题2分，共40分）

1. 电流的方向是正电荷定向移动的方向。（　　）

2. 两个"100W/220V"灯泡串接在220V电源上，每个灯泡的实际功率是25W。（　　）

3. 电源电动势是衡量电源输送电荷能力大小的物理量。（　　）

4. 电容器具有隔直流、通交流作用。（　　）

5. 三相交流电能产生旋转磁场，是电动机通电旋转的根本原因。（　　）

6. 电源相线可直接进入灯具，而开关可以控制零线。（　　）

7. 电源线接在插座上或接在插头上是一样的。（　　）

8. 用于经常反转及频繁通断工作的电动机，应选用热继电器进行保护。（　　）

9. 熔体的额定电流是指在规定工作条件下，长时间通过熔体而熔体不熔断的最大电流值。（　　）

10. 电动机的绝缘等级，表示电动机绕组的绝缘材料和导线所能耐受温度极限的等级。如E级绝缘其允许最高温度为120℃。（　　）

11. 弯曲有焊缝的管子，焊缝必须放在歪曲内层的位置。（　　）

12. 异步电动机的故障一般分为电器故障和机械故障。（　　）

13. 理想双绕组变压器的变压比等于一、二次侧的匝数之比。（　　）

14. 交流接触器的额定电流应根据被控制电路中电流大小和使用类别进行选择。（　　）

15. 中间继电器的触头有主、副触头之分。（　　）

16. 一般刀开关不能用于切断故障电流，也不能承受故障电流引起的电动力和热效应。（　　）

17. 测量直流电压时，除了使电压表与被测表与被测电路并联

外，还应使电流从电压表的“+”端流入。（ ）

18．交流电流表应与被测电路串联。（ ）

19．所谓点动控制是指点一下按钮就可以使电动机启动并连续运转的控制方式。（ ）

20．根据电路图、接线图、布置图安装完毕的控制线路，不用自检校验，可以直接通电试车。（ ）

二、选择题（将正确的答案的序号填入括号内，每小题2分，共40分）

1．兆欧表的主要性能参数有（ ）、测量范围等。

A．额定电压 B．额定电流 C．额定电阻 D．额定功率

2．单向电能表的（ ）的转速与负载的功率成正比。

A．可动铝盘 B．可动磁钢 C．可动铁片 D．可动线圈

3．测量直流电流时，应该将（ ）在被测电路中，电流应从“+”端流入。

A．电流表串联 B．电流表并联

C．两个电流表先并联再串联 D．两个电流表先串联再并联

4．三相笼型异步电动机的减压启动中，使用最广泛的是（ ）。

A．定子线圈串电阻减压启动 B．自耦变压器减压启动

C．Y-△减压启动 D．延边三角形启动

5．电磁制动器断电制动控制线路，当电磁制动线圈失电时，电动机迅速停转，此方法最大的优点是（ ）。

A．节电 B．安全可靠

C．降低线圈温度 D．延长线圈寿命

6．晶体二极管的正向偏置是指（ ）。

A．阳极接高电位、阴极接低电位 B．阳极接低电位，阴极接高电位

C．二极管没有阴极、阳极之分 D．二极管的极性可以任意接

7．白炽灯突然变得发光强烈，可能引起的故障原因是（ ）。

A．保护熔丝过粗 B．线路导线过粗

C．灯泡灯丝搭丝 D．灯座接线松动

8．动力线路、照明线路通常用兆欧表测量绝缘电阻，测量时应选用（ ）的兆欧表。

A．50V B．500V C．1 000V D．2 000V

9．在电网变压器容量不够大的情况下，三相笼型异步电动机全压启动将导致（ ）。

A. 电动机启动转矩增大　　B. 线路电压增大

C. 线路电压下降　　D. 电动机启动电流减小

10. 对于三相笼型电动机的多地控制,须将多个启动按钮(　　),多个停止按钮串联才能达到控制要求。

A. 串联　　B. 并联　　C. 自锁　　D. 混联

11. 在电气原理图上,一般电路或元件是按功能布置,并按(　　)排列。

A. 从前向后,从左到右　　B. 从上到下,从小到大

C. 从前向后,从小到大　　D. 从左到右,从上到下

12. 百分尺的分度值是(　　)。

A. 0.01mm　　B. 0.02mm　　C. 0.05mm　　D. 0.1mm

13. 电钻的钻夹头安装钻头时应使用(　　)夹紧,以免损坏钻夹头。

A. 锤子　　B. 斜铁　　C. 钻套　　D. 钻夹头钥匙

14. 焊接集成电路、晶体管及其他受热易损元件时,应选用(　　)内热式电烙铁。

A. 20W　　B. 50W　　C. 100W　　D. 200W

15. 用于剥削较大线径的导线及导线外层保护套的工具是(　　)。

A. 钢丝钳　　B. 剥线钳　　C. 断线钳　　D. 电工刀

16. 在螺钉平压式接线桩头上接线时,如果是较小截面单股芯线,则必须把线头(　　)。

A. 弯成接线鼻　　B. 对折　　C. 剪短　　D. 装上接线耳

17. 两台电动机 M1 和 M2 为顺序启动、逆序停止控制,当停止时(　　)。

A. M1 停,M2 不停　　B. M1 与 M2 同时停

C. M1 先停,M2 后停　　D. M2 先停,M1 后停

18. 氯丁橡胶绝缘线的型号是(　　)。

A. BX,BLX　　B. BV,BLV　　C. BXF,BLXF

19. DZ5－20 型低压断路器中电磁脱扣器的作用是(　　)。

A. 过载保护　　B. 短路保护　　C. 欠电压保护

20. 空气阻尼式时间继电器电器延时调节的方法是(　　)。

A. 调节释放弹簧的松紧　　B. 调节铁心与衔铁间的气隙长度

C. 调节进气孔的大小

三、简答题(每小题 5 分,共 20 分)

1. 什么是交流电和正弦交流电？交流电的主要参数及其主要含义是什么？

2. 什么是跨步电压和间接触电？怎样预防触电？

3. 三相正弦交流发电机是怎样工作的？三相异步电动机是怎样工作的？

4. 什么是电力系统？什么是倒闸操作？

知识试卷二

一、判断题(对画“√”,错画“×”,每小题2分,共40分)

1. 在易燃、易爆场所的照明灯具,应使用密闭型或防爆型灯具;在多尘、潮湿和有腐蚀性气体的场所,应使用防水防尘型灯具。 (　　)

2. 可将单相三孔电源插座的保护接地端(面对插座的最上端)与接地零端用导线连接起来,共用一根线。 (　　)

3. 电缆的保护层是保护电缆缆芯导体的。 (　　)

4. 开启式负荷开关用作电动机的控制开关时,应根据电动机的容量选配合适的熔体并装入开关内。 (　　)

5. 电动机的额定电压是指输入定子绕组的每相电压,而不是线间电压。 (　　)

6. 使用万用表测量电阻时,每转换一次欧姆挡都要把指针调零一次。 (　　)

7. 带有额定负载转矩的三相异步电动机,若使电源电压低于额定电压,则其电流就会低于额定电流。 (　　)

8. 电气图包括:电路图、功能表图、系统图、框图以及元件位置图等。 (　　)

9. 电气原理图上电器图形符号均指未通电的状态。 (　　)

10. 用护套线敷设线路时,不可采用线与线的直接连接。 (　　)

11. 凡有灭弧罩的接触器,一定要装妥灭弧罩后方能通电启动电动机。 (　　)

12. 变压器在使用时铁心会逐渐氧化生锈,因此空载电流也就相应逐渐减少。 (　　)

13. 在电动机直接启动控制线路中,熔断器只作短路保护,不能作过载保护。 (　　)

14. 冲击电钻在调节位置置于任意位置时,都能在砖石、混凝土等墙面上钻孔。 (　　)

15. 镀锌管常用于潮湿、有腐蚀性的场所作暗敷配线用。 (　　)

16. 电容和电阻一样可以串联使用,也可以并联使用,电容并联数量越多,总的电容量就越小。 (　　)

17. 三相对称负载作星形连接时,其线电压一定为相电压的$\sqrt{3}$倍。 (　　)

18. 机床或钳作台的局部照明、行灯应使用36V及以下电压。 (　　)

19. 在低压电路内进行通断、保护、控制及对电路参数起检测或调节作用的电气设备属于低压电器。 (　　)

20. 行程开关应根据动作要求和触点数量进行选择。 (　　)

二、选择题(将正确的答案的序号填入括号内,每小题2分,共40分)

1. 若将一段电阻为 R 的导线均匀拉长至原来的两倍,则其电阻值为(　　)。

A. $2R$　　B. $1/2R$　　C. $4R$　　D. $1/4R$

2. 电流的方向是(　　)。

A. 负电荷定向移动的方向　　B. 电子定向移动的方向

C. 正电荷定向移动的方向　　D. 正电荷定向移动的反方向

3. 电压与电流一样(　　)。

A. 有大小之分　　B. 有方向不同

C. 不仅有大小,而且有方向　　D. 部分大小与方向

4. 电源电动势是(　　)。

A. 电压

B. 外力将单位正电荷从电源负极移动到电源正极所做的功

C. 衡量电场力做功本领大小的物理量

D. 电源两端电压的大小

5. 电容器具有(　　)作用。

A. 隔直流、通交流　　B. 隔交流、通直流

C. 直流、交流都能通过　　D. 直流、交流都被隔离

6. 当导体在磁场里(　　)运动时,产生的感应电动势最大。

A. 沿磁感线方向　　B. 与磁感线垂直方向

C. 与磁感线方向夹角为45°方向　　D. 与磁感线夹角为30°方向

7. 正弦交流电的三要素是指(　　)。

A. 最大值、频率和角频率　　B. 有效值、频率和角频率

C. 最大值、角频率、相位　　D. 最大值、角频率、初相位

8. 三相交流电通到电动机的三相对称绕组中(　　),是电动机旋转的根本原因。

A. 产生脉动磁场　　B. 产生旋转磁场

C. 产生恒定磁场　　D. 产生合成磁场

9. 通常把正弦交流电每秒变化的(　　)称之为角频率。

A. 电角度　　B. 频率　　C. 弧度　　D. 角度

10. 用作导电材料的金属通常要求具有较好的导电性能、(　　)和焊接性能。

A. 力学性能　　B. 化学性能　　C. 物理性能　　D. 工艺性能

11. 根据锯条锯齿牙距的大小分为粗齿、中齿和细齿三种,其中粗齿锯条适宜锯削(　　)。

A. 管件　　B. 角铁　　C. 硬材料　　D. 软材料

12. 攻螺纹时要用切削液,在钢件上攻螺纹时应用(　　)。

A. 机油　　B. 煤油　　C. 柴油　　D. 液压油

13. 电子线路的焊接通常采用(　　)作焊剂。

A. 焊膏　　B. 松香　　C. 弱酸　　D. 强酸

14. 在220V线路上恢复导线绝缘时,应包(　　)绝缘黑胶带。

A. 一层　　B. 两层　　C. 三层　　D. 四层

15. 白炽灯发生灯泡忽暗忽亮故障,常见原因是(　　)。

A. 线路中有短路故障　　B. 线路中发生短路

C. 灯泡额定电压低于电源电压　　D. 电源电压不稳定

16. 荧光灯工作时,整流器有较大杂声,常见原因是(　　)。

A. 灯管陈旧,寿命将终

B. 接线错误或灯座与灯脚接触不良

C. 开关次数太多或灯光长时间闪烁

D. 整流器质量差,铁心未夹紧或沥青未封紧

17. 单相三孔插座接线时,中间孔(　　)。

A. 接相线　　B. 接零线

C. 接保护线PE　　D. 悬空

18. 用符号或带注释的框概略地表示系统、分系统、成套装置或设备的基本组成、相互关系及主要特征的一种简图称为(　　)。

A. 电路图　　B. 装配图　　C. 位置图　　D. 系统图

19. 变压器的基本工作原理是(　　)。

A. 电磁感应　　B. 电流的热效应

C. 电流的磁效应　　D. 能量平衡

20. 自动Y-△减压启动控制线路是通过(　　)实现延时的。

A. 热继电器　　B. 时间继电器

C. 接触器　　D. 熔断器

三、简答题(每小题5分,共20分)

1. 封闭式负荷开关有哪些结构应用特点？交流接触器是怎样进行工作的？

2. 常用的导线有哪些类型？常用电缆的结构是怎样的？

3. 什么是变压器？怎样进行小型变压器的故障检测？

4. 什么是直流电动机的能耗制动？什么是直流电动机的反接制动？

知识试卷三

一、判断题(对画“√”,错画“×”,每小题2分,共40分)

1. 变压器的额定功率是指当一次侧施以额定电压时,在温升不超过允许温升的情况下,二次侧所允许输出的功率。 ( )

2. 应用短路测试器检查三相异步电动机绕组是否一相短路时,对于多路并绕或并联支路的绕组,必须先将各支路拆开。 ( )

3. 交流接触器铁心上的短路环断裂后会使静铁心不能释放。 ( )

4. 锯条的锯齿在前进方向时进行切削,所以在安装锯条时应使锯齿的尖端朝向前推的方向。 ( )

5. 笼型异步电动机的转子绕组对地不需要绝缘。 ( )

6. 按元件明细表选配电器元件即可直接安装,不用检验。 ( )

7. 安装控制电路时,对导线的颜色没有具体要求。 ( )

8. 画电路图、接线图、布置图时,同一电器的各元件都要按实际位置画在一起。 ( )

9. 晶体二极管的正向电阻大,反向电阻小。 ( )

10. 异步电动机产生不正常的振动和异常声响主要有机械和电磁两方面的原因。 ( )

11. 导线敷设在吊顶或天棚内时,可不采用穿管保护。 ( )

12. 由于直接启动所用设备少,线路简单,维修量较小,故电动机一般都采用直接启动。 ( )

13. 接触器银及银基合金触头表面在分断电弧时所形成的黑色氧化膜的接触电阻很大,应进行修锉。 ( )

14. 热继电器有双金属片式、热敏电阻式及易熔合金式等多种形式,其中双金属片式应用最多。 ( )

15. 变压器绕组有同心式和交叠式两种。 ( )

16. 三相异步电动机转子绕组中的电流是由电磁感应产生的。( )

17. 弯曲直径大、壁薄的钢管时,应在管内灌满灌实砂子后进行。 ( )

18. 为了用M8的丝锥在铸铁件上加工螺纹,先要在铸件上钻孔。如使用手提电钻钻孔,应选用ϕ6.6mm的钻头。 ( )

19. 碘钨灯是卤素灯的一种,属热发射电光源。 ( )

20. 用倒顺开关控制电动机正反转时,可以把手柄从“顺”的

位置直接扳至“倒”的位置。（　　）

二、选择题（将正确的答案的序号填入括号内，每小题 2 分，共 40 分）

1．三相对称负载作星形连接时，其线电压一定（　　）。

A．与相电压相等　　B．等于三相电压之和

C．是相电压的$\sqrt{3}$　　D．是相电压的$1/\sqrt{3}$

2．室内使用塑料护套线配线时，铜芯截面应大于（　　）mm^2。

A．0.5　　B．1　　C．1.5　　D．2.5

3．为了保证配电装置的操作安全，有利于线路走向简洁而不混乱，电能表应安装在配电装置的（　　）。

A．左方或下方　　B．左方或上方

C．右方或下方　　D．右方或上方

4．为了降低变压器铁心中的（　　），硅钢片间要互相绝缘。

A．无功损耗　　B．空载损耗　　C．短路损耗　　D．涡流损耗

5．使用钳形电流表测量时，下列叙述正确的是（　　）。

A．被测电流导线应卡在钳口张开处

B．被测电流导线卡在钳口中央

C．被测电流导线卡在钳口中后可以由大到小切换量程

D．被测电流导线卡在钳口中后可以由小到大切换量程

6．绝缘电线型号 BLXF 的含义是（　　）。

A．铜芯氯丁橡皮线　　B．铝芯聚氯乙烯绝缘电线

C．铝芯聚氯乙烯护套圆形电线　　D．铝芯氯丁橡胶绝缘电线

7．要测量 380V 交流电动机绝缘电阻，应选用额定电压为（　　）的绝缘电阻表。

A．250V　　B．500V　　C．1 000V　　D．2 000V

8．交流接触器操作频率过高会导致（　　）过热。

A．铁心　　B．线圈　　C．触头　　D．短路环

9．同一电器的各元件在电路图和接线图中使用的图形符号、文字符号要（　　）。

A．基本相同　　B．不同　　C．完全相同　　D．局部相似

10．为了避免正、反转接触器同时获电动作，电器线路采取了（　　）。

A．自锁电路　　B．连锁电路　　C．位置控制　　D．顺序控制

11．使用验电笔前，一定先要在有电的电源上检查（　　）。

A．氖管是否正常发光　　B．蜂鸣器是否正常鸣响

C. 验电笔外形是否完好　　D. 电阻是否受潮

12. 潮湿环境下的局部照明,行灯应使用(　　)电压。

A. 12V及以下　B. 36V及以下　C. 24V及以下　D. 220V

13. 低压电器按其在线路中的用途或所控制的对象来说,可分为(　　)两大类。

A. 开关电器和保护电器　　B. 操作电器和保护电器

C. 配电电器和操作电器　　D. 控制电器和配电电器

14. 熔断器额定电流和熔体额定电流之间的关系是(　　)。

A. 熔断器的额定电流和熔体的额定电流一定相同

B. 熔断器的额定电流小于熔体的额定电流

C. 熔断器的额定电流小于或等于熔体的额定电流

D. 熔断器的额定电流小于或大于熔体的额定电流

15. 刀开关主要用于(　　)。

A. 隔离电源

B. 隔离电源和不频繁接通与分断电路

C. 隔离电源和频繁接通与分断电路

D. 频繁接通与分断电路

16. 接触器按主触点接通和分断电流性质不同分为(　　)。

A. 大电流接触器和小电流接触器

B. 高频接触器和低频接触器

C. 交流接触器和直流接触器

D. 高压接触器和低压接触器

17. 电流继电器线圈的正确接法是(　　)电路中。

A. 串联在被测量的　　B. 并联在被测量的

C. 串联在控制回路　　D. 并联在控制回路

18. 热继电器的整定电流是指(　　)的最大电流。

A. 瞬时发生使其动作　　B. 短时工作而不动作

C. 长期工作使其动作　　D. 连续工作而不动作

19. 下列电器属于主令电器的是(　　)。

A. 低压断路器　B. 接触器　C. 电磁铁　D. 行程开关

20. 变压器中两个对应的相同极性端称为(　　)。

A. 同名端　B. 异名端　C. 非同名端　D. 不同端

三、简答题(每小题 5 分,共 20 分)

1. 什么是低压断路器？低压断路器有哪些结构特点？怎样选用低压断路器？

2. 什么是母线？什么是电力网？接地线的作用是什么？

3. 单相交流异步电动机产生旋转磁场的条件是什么？单相交流异步电动机常用哪些启动方法？

4. 怎样进行照明电路灯具及其附件的故障检修？

知识试卷四

一、判断题（对画"√"，错画"×"，每小题2分，共40分）

1. 三相笼型异步电动机的启动方式只有全压启动一种。 （ ）

2. 高压汞荧光灯灯座发热而损坏是没有使用瓷质灯座的缘故。 （ ）

3. 自动往返控制线路需要对电动机实现自动转换的点动控制才能达到要求。 （ ）

4. 电磁离合器制动属于电气制动方式。 （ ）

5. 在RL串联电路中，电感上电压超前于90°。 （ ）

6. 移动式电动工具用的电源线，应选用通用橡套电缆。 （ ）

7. 临时用电线路严禁采用三相一地、二相一地、一相一地制供电。 （ ）

8. 速度继电器考虑到电动机的正反转需要，其触头也有正转和反转各一对。 （ ）

9. 行程开关、万能转换开关、接近开关、自动开关及按钮等属于主令电器。 （ ）

10. 交流接触器铁心上装短路环的作用是减小铁心的振动和噪声。 （ ）

11. 螺旋式熔断器在电路中正确装接方法是：电源线应接在熔断器的上接线座，负载线应接在下接线座。 （ ）

12. 使用验电笔前，应先在确认有电的电源上检查验电笔是否完好。 （ ）

13. 在易燃、易爆场所带电作业时，只要注意安全，防止触电，一般不会发生危险。 （ ）

14. 塑料外壳式低压断路器广泛用于工业企业变配电室交、直流配电线路的开关柜上。框架式低压断路器多用于保护容量不大的电动机及照明电路，用作控制开关。 （ ）

15. 螺口灯头的相线应接于灯口中心的舌片上，零线接在螺纹口的螺钉上。 （ ）

16. 异步电动机采用Y-△减压启动时，定子绕组先按△连接，后改换成Y连接运行。 （ ）

17. 直流电流表可以用于交流电路检测。 （ ）

18. 无论是测量直流电或交流电，验电器氖灯泡发光的情况是一样的。（　　）

19. 导线的安全载流量，在不同的环境温度下应有不同的数值；环境温度越高，安全载流量越大。（　　）

20. 接触器的电磁线圈通电时，常开触头先闭合，常闭触头后断开。（　　）

二、选择题（将正确的答案的序号填入括号内，每小题2分，共40分）

1. 用4个0.5W100Ω的电阻按（　　）方式连接，可以构成一个1W100Ω的电阻。

A. 全部串联

B. 全部并联

C. 分为两组分别并联后再将两组串联

D. 用两个并联后再与其他两个串联

2. 电路中任意2点之间电压就是（　　）。

A. 这2点的电压　　B. 该2点与参考点之间的电压

C. 该2点之间的电位差　　D. 该2点的电位

3. 低压电器按执行触点功能可分为（　　）两大类。

A. 手动电器和自动电器　　B. 有触点电器和无触点电器

C. 配电电器和保护电器　　D. 控制电器和开关电器

4. 刀开关的寿命包括（　　）。

A. 机械寿命　　B. 电寿命

C. 机械寿命和电寿命　　D. 触头寿命

5. 低压断路器在结构上主要由（　　）、脱扣器、自由脱扣机构和操作机构等部分组成。

A. 主触点和辅助触点　　B. 主触点和灭弧装置

C. 主触点　　D. 辅助触点

6. 交流接触器的铁心一般用硅钢片叠压铆成，其目的是（　　）。

A. 减小动静铁心之间的振动　　B. 减小铁心的质量

C. 减小涡流及磁滞损耗　　D. 减小铁心的体积

7. 在反接制动中，速度继电器（　　），触头接在控制电路中。

A. 线圈串接在电动机主电路中

B. 线圈串接在电动机控制电路中

C. 转子与电动机同轴连接

D. 转子与电动机不同轴连接

8. 热继电器中的双金属片弯曲是由于(　　)。

A. 机械强度不同　　B. 热膨胀系数不同

C. 温差效应　　D. 受到外力的作用

9. 按钮、行程开关、接近开关等属于(　　)。

A. 低压断路器　　B. 主令电器

C. 电磁铁　　D. 控制开关

10. 控制变压器的主要用途是在(　　)。

A. 供配电系统中　　B. 自动控制系统中

C. 供测量和继电保护用　　D. 特殊用途场合

11. 电工不可使用(　　)的螺钉旋具。

A. 塑料柄　　B. 橡胶柄

C. 木柄　　D. 金属柄

12. 在移动灯具及信号指示中,广泛应用(　　)。

A. 白炽灯　　B. 荧光灯

C. 高压汞灯　　D. 碘钨灯

13. 钢管配线时,钢管与钢管之间的连接,无论是明装还是暗装管,最好采用(　　)连接。

A. 直接　　B. 管箍

C. 焊接　　D. 黏结

14. 当按下复合按钮时,触头的动作状态应是(　　)。

A. 常开触头先闭合　　B. 常闭触头先闭合

C. 常开、常闭触头同时动作

15. 在操作接触器连锁正反转控制线路时,要使电动机从正转变为反转,正确的操作方法是(　　)。

A. 可直接按下反转启动按钮

B. 可直接按下正转启动按钮

C. 必须先按下停止按钮,再按下反转启动按钮

16. 对电容器的电容量的判别,下面的说法正确的是(　　)。

A. 电容器的电容量越大,表头指针偏摆幅度越大

B. 电容器的容量越大,表头指针偏摆幅度越小

C. 电容器的容量越小,表头指针偏摆幅度越小

17. 焊接强电元件要用(　　)W 以上的电烙铁。

A. 25　　B. 45　　C. 75　　D. 100

18. 带电灭火应使用不导电的灭火剂,不得使用(　　)灭火剂。

A. 二氧化碳　　B. 1211

C. 干粉　　D. 泡沫

19. 异步电动机的故障一般分为电器故障与(　　)。

A. 零件故障　　B. 机械故障

C. 化学故障　　D. 工艺故障

20. 电磁铁的结构主要由(　　)等部分组成。

A. 铁心、衔铁、线圈及工作机械

B. 电磁系统、触头系统、灭弧装置和其他附件

C. 电磁机构、触头系统和其他附件

D. 闸瓦、闸轮、杠杆、弹簧组成的制动器和电磁机构

三、简答题(每小题5分,共20分)

1. 遮拦的作用是什么?标识牌的作用是什么?

2. 电工有哪些常用工具?怎样维护使用万用表?

3. 电动机旋转的基本原理是什么?怎样进行电动机的机械故障检查?

4. 电气绝缘材料有哪几种?绝缘棒的作用是什么?

知识试卷五

一、判断题（对画"√"，错画"×"，每小题2分，共40分）

1. 安装熔丝时，熔丝应绕螺栓沿顺时针方向弯曲后压在垫圈下。（　）

2. 装有氖灯泡的低压验电器可以区分相线和地线，也可以验出交流电和直流电。（　）

3. 铜有良好的导电、导热性能，机械强度高，但易被氧化，熔化时间短，宜作快速熔体，保护晶体管。（　）

4. HK系列刀开关可以垂直安装，也可以水平安装。（　）

5. 按下复合按钮时，其常开触头和常闭触头是同时动作的。（　）

6. 带断相保护装置的热继电器只能对电动机作断相保护，不能作过载保护。（　）

7. 流过主电路和辅助电路中的电流相等。（　）

8. 接触器按线圈通过电流的种类，分为交流接触器和直流接触器。（　）

9. 所谓触头的常开常闭是指电磁系统通电动作后的触头状态。（　）

10. 氖灯的工作原理是利用惰性气体放电而发光。（　）

11. 要求一台电动机启动后另一台电动机才能启动的控制方式称为顺序控制。（　）

12. 位置控制是指利用生产机械运动部件上的挡铁与位置开关碰撞，达到控制生产机械运动部件位置或行程的一种方法。（　）

13. 三相笼型异步电动机都可以采用Y-△减压启动。（　）

14. 荧光灯整流器的功率必须与灯管、启辉器的功率相符合。（　）

15. 钳形电流表实际上是电流表与互感器的组合，只能用于测量交流电。（　）

16. 用万用表测量晶体管时，除了$R\times1$挡以外，其余各挡都可以使用。（　）

17. 在RC串联电路中，电容上电压滞后于电流90°。（　）

18. 电源中的电动势只存在于电源内部，其方向由负极指向正极。（　）

19. 功率因素反映的是电路对电源输出功率的利用率。（　）

20. 变压器是利用电磁感应原理制成的一种静止的交流电磁设备。 (　　)

二、选择题(将正确的答案的序号填入括号内,每小题2分,共40分)

1. 金属外壳的电钻使用时外壳必须(　　)。

A. 接零　　B. 接地　　C. 接相线

2. 绝缘带存放时要避免高温,也不可接触(　　)。

A. 金属　　B. 塑料　　C. 油类　　D. 橡胶

3. 节能型荧光灯基本结构和工作原理都与荧光灯相同。但由于其采用了(　　),故其更加节能。

A. 特殊的灯管形状　　B. 电子整流器

C. 较小的外形尺寸　　D. 发光效率更高的三基色荧光粉

4. 荧光灯发生灯管两头发黑或生黑斑故障,常见原因是(　　)。

A. 灯管陈旧,寿命将终

B. 接线错误或灯座与灯脚接触不良

C. 开关次数太多或灯光长时间闪烁

D. 整流器质量差,铁心未夹紧或沥青未封紧

5. 线槽配线时,槽底接缝与槽盖接缝应尽量(　　)。

A. 错开　　B. 对齐　　C. 重合　　D. 平行

6. 用(　　)可判别三相异步电动机定子绕组的首末端。

A. 功率表　　B. 电能表　　C. 频率表　　D. 万用表

7. 真空断路器灭弧室的玻璃外壳起(　　)作用。

A. 真空密封　　B. 绝缘

C. 真空密封和绝缘双重　　D. 冲惰性气体

8. 若热继电器出线端的连线导线过细,会导致热继电器(　　)。

A. 提前动作　　B. 滞后动作　　C. 过热烧毁　　D. 不动作

9. 根据生产机械运动部件的行程或位置,利用(　　)来控制电动机的工作状况称为时间控制原则。

A. 电流继电器　　B. 时间继电器

C. 位置开关　　D. 压力开关

10. 具有过载保护的接触器自锁控制电路中,实现欠电压和失电压保护的电器是(　　)。

A. 熔断器　　B. 热继电器　　C. 接触器　　D. 速度继电器

11. 电气图上各直流电源应标出(　　)。

A. 电压值、极性　　　　　　B. 频率、极性

C. 电压有效值、相数　　　　D. 电压最大值、频率

12. 白炽灯的工作原理是(　　)。

A. 电流的磁效应　　　　　B. 电磁感应

C. 电流的热效应　　　　　D. 电流的光效应

13. 为保证交流电动机正反转控制的可靠性,常采用(　　)控制线路。

A. 按钮连锁　　　　　　　B. 接触器连锁

C. 按钮、接触器双重连锁　　D. 手动

14. 工厂车间的桥式起重机需要位置控制,桥式起重机两头的终点处各安装一个位置开关,两个位置开关要分别(　　)在正转和反转控制回路中。

A. 串联　　B. 并联　　C. 混联　　D. 短接

15. 一台电动机需要制动平稳和制动能量损耗小时,应采用电力制动,其方法是(　　)。

A. 反接制动　　B. 能耗制动　　C. 发电制动　　D. 机械制动

16. 用指针式万用表测量晶体二极管的(　　),应该用 $R\times1\mathrm{k}$ 挡,黑表棒接阴极,红表棒接阳极。

A. 反向电阻　　B. 正向电阻　　C. 死区电阻　　D. 正向压降

17. 交流电流表应与被测电路(　　),不需要考虑极性。

A. 断开　　B. 并联　　C. 串联　　D. 混联

18. 线圈产生感生电动势的大小与通过线圈的(　　)成正比。

A. 磁通量的变化量　　　　B. 磁通量的变化率

C. 磁通量的大小　　　　　D. 磁通变化的方向

19. (　　)是交流接触器发热的主要部件。

A. 铁心　　B. 线圈　　C. 触头　　D. 灭弧罩

20. 连续与点动混合正转控制线路中,点动控制按钮的常闭触头应与接触器自锁触头(　　)。

A. 并联　　B. 串联　　C. 串联和并联　　D. 并联或串联

三、简答题(每小题 5 分,共 20 分)

1. 三相异步电动机由哪几部分组成?各部分的作用是怎样的?

2. 变压器的绕组用什么制成?有几种类型?

3. 怎样进行室内照明电路配线作业的通电检查和试验?

4. 熔断器有哪些结构和应用特点?怎样选用熔断器和熔体?

知识试卷参考答案

知识试卷一参考答案

一、判断题

1. ✓ 2. ✓ 3. ✓ 4. ✓ 5. ✓ 6. × 7. × 8. × 9. ✓ 10. ×
11. × 12. ✓ 13. ✓ 14. ✓ 15. × 16. × 17. ✓ 18. ✓ 19. × 20. ×

二、选择题

1. A 2. A 3. A 4. C 5. B 6. A 7. C 8. B 9. C 10. B
11. D 12. A 13. D 14. A 15. D 16. A 17. D 18. C 19. B 20. C

三、简答题

1. 答：1）电流的大小和方向都随时间按一定规律反复交替变化的电流称为交流电。电流的大小和方向都以正弦规律变化的交流电称为正弦交流电。

2）交流电的主要基本参数

（1）交流电的瞬时值　交流电正弦量在任一瞬间的值称为瞬间值。

（2）交流电的最大值　瞬时值中最大的值称为幅值或最大值。

（3）交流电的有效值　一个周期电流 i 通过负载电阻 R 在这个周期内产生的热量，和另一个直流电流 I 通过同一个电阻 R 在相等的时间内产生的热量相等，则这个周期性变化的电流 i 的有效值在数值上就等于这个直流电的有效值。

（4）周期　交流电完成一次完整的变化所需要的时间称为周期。

（5）频率和角频率　交流电在 1s 时间内完成周期性变化的次数称为频率，交流电频率 f 是周期 T 的倒数，正弦量在一个周期内经历 2π 弧度称为角频率。

（6）相位、初相位、相位差　相位是反映交流电任何时候状态的物理量，在三角函数中，$2\pi ft$ 相当于角度，通常把 $2\pi ft$ 称为相位或相。初相位是指起始相位。相位差是指两个频率相同的交流电相位的差，同相是指两个相同频率的交流电的相位差等于零或 180°的偶数倍的相位关系；反相是指两个相同频率的交流电的相位差等于 180°或 180°奇数倍的相位关系。

2. 答：（1）跨步电压触电　当电器设备发生接地短路故障时或电力线路断落接地时，电流经大地流走，这时，接地中心附近的地面存在不同的电位。此时人若在接地短路点周围行走，人两脚间（按正常人 0.8m 跨距考虑）的电位差叫跨步电压。由跨步电压引起的触电叫跨步电压触电。

（2）间接触电　所谓间接触电是指由于事故使正常情况下不带电的电气设备金属外壳带电，致使人们触电叫间接触电。由于导线漏电触碰金属物（如管道、金属容器等），使金属物带电而使人们触电也叫间接触电。

（3）防止触电的方法　为防止触电，应注意以下几点：

① 在没有专业防范技术的情况下，始终与电保持一定距离，如站在地面去接

触带电体时，一定要把自身绝缘起来，防止电流经过人体流入大地，造成单相触电。

② 不要同时碰触两相带电线，这样不会使人与导线构成回路，让电流流经人体构成触电。

③ 人体要悬空，只接触一根低压相线（未与电构成回路），就可避免单相电压触电的危险。

④ 日常生活中应注意安全用电，如用三眼插头；不用湿手触摸电器；不私设电网；不随便架设电路等。

3. 答：(1) 三相正弦交流电是三个频率相同，相位互差 120°电气角度，且其每相绕组均能在运转时产生正弦变化的交流电动势。交流发电机转子上布置有三个相位互差 120°的线圈。当发电机旋转时，就会在电枢线圈内产生三相交流电动势，而三相电动势的相位差为互差 120°。

(2) 在三相异步电动机对称的三相定子绕组中通入对称的三相交流电，将产生一个旋转磁场，转子导体切割旋转磁场产生感生电动势及感生电流；感生电流流过转子导体在旋转磁场中受到电磁力的作用，并形成一个电磁转矩，使电动机转动。电动机的旋转方向与旋转磁场的旋转方向相同，电动机的转速低于旋转磁场的转速。

4. 答：(1) 电力系统　电力系统是指电力网以及向其提供电能和获取电能的一切电气设备所构成的一个整体，即由生产、输送、分配、消费电能的发电机、变压器、电力线路以及各种用电设备联系在一起所组成的统一整体。在整个电力系统中，从电能的生产到应用大体上要经过 5 个环节，即：发电→变电→输电→配电→用电。构成电力系统的主电气设备有发电机、变压器、架空线路、电缆线路、配电装置及用户的电气设备。

(2) 倒闸操作作业定义　倒闸操作就是将电气设备从一种状态转换到另一种状态而进行的一系列操作（包括一次、二次回路）以及相关安全措施的拆除或装设。

知识试卷二参考答案

一、判断题

1. √　2. ×　3. ×　4. √　5. ×　6. √　7. ×　8. √　9. √　10. √
11. √　12. √　13. ×　14. ×　15. √　16. ×　17. √　18. √　19. √　20. √

二、选择题

1. C　2. C　3. C　4. B　5. A　6. B　7. D　8. B　9. A　10. A
11. D　12. A　13. B　14. B　15. D　16. D　17. C　18. D　19. A　20. B

三、简答题

1. 答：(1) 封闭式负荷开关结构应用特点　封闭式负荷开关主要由刀开关、

熔断器、操作机构和外壳构成。它具有以下特点:一是采用了储能分合闸方式,因而提高了开关的通断能力,延长了使用寿命;二是设置了连锁装置,能确保操作安全。封闭式负荷开关其灭弧性能、操作性能、通断能力和安全防护性能都优于开启式负荷开关,适用于不频繁的接通和分断负载电路,并能作为线路末端的短路保护,也可用来控制 15kW 以下交流电动机的不频繁直接启动及停止。选用方法:

① 封闭式负荷开关的额定电压应不小于线路的工作电压。

② 封闭式负荷开关用于控制照明、电热负载时,开关的额定电流应不小于所有负载额定电流之和;用于控制电动机时,开关的额定电流应不小于电动机额定电流的 3 倍。

(2) 交流接触器的工作原理　当交流接触器的线圈通电后,线圈中流过的电流产生磁场,使铁心产生足够大的吸力,克服反作用弹簧的反作用力,将衔铁吸合,通过传动机构带动三对主触头和辅助常开触头闭合,辅助常闭触头断开。当接触器线圈断电或电压显著下降时,由于电磁吸力消失或过小,衔铁在反作用弹簧的作用下复位,带动各触头恢复到原始状态。

2. 答:(1) 常用导线有绝缘电线、裸导线和电缆三种类型。

① 绝缘电线是用铜或铝作导电线芯,外层敷以绝缘材料的电线,常用导线的外层材料有聚氯乙烯塑料和橡胶等。

② 裸导线是只有导体(如铝、铜、钢等)而不带绝缘和护层的导电线材,常见的裸导线有绞线、软接线和型线,外观分类有单线、绞线和型线三类。单线有圆单线和扁单线;绞线有简单绞线、组合绞线、复绞线和特种绞线,绞线主要用于电力架空线。

③ 电缆是一种特殊的导线,可分为电力电缆和电器装备电缆(如软电缆和控制电缆)。

(2) 电缆结构　电缆是一种特殊的导线,电缆由导线线芯、绝缘层和保护层三个部分组成。导线线芯用来输送电流,电缆的导线线芯一般由软铜或铝的多股绞线做成。绝缘层的作用是将导电线芯与相邻导体以及保护层隔离,抵抗电压、电流、电场对外界的作用,保证电流沿线芯方向传输。电缆的绝缘层材料有均匀质(橡胶、沥青、聚乙烯等)和纤维质(棉、麻、纸等)两大类。保护层的作用是保护电缆在敷设和运行中,免遭机械损伤和各种环境因素破坏,以保证长期稳定的电气性能。保护层有外保护层和内保护层。

3. 答:1) 变压器及其种类　变压器是利用电磁感应的原理,将某一数值的交流电压转变成同频率的所需电压值的交流电的静止的电气设备,大致可分为电力变压器和特种变压器两类。

2) 小型变压器的故障检测方法

(1) 二次侧无输出电压的故障检测方法。

① 应用电压法测量：一次侧通电后，用万用表交流电压挡测一次侧绕组两引出线端之间的电压，若电压正常，说明电源正常。若无电压，应检查电源、接线端和馈线的接触情况。逐个测量变压器二次侧绕组的输出电压，若几个二次侧的绕组均无电压输出，则可能是一次绕组断路；若只有一个二次侧绕组无电压输出，而其他绕组输出电压正常，无电压输出的绕组有开路点。

③ 应用电阻法测量：变压器断电，用万用表电阻挡检测二次侧绕组两引线之间的直流电阻，若测得的阻值正常，说明绕组完好；若测得的阻值为无穷大，则说明绕组断路。

(2) 绕组间或静电屏蔽层间短路的故障检测方法。

① 一、二次侧短路可用万用表或绝缘电阻表检测，若绝缘电阻远低于正常值，甚至趋于零，说明一、二次侧绕组间短路。

② 匝间短路或层间短路可用万用表测空载电压来检测，若一次侧通电后，二次侧绕组输出电压明显降低，说明该绕组有短路。

4. 答：(1) 直流电动机的能耗制动　保持励磁绕组的电源，断开运行的直流电动机的电枢电源，同时在电枢两端接入制动电阻，惯性运转的电枢绕组切割主磁通 Φ 而产生感应电动势 E_a,感应电动势在制动电阻上产生感应电流，该感应电流再与主磁通作用，使电枢绕组受电磁力，从而产生与原转动方向相反的制动转矩。制动过程中，电机作为发电机运行，将系统动能变为电能消耗在电阻上，所以称为能耗制动。

(2) 直流电动机的反接制动　改变电枢绕组上的电压方向(使 I_a 反向)，或改变励磁电流的方向(使 Φ 反向)，使电动机得到反向力矩，产生制动作用。当电动机速度接近零时，迅速脱离电源。这种制动方法称为直流电动机的反接制动。

知识试卷三参考答案

一、判断题

1. ✓ 2. ✕ 3. ✕ 4. ✓ 5. ✕ 6. ✕ 7. ✕ 8. ✕ 9. ✕ 10. ✓
11. ✕ 12. ✕ 13. ✕ 14. ✓ 15. ✓ 16. ✓ 17. ✓ 18. ✓ 19. ✓ 20. ✕

二、选择题

1. C 2. A 3. A 4. D 5. B 6. D 7. B 8. B 9. C 10. B
11. A 12. C 13. D 14. C 15. B 16. C 17. A 18. D 19. D 20. A

三、简答题

1. 答：(1) 低压断路器是用手动(或电动)合闸，用锁扣保持合闸位置，由脱扣机构作用于跳闸并具有灭弧装置的低压开关。目前被广泛应用于500V以下的交、直流装置中，当电路内发生过负荷、短路、电压降低或消失时，能自动切断电路。

(2) 低压断路器的结构特点　低压断路器由触头系统、灭弧装置、操作机构和保护装置等组成。低压断路器按结构形式可分为塑壳式、框架式、限流式、直流快速式、灭磁式和漏电保护式等6类。

(3) 低压断路器的选用方法

① 低压断路器的额定电压和额定电流应不小于线路的正常工作电压和电路的实际工作电流。

② 热脱扣器的额定电流应与所控制负载的额定电流一致。

③ 断路器的极限通断能力应不小于电路最大的短路电流。

④ 欠电压脱扣器的额定电压应等于线路的额定电压。

⑤ 电磁脱扣器的瞬时脱扣整定电流应大于负载的正常工作时可能出现的峰值电流。用于控制电动机的断路器,其瞬时脱扣整定电流可按下式选取:

$$I_z \geqslant KI_{st}$$

式中　K——安全系数,可取1.5~1.7;

　　I_{st}——电动机的启动电流。

2. 答:(1) 电气母线　是汇集和分配电能的通路设备,决定了配电装置设备的数量,并标明用什何种方式来连接发电机、变压器和线路,以及怎样与系统连接来完成输配电任务。

(2) 电力网　电力网是电力系统的一部分,是由各种变电站(所)和各种不同电压等级的输、配电线路连接起来组成的统一网络。

(3) 接地线的作用　接地线是为了在已停电的设备和线路上出现电压时保证工作人员的重要工具。按部颁规定,接地线必须是25mm² 以上裸铜软线制成。

3. 答:产生旋转磁场的条件是两相绕组在空间要互成90°,对两相绕组通入的两相交流电其相位差须为90°。

单相交流异步电动机常用的启动方法为分相启动,在分相启动中又分为电阻分相和电容分相两种;常用的启动方法还有罩极启动。

4. 答:灯具及其附件进行检修时,必须停电进行。

① 灯具及其附件如有破裂、烧焦时应予更换;缺件时应予配齐。

② 配电箱内外堆有杂物或积有灰尘时应予清除。

③ 各用电器具的金属外壳或插座的保护接零(或接地)线断裂或脱落时应恢复其接线。

④ 纠缠不清的线路应予理顺,并按要求固定;线路及其装置的支持点松动或脱落时应予加固。

⑤ 不符合安装要求的线路及其装置应予拆徐,不能拆除时,应按要求重新配线及安装。

知识试卷四参考答案

一、判断题

1. × 2. √ 3. × 4. × 5. √ 6. √ 7. √ 8. √ 9. √ 10. √
11. × 12. √ 13. × 14. × 15. √ 16. × 17. × 18. × 19. × 20. ×

二、选择题

1. C 2. C 3. B 4. C 5. B 6. C 7. C 8. B 9. B 10. B
11. D 12. A 13. B 14. C 15. C 16. A 17. B 18. D 19. B 20. A

三、简答题

1. 答：遮拦是为了防止工作人员无意碰到带电设备部分而装设的屏护，分临时遮拦和常设遮拦。

标识牌是用来警告人们不得接近设备和带电部分，指示为工作人员准备的工作地点，提醒采取安全措施，以及禁止某设备或某段线路合闸通电的通告牌。标识牌分为警告类、允许类、提示类和禁止类。

2. 答：1）电工常用工具　专业电工随身携带的通用工具及其使用方法如下。

（1）低压验电器　低压验电器又称试电笔、电笔，是检验500V以下低压电器或线路是否带电的专用工具，其结构形式有笔式和螺钉旋具式两种。使用时，以手指或掌心触及笔尾金属体（但不得触及笔尖金属体），让氖管背光朝向自己，当笔尖金属体触及的带电体对地电压超过60V时，氖管就会发光。

（2）电工刀　电工刀是用来剖削电线线头、切割木台缺口、削制木棒用的切削工具。使用时刀口向外，不许用手锤敲击，劈削，更不许用电工刀带电作业，用完应将刀鼻折进刀柄内。

（3）钢丝钳和剥线钳　钢丝钳主要用来剪切金属导线，钳柄套有绝缘套的是电工专用钢丝钳。钳柄绝缘良好时，可用于带电作业。剥线钳是用来剥削小直径导线绝缘层的专用工具，使用剥线钳应按导线铜芯的直径选择相应的刃口位置，手柄的绝缘层必须完好无损，耐压为500V。电工常用的还有尖嘴钳和断线钳。

（4）活络扳手　活络扳手是用来紧固和起松螺母的专用工具，旋动蜗杆调节扳口的大小可松开或夹紧螺母。

（5）螺钉旋具　螺钉旋具俗称螺丝刀或旋凿，是一种紧固或拆卸螺钉的工具。按其手柄材料可分为木柄和塑料柄两种；按其刀口的形状来分，有"一"字形和"十"字形两种。"一"字形螺钉旋具常用的规格有50～300mm八种杆长。

（6）电工工具套　电工工具套是盛装个人随身携带的通用电工工具的器具，一般用牛皮制成。分有插装1件、3件和5件工具等几种。使用时用皮带系于腰间，置于右侧臀部，以便随手取拿。

2）万用表使用维护方法

① 测量前注意调节零位。

② 测量直流电压注意量程范围和表笔插入插口的正负极，防止表头指针反偏后被打弯。

③ 测量交流电压要注意安全，必要时戴绝缘手套。

④ 测量电阻前必须切断电源，严禁带电测量元件的电阻。

⑤ 用万用表测量完毕后，应将转换开关置于最高电压挡或空挡（OFF），若万用表长期不用时，须打开后盖取出电池。

3. 答：（1）电动机旋转的基本原理　在对称的三相定子绕组中通入对称的三相交流电，将产生一个旋转磁场，转子导体切割旋转磁场产生感生电动势及感生电流；感生电流流过转子导体在旋转磁场中受到电磁力的作用，并形成一个电磁转矩，使电动机转动。电动机的旋转方向与旋转磁场的旋转方向相同，电动机的转速低于旋转磁场的转速。

（2）电动机典型机械故障的检查内容如下：

① 检查机座、端盖及其他配件是否完好：若发现缺件，应配齐；若发现零部件有裂纹或缺损，应予修理。

② 检查机轴：主要是检查机轴是断裂还是弯曲。

③ 检查定、转子是否相擦：用手抓住轴的伸出端慢慢转动，若转到某一位置时感到吃力并伴有摩擦声，则说明定、转子相擦，应拆开电机查明原因。

④ 检查转子是否窜轴：用手推、拉轴的伸出端，如有窜轴现象应按上述有关转子窜轴的处理办法处理。

4. 答：1）常用的绝缘材料：

（1）绝缘漆　常用的有浸渍漆、覆盖漆和硅钢片漆等。

（2）浸漆纤维品　常用的有玻璃纤维布、漆管、绑扎带等。

（3）层压制品、压塑料、云母制品　例如常用的层压制品有玻璃布板、玻璃布管和玻璃布棒，适用于电机的绝缘结构零件。常用的压塑料适用于电机电器的绝缘零件。

（4）薄膜和薄膜复合制品　薄膜制品具有厚度小、柔软、电气性能及力学强度高的特点，适用于电机的绝缘、匝间绝缘、相间绝缘，以及其他电器产品的绝缘。

（5）常用的其他绝缘材料　例如电话纸；青壳纸（绝缘纸板）；涤纶玻璃丝绳；聚酰胺（尼龙）1010 白色半透明体；黑胶布带等。

2）绝缘棒的作用　绝缘棒又称为绝缘拉杆、操作杆等。绝缘棒由工作头、绝缘杆和握柄三部分构成，通常适用于闭合或断开高压隔离开关、装拆携带式接地线，以及进行测量和试验时使用。

知识试卷五参考答案

一、判断题

1. √ 2. √ 3. × 4. × 5. × 6. × 7. × 8. × 9. × 10. ×

11. √ 12. √ 13. √ 14. √ 15. √ 16. × 17. √ 18. √ 19. √ 20. √

二、选择题

1. B 2. C 3. D 4. A 5. A 6. D 7. C 8. A 9. C 10. C

11. A 12. C 13. C 14. A 15. B 16. A 17. C 18. B 19. A 20. B

三、简答题

1. 答：1）组成部分　三相交流异步电动机由定子和转子两大部分组成，定子和转子之间的气隙一般为0.25～2mm。

2）主要作用

（1）定子　定子主要由定子铁心、定子绕组和机座等组成，定子是电动机的静止部分。

① 定子铁心是电动机磁路的一部分并放置定子绕组。为了减小定子铁心的损耗，铁心一般用厚度0.35～0.5mm，表面有绝缘层的硅钢冲片叠装而成。

② 定子绕组的作用是通入三相对称交流电，产生旋转磁场。定子绕组由漆包线或铜条制成。

③ 机座的作用是固定定子铁心、支撑转子及散热。机座由铸铝、铸铁及钢板等材料制成。

（2）转子　转子由转子铁心、转子绕组、转轴、风叶等组成，转子是电动机的旋转部分。

① 转子铁心也是电动机磁路的一部分并放置转子绕组。转子铁心一般用0.5mm厚且相互绝缘的硅钢冲片叠压而成，为了改善电动机的启动及运行性能，笼型异步电动机转子铁心一般采用斜槽结构。

② 转子绕组的作用是产生感生电动势和电流，并在旋转磁场的作用下产生电磁转矩而使转子转动。根据结构不同，转子绕组分为笼型和绕线型两种。

③ 其他附件包括端盖、轴承和轴承盖、风扇和风罩等。

2. 答：变压器的绕组属于变压器的电路部分，常用绝缘铜线或铝线绕制而成，也有用铝箔或铜箔绕制的。

接电源的绕组称一次侧绕组；接负载的绕组称二次侧绕组；也可按绕组所接电压高低分为高压绕组和低压绕组；按绕制方式不同可分为同心式绕组和交叠式绕组。

3. 答：室内照明线在安装完毕试送电之前，须用校验灯跨接在总熔丝座两端，对线路进行通电检查，以检验线路有无接错，防止通电时发生损毁灯具和附件的事故。检查方法和步骤如下：

① 断开总开关及各分路开关。

② 取下总熔丝盖(即取下总熔丝)。

③ 将校验灯(220V,100W 以上)跨接在总熔丝座电源进、出线端。

④ 合上总开关,如线路正常,校验灯应不亮。

⑤ 逐一合上分路开关。每合上一路都要观察校验灯的亮度。正常情况是合上第一路时,校验灯不亮或微红,每多合上一路,亮度就应有所增加,直至合上所有分路开关时,校验灯亦不能达到正常亮度。但当合上某一路开关时,校验灯突然达到正常亮度,则说明该分路有短路故障,应及时排除后继续检查。若校验灯超过正常亮度,则应马上断电,这是两根相线短路的象征。

⑥ 线路经检查正常后,拆下校验灯,插上总熔丝盖,便可进行试送电。

4. 答：1）熔断器的结构和应用特点

熔断器是在低压配电网络和电力拖动系统中用作短路保护的电器。当电路发生短路故障时,使熔体发热而瞬间熔断,从而自动分断电路,进而起到保护作用。熔断器的主要形式有半封闭插入式、无填料封闭管式、有填料封闭管式和自复式。熔断器主要由熔体、熔管和熔座三部分组成。

2）熔断器和熔体的选用

（1）熔断器类型的选择

① 根据使用环境和负载性质选择适当类型的熔断器。电网配电一般用管式熔断器;电动机保护一般用螺旋式熔断器;照明电路一般用瓷插式熔断器;保护晶闸管器件则应选择快速熔断器。

② 选择熔断器时必须满足的要求是:熔断器的额定电压应不小于线路的工作电压,熔断器的额定电流应不小于所装熔体的额定电流。

（2）熔体额定电流的选择

① 对于照明和电热负载线路,熔体的额定电流应等于或稍大于所有负载的额定电流之和。

② 对于单台电动机线路,熔体的额定电流应大于或等于 1.5 ~2.5 倍电动机的额定电流。

③ 对于多台电动机线路,熔体的额定电流应大于等于其中最大容量电动机额定电流的 1.5 ~2.5 倍再加上其余电动机额定电流的总和。

技能鉴定试题一

一、试题名称：荧光灯安装和故障维修

二、考核时间：60min

三、考核准备：

① 电路安装接线板一块(器件已安装)；

② 荧光灯照明电路故障模拟鉴定板一块；

③ 万用表一只；

④ 荧光灯一套；

⑤ 电工工具一套；

⑥ 荧光灯照明电路原理图。

四、考核内容：

(1) 线路安装　画出荧光灯控制的电路图;在电路安装接线鉴定板上进行板前明线安装接线;通电调试。

(2) 故障维修　根据荧光灯照明线路故障排除模拟鉴定板和电路图,对故障现象和原因进行分析,找出实际具体故障点;将故障现象、故障原因分析、实际具体故障点填入答题卷中;排除故障,使荧光灯照明电路恢复正常工作。

五、考核要求：

(1) 线路安装　按设计的荧光灯线路图进行正确安装、接线;装接完成后可由考评员允许后通电调试。

(2) 故障维修　检查故障方法步骤正确,使用工具方法规范。

(3) 现场要求　安全生产、文明操作,未经许可擅自通电,造成设备损坏者该项目零分。

六、答卷形式：

(1) 线路安装

设计电路图：

(2) 故障维修

故障序号:一、

故障现象:

故障原因:

故障部位:

维修方法:

故障序号:二、

……

七、考核评分:

(1) 线路安装评分表

<table>
<tr><td colspan="2">试题代码及名称</td><td colspan="3">* * * 荧光灯线路安装</td><td colspan="5">考核时间</td><td>30min</td></tr>
<tr><td colspan="2" rowspan="2">评价要素</td><td rowspan="2">配分</td><td rowspan="2">等级</td><td rowspan="2">评 分 细 则</td><td colspan="5">评定等级</td><td rowspan="2">得分</td></tr>
<tr><td>A</td><td>B</td><td>C</td><td>D</td><td>E</td></tr>
<tr><td colspan="2">否决项</td><td colspan="3">未经允许擅自通电,造成设备损坏者,该项目记为零分</td><td colspan="6"></td></tr>
<tr><td rowspan="5">1</td><td rowspan="5">根据要求画出电路图</td><td rowspan="5">3</td><td>A</td><td>画电路图及符号标示完全正确</td><td rowspan="5"></td><td rowspan="5"></td><td rowspan="5"></td><td rowspan="5"></td><td rowspan="5"></td><td rowspan="5"></td></tr>
<tr><td>B</td><td>电路图及符号标示错 1 处</td></tr>
<tr><td>C</td><td>电路图及符号标示错 2 处</td></tr>
<tr><td>D</td><td>电路图及符号标示错 3 处及以上</td></tr>
<tr><td>E</td><td>未答题</td></tr>
<tr><td rowspan="5">2</td><td rowspan="5">根据电路图进行线路安装</td><td rowspan="5">6</td><td>A</td><td>线路接线规范、步骤完全正确</td><td rowspan="5"></td><td rowspan="5"></td><td rowspan="5"></td><td rowspan="5"></td><td rowspan="5"></td><td rowspan="5"></td></tr>
<tr><td>B</td><td>不符合接线规范 1 ~ 2 处</td></tr>
<tr><td>C</td><td>不符合接线规范 3 ~ 4 处</td></tr>
<tr><td>D</td><td>不符合接线规范 5 处以下</td></tr>
<tr><td>E</td><td>未答题</td></tr>
<tr><td rowspan="5">3</td><td rowspan="5">通电调试</td><td rowspan="5">4</td><td>A</td><td>通电调试,结果完全正确</td><td rowspan="5"></td><td rowspan="5"></td><td rowspan="5"></td><td rowspan="5"></td><td rowspan="5"></td><td rowspan="5"></td></tr>
<tr><td>B</td><td>通电调试失败一次,结果正确</td></tr>
<tr><td>C</td><td>通电调试失败两次,结果正确</td></tr>
<tr><td>D</td><td>通电调试失败</td></tr>
<tr><td>E</td><td>未答题</td></tr>
</table>

（续表）

试题代码及名称		* * * 荧光灯线路安装			考核时间					30min
评价要素		配分	等级	评 分 细 则	评定等级					得分
					A	B	C	D	E	
否决项		未经允许擅自通电，造成设备损坏者，该项目记为零分								
4	安全生产无事故发生	2	A	安全文明生产，操作规范，穿电工鞋						
			B	安全文明生产，操作规范，未穿电工鞋						
			C							
			D	未经允许擅自通电，但未造成设备损坏或在操作过程中烧断熔断器						
			E	未答题						
合计配分		15	合 计 得 分							

考评员（签名）：

等级	A（优）	B（良）	C（及格）	D（差）	E（差或未答题）
比值	1.0	0.8	0.6	0.2	0

注：“评价要素”得分＝配分×等级比值。

（2）故障维修评分表

试题代码及名称		* * * 日光灯照明电路故障分析与排除			考核时间					30min
评价要素		配分	等级	评 分 细 则	评定等级					得分
					A	B	C	D	E	
否决项		未经允许擅自通电，造成设备损坏者，该项目记为零分								
1	排除故障，写出实际具体故障点	5	A	2个故障排除完全正确						
			B	2个故障点正确确定，但只能排除1个故障点						
			C	确定2个故障点但不能排除，或确定并排除1个故障点						
			D	2个故障点均未能确定						
			E	未答题						

（续表）

<table>
<tr><td colspan="2">试题代码及名称</td><td colspan="3">＊＊＊日光灯照明电路故障分析与排除</td><td colspan="5">考核时间</td><td>30min</td></tr>
<tr><td colspan="2" rowspan="2">评价要素</td><td rowspan="2">配分</td><td rowspan="2">等级</td><td rowspan="2">评 分 细 则</td><td colspan="5">评定等级</td><td rowspan="2">得分</td></tr>
<tr><td>A</td><td>B</td><td>C</td><td>D</td><td>E</td></tr>
<tr><td colspan="2">否决项</td><td colspan="3">未经允许擅自通电，造成设备损坏者，该项目记为零分</td><td></td><td></td><td></td><td></td><td></td><td></td></tr>
<tr><td rowspan="5">2</td><td rowspan="5">根据考件中的设定故障，以书面形式写出故障现象</td><td rowspan="5">2</td><td>A</td><td>通电检查，2 个故障现象判别完全正确</td><td rowspan="5"></td><td rowspan="5"></td><td rowspan="5"></td><td rowspan="5"></td><td rowspan="5"></td><td rowspan="5"></td></tr>
<tr><td>B</td><td>通电检查，2 个故障现象判别基本正确</td></tr>
<tr><td>C</td><td>通电检查，1 个故障现象判别正确，另 1 个判别不正确</td></tr>
<tr><td>D</td><td>未进行通电检查判别或通电检查，不会判别故障现象</td></tr>
<tr><td>E</td><td>未答题</td></tr>
<tr><td rowspan="5">3</td><td rowspan="5">根据考件中的故障现象，对故障原因以书面形式作简要分析</td><td rowspan="5">2</td><td>A</td><td>2 个故障原因分析完全正确</td><td rowspan="5"></td><td rowspan="5"></td><td rowspan="5"></td><td rowspan="5"></td><td rowspan="5"></td><td rowspan="5"></td></tr>
<tr><td>B</td><td>2 个故障原因分析基本正确，但均不完整</td></tr>
<tr><td>C</td><td>1 个故障原因分析基本正确，1 个故障原因分析不正确</td></tr>
<tr><td>D</td><td>2 个故障原因分析均错误</td></tr>
<tr><td>E</td><td>未答题</td></tr>
<tr><td rowspan="5">4</td><td rowspan="5">安全生产无事故发生</td><td rowspan="5">1</td><td>A</td><td>安全文明生产，操作规范，穿电工鞋</td><td rowspan="5"></td><td rowspan="5"></td><td rowspan="5"></td><td rowspan="5"></td><td rowspan="5"></td><td rowspan="5"></td></tr>
<tr><td>B</td><td>安全文明生产，操作规范，未穿电工鞋</td></tr>
<tr><td>C</td><td></td></tr>
<tr><td>D</td><td>未经允许擅自通电，但未造成设备损坏或在操作过程中烧断熔断器</td></tr>
<tr><td>E</td><td>未答题</td></tr>
<tr><td colspan="2">合计配分</td><td>10</td><td colspan="7">合 计 得 分</td><td></td></tr>
</table>

考评员（签名）：

等级	A（优）	B（良）	C（及格）	D（较差）	E（差或未答题）
比值	1.0	0.8	0.6	0.2	0

注：“评价要素”得分 = 配分 × 等级比值。

技能鉴定试题二

一、试题名称：三相异步电动机定子绕组引出线首尾端判断、接线、测试及故障分析

二、考核时间：60min

三、考核准备：

① 三相异步电动机一台；

② 兆欧表一只；

③ 万用表一只；

④ 钳形电流表一只；

⑤ 电工工具一套。

四、考核内容：

① 三相异步电动机定子绕组引出线首尾端判断。

② 根据电动机铭牌画出定子绕组接线图，并进行接线。

③ 三相异步电动机直流电阻和绝缘电阻值测试。

④ 通电调试；空载试验：接线、运转、测量空载电流。

⑤ 故障分析（抽选二题）

（a）通电后三相异步电动机不能转动，但无异响，也无异味和冒烟。

（b）通电后三相异步电动机不转，然后熔丝烧断。

（c）通电后三相异步电动机不转，有嗡嗡声。

（d）三相异步电动机启动困难。带额定负载时，电动机转速低于额定转速较多。

（e）三相异步电动机空载，过载时，电流表指针不稳、摆动。

（f）运行中三相异步电动机过热，甚至冒烟。

（g）运行中三相异步电动机振动较大。

（h）运行中三相异步电动机有异常声响。

五、考核要求：

（1）操作规范　判断步骤要正确，能正确使用仪表和工具，检测操作要规范。

（2）故障维修　检查故障方法步骤、结果正确，维修方法步骤正确，操作方法规范。

（3）现场要求　安全生产、文明操作，未经许可擅自通电，造成设备损坏者该项目零分。

六、答卷形式:

(1) 画绕组接线图　根据电动机铭牌画出定子绕组接线图。

(2) 仪表检测

① 测量各相绕组的直流电阻值。

U相________、V相________、W相________。

② 测量各相绕组的对地绝缘电阻值。

U相________、V相________、W相________。

③ 测量各相绕组的相间绝缘电阻值。

U－V ________、V－W ________、W－U ________。

④ 测量三相空载电流。

U相________、V相________、W相________。

(3) 故障分析与维修

故障序号:一、

故障现象:

故障原因:

故障部位:

维修方法:

故障序号:二、

……

七、考核评分:

(1) 电动机定子绕组引出线首尾判断、接线和故障分析评分表

<table>
<tr><td colspan="2">试题代码及名称</td><td colspan="3">＊＊＊三相异步电动机定子绕组引出线首尾端判断、接线及故障分析</td><td colspan="5">考核时间</td><td>30min</td></tr>
<tr><td colspan="2" rowspan="2">评价要素</td><td rowspan="2">配分</td><td rowspan="2">等级</td><td rowspan="2">评 分 细 则</td><td colspan="5">评定等级</td><td rowspan="2">得分</td></tr>
<tr><td>A</td><td>B</td><td>C</td><td>D</td><td>E</td></tr>
<tr><td colspan="2">否决项</td><td colspan="3">未经允许擅自通电，造成设备损坏者，该项目记为零分</td><td></td><td></td><td></td><td></td><td></td><td></td></tr>
<tr><td rowspan="5">1</td><td rowspan="5">根据要求判别电动机定子绕组引出线首尾端</td><td rowspan="5">2</td><td>A</td><td>判别及所画接线图完全正确</td><td rowspan="5"></td><td rowspan="5"></td><td rowspan="5"></td><td rowspan="5"></td><td rowspan="5"></td><td rowspan="5"></td></tr>
<tr><td>B</td><td>判别或所画接线图错 1 处</td></tr>
<tr><td>C</td><td>判别或所画接线图错 2 处</td></tr>
<tr><td>D</td><td>判别或所画接线图错 3 处及以上</td></tr>
<tr><td>E</td><td>未答题</td></tr>
<tr><td rowspan="5">2</td><td rowspan="5">根据要求对电动机定子绕组进行接线</td><td rowspan="5">3</td><td>A</td><td>符合接线要求、步骤完全正确</td><td rowspan="5"></td><td rowspan="5"></td><td rowspan="5"></td><td rowspan="5"></td><td rowspan="5"></td><td rowspan="5"></td></tr>
<tr><td>B</td><td>不符合接线要求 1 处</td></tr>
<tr><td>C</td><td>不符合接线要求 2 处</td></tr>
<tr><td>D</td><td>不符合接线规范 3 处及以上</td></tr>
<tr><td>E</td><td>未答题</td></tr>
<tr><td rowspan="5">3</td><td rowspan="5">通电调试</td><td rowspan="5">2</td><td>A</td><td>通电调试，结果完全正确</td><td rowspan="5"></td><td rowspan="5"></td><td rowspan="5"></td><td rowspan="5"></td><td rowspan="5"></td><td rowspan="5"></td></tr>
<tr><td>B</td><td>通电调试失败一次，通电结果正确</td></tr>
<tr><td>C</td><td>通电调试失败两次，通电结果正确</td></tr>
<tr><td>D</td><td>通电调试失败</td></tr>
<tr><td>E</td><td>未答题</td></tr>
<tr><td rowspan="5">4</td><td rowspan="5">根据考题中的故障，以书面形式作简要分析</td><td rowspan="5">2</td><td>A</td><td>故障分析完全正确，分析条理清晰</td><td rowspan="5"></td><td rowspan="5"></td><td rowspan="5"></td><td rowspan="5"></td><td rowspan="5"></td><td rowspan="5"></td></tr>
<tr><td>B</td><td>故障分析基本正确，分析条理欠妥</td></tr>
<tr><td>C</td><td>能写出大部分要点</td></tr>
<tr><td>D</td><td>分析错误</td></tr>
<tr><td>E</td><td>未答题</td></tr>
<tr><td rowspan="3">5</td><td rowspan="3">安全生产无事故发生</td><td rowspan="3">1</td><td>A</td><td>安全文明生产，操作规范</td><td rowspan="3"></td><td rowspan="3"></td><td rowspan="3"></td><td rowspan="3"></td><td rowspan="3"></td><td rowspan="3"></td></tr>
<tr><td>B</td><td>安全文明生产，操作规范，但未穿电工鞋</td></tr>
<tr><td>C</td><td>能遵守安全操作规程，但未达到文明生产要求</td></tr>
</table>

（续表）

试题代码及名称		＊ ＊ ＊三相异步电动机定子绕组引出线首尾端判断、接线及故障分析			考核时间					30min
评价要素		配分	等级	评 分 细 则	评定等级					得分
					A	B	C	D	E	
否决项		未经允许擅自通电，造成设备损坏者，该项目记为零分								
5	安全生产无事故发生	1	D	在操作过程中因误操作而烧断熔断器，或未经允许擅自通电，尚未造成设备损坏						
			E	未答题						
合计配分		10	合 计 得 分							

考评员（签名）：

等级	A（优）	B（良）	C（及格）	D（较差）	E（差或未答题）
比值	1.0	0.8	0.6	0.2	0

注：“评价要素”得分＝配分×等级比值。

（2）中、小型异步电动机测试及故障分析评分表

试题代码及名称		＊ ＊ ＊中、小型异步电动机测试及故障分析			考核时间					30min
评价要素		配分	等级	评 分 细 则	评定等级					得分
					A	B	C	D	E	
否决项		未经允许擅自通电，造成设备损坏者，该项目记为零分								
1	根据要求对三相异步电动机进行直流电阻值和绝缘电阻值测量	2	A	电阻值测量结果和测量方法完全正确						
			B	电阻值测量结果错 1 处，但测量方法基本正确						
			C	电阻值测量结果错 1 处，测量方法错						
			D	电阻值测量结果和测量方法错或不能测量						
			E	未答题						
2	电动机空载试验	3	A	空载试验方法正确、熟练						
			B	空载试验方法正确，不够熟练						
			C	空载试验方法不正确，经提升后能运行						

（续表）

试题代码及名称		* * *中、小型异步电动机测试及故障分析			考核时间					30min
评价要素		配分	等级	评　分　细　则	评定等级					得分
					A	B	C	D	E	
否决项		未经允许擅自通电，造成设备损坏者，该项目记为零分								
2	电动机空载试验	3	D	空载试验方法不正确						
			E	未答题						
3	电动机电流测量	2	A	电流测量结果和测量方法完全正确						
			B	电流测量结果错1处，但测量方法基本正确						
			C	电流测量结果错1处，测量方法错						
			D	电流测量结果和测量方法错或不能测量						
			E	未答题						
4	根据考题中的故障，以书面形式作简要分析	2	A	故障分析完全正确，分析条理清晰						
			B	故障分析基本正确，分析条理欠妥						
			C	能写出大部分要点						
			D	分析错误						
			E	未答题						
5	安全生产无事故发生	1	A	安全文明生产，操作规范						
			B	安全文明生产，操作规范，但未穿电工鞋						
			C	能遵守安全操作规程，但未达到文明生产要求						
			D	在操作过程中因误操作而烧断熔断器，或未经允许擅自通电，尚未造成设备损坏						
			E	未答题						
合计配分		10	合　计　得　分							

考评员（签名）：

等级	A（优）	B（良）	C（及格）	D（较差）	E（差或未答题）
比值	1.0	0.8	0.6	0.2	0

注：“评价要素”得分＝配分×等级比值。

技能鉴定试题三

一、试题名称：交流接触器的拆装、检修及故障分析；三相异步电动机正反转控制电路故障检查及排除

二、考核时间：60min

三、考核准备：

① 交流接触器一只；

② 三相异步电动机控制线路排故模拟鉴定板；

③ 三相异步电动机正反转控制线路图；

④ 电工工具一套。

四、考核内容：

(1) 交流接触器部分

① 交流接触器的拆卸。

② 交流接触器的装配。

③ 交流接触器的调试。

④ 接触器故障分析。

(a) 接触器不释放或释放缓慢。

(b) 接触器吸不上或吸力不足。

(c) 接触器通电后噪声大。

(d) 接触器电磁噪声过大。

(2) 电动机控制线路部分

① 根据给定的三相异步电动机控制线路排故模拟鉴定板和三相异步电动机正反转控制线路图(图 6－1)，利用万用表等工具进行检查，对故障现象和原因进行分析，找出实际具体故障点。

② 将故障现象、故障原因分析、实际具体故障点填入答题试卷。

③ 排除故障，使控制电路恢复正常。

五、考核要求：

(1) 操作规范　接触器拆卸、装配步骤要正确，能正确使用仪表和工具，检测操作要规范。

(2) 故障维修　检查故障方法步骤、结果正确，维修方法步骤正确，排故操作方法规范。

(3) 现场要求　安全生产、文明操作，未经许可擅自通电，造成设备损坏者该项目零分。

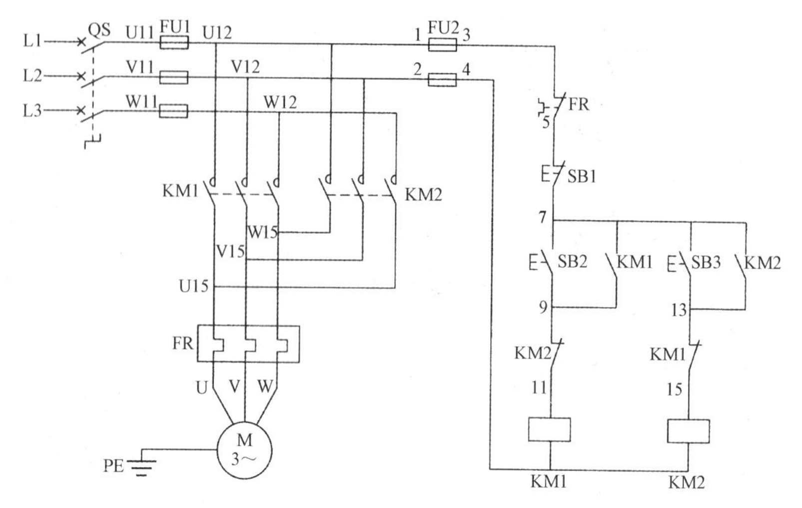

图 6－1　异步电动机正反转控制线路图

六、答卷形式：

（1）故障分析与维修

① 接触器故障原因分析

② 控制线路故障序号：一、

故障现象：

故障原因：

故障部位：

维修方法：

故障序号：二、

……

七、考核评分：

（1）交流接触器的拆装、检修及故障分析评分表

<table>
<tr><td colspan="2">试题代码及名称</td><td colspan="3">* * *交流接触器的拆装、检修及故障分析</td><td colspan="5">考核时间</td><td>30min</td></tr>
<tr><td colspan="2" rowspan="2">评价要素</td><td rowspan="2">配分</td><td rowspan="2">等级</td><td rowspan="2">评 分 细 则</td><td colspan="5">评定等级</td><td rowspan="2">得分</td></tr>
<tr><td>A</td><td>B</td><td>C</td><td>D</td><td>E</td></tr>
<tr><td colspan="2">否决项</td><td colspan="3">未经允许擅自通电,造成设备损坏者,该项目记为零分</td><td></td><td></td><td></td><td></td><td></td><td></td></tr>
<tr><td rowspan="5">1</td><td rowspan="5">根据考核要求拆卸交流接触器</td><td rowspan="5">2</td><td>A</td><td>拆卸步骤及方法完全正确</td><td rowspan="5"></td><td rowspan="5"></td><td rowspan="5"></td><td rowspan="5"></td><td rowspan="5"></td><td rowspan="5"></td></tr>
<tr><td>B</td><td>拆卸步骤及方法错 1 处</td></tr>
<tr><td>C</td><td>拆卸步骤及方法错 2 处</td></tr>
<tr><td>D</td><td>拆卸步骤及方法错 3 处及以上</td></tr>
<tr><td>E</td><td>未答题</td></tr>
<tr><td rowspan="5">2</td><td rowspan="5">根据考核要求装配交流接触器</td><td rowspan="5">3</td><td>A</td><td>装配步骤规范、完全正确</td><td rowspan="5"></td><td rowspan="5"></td><td rowspan="5"></td><td rowspan="5"></td><td rowspan="5"></td><td rowspan="5"></td></tr>
<tr><td>B</td><td>不符合装配规范 1 ~ 2 处</td></tr>
<tr><td>C</td><td>不符合装配规范 3 ~ 4 处</td></tr>
<tr><td>D</td><td>不符合装配规范 5 处及以上</td></tr>
<tr><td>E</td><td>未答题</td></tr>
<tr><td rowspan="5">3</td><td rowspan="5">通电调试</td><td rowspan="5">2</td><td>A</td><td>通电调试结果完全正确</td><td rowspan="5"></td><td rowspan="5"></td><td rowspan="5"></td><td rowspan="5"></td><td rowspan="5"></td><td rowspan="5"></td></tr>
<tr><td>B</td><td>通电调试失败一次,通电结果正确</td></tr>
<tr><td>C</td><td>通电调试失败两次,通电结果正确</td></tr>
<tr><td>D</td><td>通电调试失败</td></tr>
<tr><td>E</td><td>未答题</td></tr>
<tr><td rowspan="5">4</td><td rowspan="5">根据考题中的故障,以书面形式作简要分析</td><td rowspan="5">2</td><td>A</td><td>故障分析完全正确,分析条理清晰</td><td rowspan="5"></td><td rowspan="5"></td><td rowspan="5"></td><td rowspan="5"></td><td rowspan="5"></td><td rowspan="5"></td></tr>
<tr><td>B</td><td>故障分析基本正确,分析条理欠妥</td></tr>
<tr><td>C</td><td>能写出大部分要点</td></tr>
<tr><td>D</td><td>分析错误</td></tr>
<tr><td>E</td><td>未答题</td></tr>
</table>

（续表）

<table>
<tr><td colspan="2">试题代码及名称</td><td colspan="3">＊＊＊交流接触器的拆装、检修及故障分析</td><td colspan="5">考核时间</td><td>30min</td></tr>
<tr><td colspan="2" rowspan="2">评价要素</td><td rowspan="2">配分</td><td rowspan="2">等级</td><td rowspan="2">评 分 细 则</td><td colspan="5">评定等级</td><td rowspan="2">得分</td></tr>
<tr><td>A</td><td>B</td><td>C</td><td>D</td><td>E</td></tr>
<tr><td colspan="2">否决项</td><td colspan="3">未经允许擅自通电，造成设备损坏者，该项目记为零分</td><td></td><td></td><td></td><td></td><td></td><td></td></tr>
<tr><td rowspan="5">5</td><td rowspan="5">安全生产无事故发生</td><td rowspan="5">1</td><td>A</td><td>安全文明生产，操作规范</td><td rowspan="5"></td><td rowspan="5"></td><td rowspan="5"></td><td rowspan="5"></td><td rowspan="5"></td><td rowspan="5"></td></tr>
<tr><td>B</td><td>安全文明生产，操作规范，但未穿电工鞋</td></tr>
<tr><td>C</td><td>能遵守安全操作规程，但未达到文明生产要求</td></tr>
<tr><td>D</td><td>在操作过程中因误操作而烧断熔断器，或未经允许擅自通电，尚未造成设备损坏</td></tr>
<tr><td>E</td><td>未答题</td></tr>
<tr><td colspan="2">合计配分</td><td>10</td><td colspan="7">合 计 得 分</td><td></td></tr>
</table>

考评员（签名）：

等级	A（优）	B（良）	C（及格）	D（较差）	E（差或未答题）
比值	1.0	0.8	0.6	0.2	0

注：“评价要素”得分＝配分×等级比值。

（2）异步电动机正反转控制电路故障检查及排除评分表

<table>
<tr><td colspan="2">试题代码及名称</td><td colspan="3">＊＊＊异步电动机正反转控制电路故障检查及排除</td><td colspan="5">考核时间</td><td>30min</td></tr>
<tr><td colspan="2" rowspan="2">评价要素</td><td rowspan="2">配分</td><td rowspan="2">等级</td><td rowspan="2">评 分 细 则</td><td colspan="5">评定等级</td><td rowspan="2">得分</td></tr>
<tr><td>A</td><td>B</td><td>C</td><td>D</td><td>E</td></tr>
<tr><td colspan="2">否决项</td><td colspan="3">未经允许擅自通电，造成设备损坏者，该项目记为零分</td><td></td><td></td><td></td><td></td><td></td><td></td></tr>
<tr><td rowspan="5">1</td><td rowspan="5">根据考件中的设定故障，以书面形式写出故障现象</td><td rowspan="5">5</td><td>A</td><td>通电检查，2 个故障现象判别完全正确</td><td rowspan="5"></td><td rowspan="5"></td><td rowspan="5"></td><td rowspan="5"></td><td rowspan="5"></td><td rowspan="5"></td></tr>
<tr><td>B</td><td>通电检查，2 个故障现象判别基本正确</td></tr>
<tr><td>C</td><td>通电检查，1 个故障现象判别正确，另 1 个判别不正确</td></tr>
<tr><td>D</td><td>通电检查，2 个故障现象均判别错误</td></tr>
<tr><td>E</td><td>未答题</td></tr>
</table>

（续表）

试题代码及名称		＊＊＊异步电动机正反转控制电路故障检查及排除			考核时间					30min
评价要素		配分	等级	评 分 细 则	评定等级					得分
					A	B	C	D	E	
否决项		未经允许擅自通电，造成设备损坏者，该项目记为零分								
2	根据考件中的故障现象，对故障原因以书面形式作简要分析	8	A	2个故障原因分析完全正确						
			B	2个故障原因分析基本正确						
			C	1个故障原因分析正确，1个故障原因分析不正确						
			D	2个故障原因分析均有错误						
			E	未答题						
3	排除故障，写出实际具体故障点	10	A	2个故障排除完全正确						
			B	1个故障排除正确，另1个故障排除不正确						
			C	经返工后能排除1个故障						
			E	2个故障均未能排除						
			E	未答题						
4	安全生产无事故发生	2	A	安全文明生产，操作规范，穿电工鞋						
			B	安全文明生产，操作规范，未穿电工鞋						
			C							
			D	安全文明生产差，操作不规范						
			E	未答题						
合计配分		25	合 计 得 分							

考评员（签名）：

等级	A（优）	B（良）	C（及格）	D（较差）	E（差或未答题）
比值	1.0	0.8	0.6	0.2	0

注：“评价要素”得分＝配分×等级比值。

技能鉴定试题四

一、试题名称：三相异步电动机连续运行与点动控制电路故障分析与排除

二、考核时间：30min

三、考核准备：

① 三相异步电动机控制线路排故模拟鉴定板；

② 三相异步电动机连续运行与点动控制电路图；

③ 常用电工工具一套、万用表。

四、考核内容：

① 根据三相异步电动机控制线路排故模拟鉴定板和三相异步电动机连续运行与点动控制电路图（图6-2），利用万用表等工具进行检查，对故障现象和原因进行分析，找出实际具体故障点。

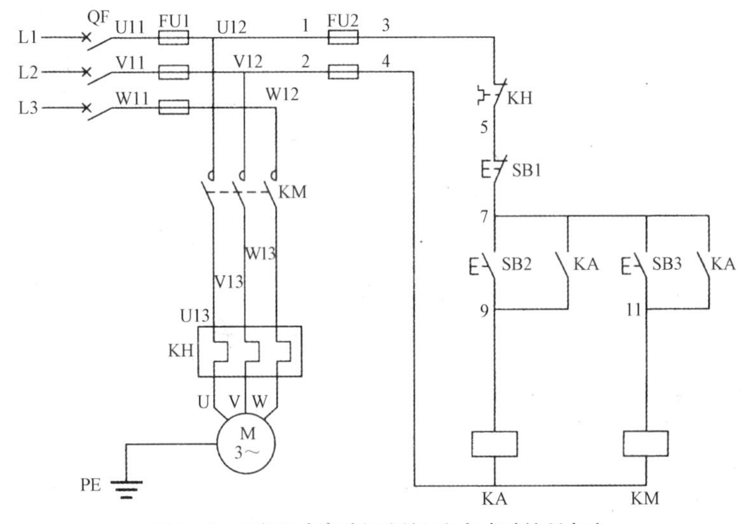

图6-2　三相异步电动机连续运行与点动控制电路

② 将故障现象、故障原因分析、实际具体故障点填入答题试卷。

③ 排除故障，使控制电路恢复正常。

五、考核要求：

（1）操作规范　检查故障方法步骤、结果正确，维修方法步骤正确，排故操作方法规范。

（2）现场要求　安全生产、文明操作，未经许可擅自通电，造成设备

损坏者该项目零分。

六、答卷形式：

控制线路故障序号：一、

故障现象：

故障原因：

故障部位：

维修方法：

故障序号：二、

……

七、考核评分：

三相异步电动机连续运行与点动控制电路故障分析与排除评分表

试题代码及名称		＊＊＊三相异步电动机连续运行与点动控制电路故障分析与排除			考核时间					30min
评价要素		配分	等级	评分细则	评定等级					得分
					A	B	C	D	E	
否决项		未经允许擅自通电，造成设备损坏者，该项目记为零分								
1	根据考件中的设定故障，以书面形式写出故障现象	5	A	通电检查，2个故障现象判别完全正确						
			B	通电检查，2个故障现象判别基本正确						
			C	通电检查，1个故障现象判别正确，另1个判别不正确						
			D	通电检查，2个故障现象均判别错误						
			E	未答题						
2	根据考件中的故障现象，对故障原因以书面形式作简要分析	8	A	2个故障原因分析完全正确						
			B	2个故障原因分析基本正确						
			C	1个故障原因分析正确，1个故障原因分析不正确						
			D	2个故障原因分析均有错误						
			E	未答题						

（续表）

<table>
<tr><td colspan="2">试题代码及名称</td><td colspan="3">* * *三相异步电动机连续运行与点动控制电路故障分析与排除</td><td colspan="5">考核时间</td><td>30min</td></tr>
<tr><td colspan="2" rowspan="2">评价要素</td><td rowspan="2">配分</td><td rowspan="2">等级</td><td rowspan="2">评 分 细 则</td><td colspan="5">评定等级</td><td rowspan="2">得分</td></tr>
<tr><td>A</td><td>B</td><td>C</td><td>D</td><td>E</td></tr>
<tr><td colspan="2">否决项</td><td colspan="3">未经允许擅自通电，造成设备损坏者，该项目记为零分</td><td></td><td></td><td></td><td></td><td></td><td></td></tr>
<tr><td rowspan="5">3</td><td rowspan="5">排除故障，写出实际具体故障点</td><td rowspan="5">10</td><td>A</td><td>2 个故障排除完全正确</td><td rowspan="5"></td><td rowspan="5"></td><td rowspan="5"></td><td rowspan="5"></td><td rowspan="5"></td><td rowspan="5"></td></tr>
<tr><td>B</td><td>1 个故障排除正确，另 1 个故障排除不正确</td></tr>
<tr><td>C</td><td>经返工后能排除 1 个故障</td></tr>
<tr><td>D</td><td>2 个故障均未能排除</td></tr>
<tr><td>E</td><td>未答题</td></tr>
<tr><td rowspan="5">4</td><td rowspan="5">安全生产无事故发生</td><td rowspan="5">2</td><td>A</td><td>安全文明生产，操作规范，穿电工鞋</td><td rowspan="5"></td><td rowspan="5"></td><td rowspan="5"></td><td rowspan="5"></td><td rowspan="5"></td><td rowspan="5"></td></tr>
<tr><td>B</td><td>安全文明生产，操作规范，未穿电工鞋</td></tr>
<tr><td>C</td><td></td></tr>
<tr><td>D</td><td>安全文明生产差，操作不规范</td></tr>
<tr><td>E</td><td>未答题</td></tr>
<tr><td colspan="2">合计配分</td><td>25</td><td colspan="7">合 计 得 分</td><td></td></tr>
</table>

考评员（签名）：

等级	A（优）	B（良）	C（及格）	D（较差）	E（差或未答题）
比值	1.0	0.8	0.6	0.2	0

注：“评价要素”得分 = 配分 × 等级比值。

技能鉴定试题五

一、试题名称：三相异步电动机星-三角减压启动控制电路安装调试

二、考核时间：60min

三、考核准备：

① 三相异步电动机控制线路接线鉴定板；

② 三相异步电动机；

③ 连接导线；

④ 常用电工工具一套、万用表。

四、考核内容：

① 根据三相异步电动机星-三角减压启动控制电路图（图 6－3），在控制线路接线鉴定板上完成接线。

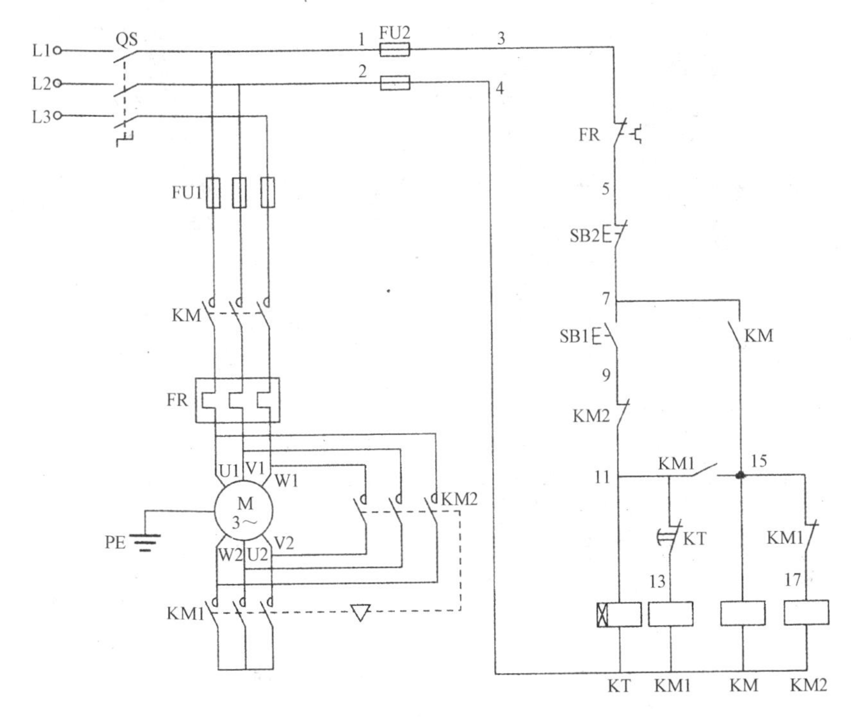

图 6－3　三相异步电动机星-三角减压启动控制电路

② 完成接线后进行通电调试与运行。

③ 调试电气控制线路及故障现象分析。

例 1　如果 KT 时间继电器的常闭延时触点错接成常开延时触点，这种接法对控制电路有何影响？

例 2　如果电路出现只有星形运转，没有三角形运转控制的故障现象，试分析产生该故障的接线方面的可能原因。

五、考核要求：

(1) 按时完成　在规定时间内，根据给定的设备和仪器仪表，完成接线、调试、运行。

(2) 安装规范　板面导线经线槽敷设，线槽外导线须平直，各节点必须紧密，接电源、电动机及按钮等的导线必须通过接线柱引出。

(3) 排故要求　安装、接线完毕后经考评员允许后方可通电调试和运行，如遇故障自行排除。

(4) 现场要求　安全生产、文明操作，未经许可擅自通电，造成设备损坏者该项目零分。

六、答卷形式：

控制线路调试故障序号：例 1

故障现象：

故障原因：

故障部位：

维修方法：

控制线路调试故障序号：例 2

……

七、考核评分：

三相异步电动机星-三角减压启动控制电路安装调试评分表

<table>
<tr><td colspan="2">试题代码及名称</td><td colspan="3">＊＊＊三相异步电动机星-三角减压启动控制电路安装调试</td><td colspan="5">考核时间</td><td>60min</td></tr>
<tr><td colspan="2" rowspan="2">评价要素</td><td rowspan="2">配分</td><td rowspan="2">等级</td><td rowspan="2">评　分　细　则</td><td colspan="5">评定等级</td><td rowspan="2">得分</td></tr>
<tr><td>A</td><td>B</td><td>C</td><td>D</td><td>E</td></tr>
<tr><td colspan="2">否决项</td><td colspan="3">未经允许擅自通电，造成设备损坏者，该项目记为零分</td><td></td><td></td><td></td><td></td><td></td><td></td></tr>
<tr><td rowspan="2">1</td><td rowspan="2">根据电路图进行接线与安装</td><td rowspan="2">12</td><td>A</td><td>接线完全正确，接线安装规范</td><td rowspan="2"></td><td rowspan="2"></td><td rowspan="2"></td><td rowspan="2"></td><td rowspan="2"></td><td rowspan="2"></td></tr>
<tr><td>B</td><td>接线安装错 1 处</td></tr>
</table>

（续表）

<table>
<tr><td colspan="2">试题代码及名称</td><td colspan="3">＊＊＊三相异步电动机星-三角减压启动控制电路安装调试</td><td colspan="5">考核时间</td><td>60min</td></tr>
<tr><td colspan="2" rowspan="2">评价要素</td><td rowspan="2">配分</td><td rowspan="2">等级</td><td rowspan="2">评分细则</td><td colspan="5">评定等级</td><td rowspan="2">得分</td></tr>
<tr><td>A</td><td>B</td><td>C</td><td>D</td><td>E</td></tr>
<tr><td colspan="2">否决项</td><td colspan="3">未经允许擅自通电，造成设备损坏者，该项目记为零分</td><td></td><td></td><td></td><td></td><td></td><td></td></tr>
<tr><td rowspan="3">1</td><td rowspan="3">根据电路图进行接线与安装</td><td rowspan="3">12</td><td>C</td><td>接线安装错 2 处</td><td rowspan="3"></td><td rowspan="3"></td><td rowspan="3"></td><td rowspan="3"></td><td rowspan="3"></td><td rowspan="3"></td></tr>
<tr><td>D</td><td>接线安装错 3 处及以上</td></tr>
<tr><td>E</td><td>未答题</td></tr>
<tr><td rowspan="5">2</td><td rowspan="5">通电调试与运行</td><td rowspan="5">8</td><td>A</td><td>通电调试运行步骤、方法与结果完全正确</td><td rowspan="5"></td><td rowspan="5"></td><td rowspan="5"></td><td rowspan="5"></td><td rowspan="5"></td><td rowspan="5"></td></tr>
<tr><td>B</td><td>通电调试运行 1 次失败，结果正确</td></tr>
<tr><td>C</td><td>通电调试运行 2 次失败，结果正确</td></tr>
<tr><td>D</td><td>通电调试运行失败</td></tr>
<tr><td>E</td><td>未答题</td></tr>
<tr><td rowspan="5">3</td><td rowspan="5">用书面形式回答问题</td><td rowspan="5">3</td><td>A</td><td>回答正确</td><td rowspan="5"></td><td rowspan="5"></td><td rowspan="5"></td><td rowspan="5"></td><td rowspan="5"></td><td rowspan="5"></td></tr>
<tr><td>B</td><td>回答不够完整</td></tr>
<tr><td>C</td><td>回答基本正确</td></tr>
<tr><td>D</td><td>回答不正确</td></tr>
<tr><td>E</td><td>未答题</td></tr>
<tr><td rowspan="5">4</td><td rowspan="5">安全生产无事故发生</td><td rowspan="5">2</td><td>A</td><td>安全文明生产，操作规范，穿电工鞋</td><td rowspan="5"></td><td rowspan="5"></td><td rowspan="5"></td><td rowspan="5"></td><td rowspan="5"></td><td rowspan="5"></td></tr>
<tr><td>B</td><td>安全文明生产，操作规范，未穿电工鞋</td></tr>
<tr><td>C</td><td></td></tr>
<tr><td>D</td><td>未经允许擅自通电，但未造成设备损坏或在操作过程中烧断熔断器</td></tr>
<tr><td>E</td><td>未答题</td></tr>
<tr><td colspan="2">合计配分</td><td>25</td><td colspan="7">合　计　得　分</td><td></td></tr>
</table>

考评员（签名）：

等级	A（优）	B（良）	C（及格）	D（差）	E（差或未答题）
比值	1.0	0.8	0.6	0.2	0

注：“评价要素”得分 = 配分 × 等级比值。